CAN DO! Learn InDesign CS3 the right way

InDesign CS3 中文版 从入门到精通

锐艺视觉／编著

 中国青年出版社
CHINA YOUTH PRESS

 中青雄狮

律师声明

北京市邦信阳律师事务所谢青律师代表中国青年出版社郑重声明：本书由著作权人授权中国青年出版社独家出版发行。未经版权所有人和中国青年出版社书面许可，任何组织机构、个人不得以任何形式擅自复制、改编或传播本书全部或部分内容。凡有侵权行为，必须承担法律责任。中国青年出版社将配合版权执法机关大力打击盗印、盗版等任何形式的侵权行为。敬请广大读者协助举报，对经查实的侵权案件给予举报人重奖。

侵权举报电话：

全国"扫黄打非"工作小组办公室
010-65233456 65212870
http://www.shdf.gov.cn

中国青年出版社
010-59521012
E-mail: cyplaw@cypmedia.com
MSN: cyp_law@hotmail.com

图书在版编目 (CIP) 数据

InDesign CS3中文版从入门到精通 / 锐艺视觉编著. — 2版. — 北京：中国青年出版社，2013.6

ISBN 978-7-5153-1576-8

I. ①I... II. ①锐 ... III. ①电子排版 – 应用软件， IV. ①TS803.23

中国版本图书馆CIP数据核字（2013）第 086323号

InDesign CS3中文版从入门到精通

锐艺视觉 编著

出版发行： 中国青年出版社
地　　址： 北京市东四十二条21号
邮政编码： 100708
电　　话： (010) 59521188 / 59521189
传　　真： (010) 59521111
企　　划： 中青雄狮数码传媒科技有限公司

责任编辑： 肖　辉　邸春红　郑　荃
封面设计： 王世文
封面制作： 高　路

印　　刷： 北京建宏印刷有限公司
开　　本： 787×1092　1/16
印　　张： 24.5
版　　次： 2013年6月北京第2版
印　　次： 2013年6月第1次印刷
书　　号： ISBN 978-7-5153-1576-8
定　　价： 55.00元（附赠1CD）

本书如有印装质量等问题，请与本社联系　电话：(010) 59521188 / 59521189
读者来信：reader@cypmedia.com
如有其他问题请访问我们的网站：http://www.lion-media.com.cn

Preface 前言

软件介绍

    Adobe公司推出的InDesign软件是一款专业桌面排版软件,它具有强大的图文编排功能、灵活方便的表格编辑功能、丰富的图形图像处理功能,并提供了对多种语言的良好支持。InDesign的界面直观友好、操作简单,还能够与Photoshop和Illustrator等软件进行无缝连接,因此逐渐成为平面设计师、编辑和排版人员、印前人员使用的主流软件,广泛应用于平面广告设计、彩色印刷、版面设计、PDF电子出版等领域。

内容简介

    本书专门针对广大InDesign CS3的初、中级用户编著,是一本专业讲述InDesign各项重要功能及其应用的技术手册。书中从InDesign的基本知识入手,逐步深入地介绍了InDesign的版面设置、文本编辑、样式应用、图形处理、图文编排、颜色应用与管理、表格制作、图层和透明度、书籍组织、打印与输出等各项功能,并列举了海报制作、杂志排版、书籍排版3个大型出版物制作的综合实例。

本书特点

    ● **内容贴近实际**:本书内容紧密结合印前排版、平面广告设计等行业的实际工作,涉及报纸、杂志、书籍、DM单、画册、海报等各种常见类型出版物的编辑和制作,书中列举的实例都是相关领域从业人员在实际工作中经常遇到的问题,力求使读者在实战的环境中学习和提高应用技能。

    ● **体例结构新颖**:本书采用更加新颖的内容编排和讲解方式,通过"范例操作"、"相关知识"和"更进一步"3种体例组织全书的知识,"范例操作"通过实际设计项目的案例锻炼读者的实际操作能力,"相关知识"对重点知识进行细致阐述和深入探讨,"更进一步"则提供了诸多高级应用技巧和实用技能,3种体例有机结合、各有侧重。

    ● **配送视频教学**:随书光盘中附有书中所有重要实例操作与功能演示的高清晰视频教学录像,读者可将书盘结合使用,边听、边看、边做,这种多位一体的学习方法对初学者尽快熟悉软件功能并上手操作是非常有益的。

作　者
2008年3月

Contents 目录

Contents 目录

Chapter 03　文本编辑

Contents 目录

Contents 目录

Chapter 06　图文编排

Contents 目录

Chapter 07　应用颜色

Chapter 08　制作表格

Contents 目录

Chapter 09　图层和透明度

Chapter 10　书籍和目录

Contents 目录

Chapter 01

Adobe InDesign CS3的相关基础知识

01 认识排版软件

排版软件的主要作用就是进行版面设计，所谓版面设计，是指在有限的版面空间里，将版面构成要素——文字字体、图片图形、线条线框和颜色色块等诸多因素，根据特定内容的需要进行组合排列，并运用造型要素及形式原理，把构思与计划以视觉形式表达出来。

在这一节我们将对排版软件进行简单介绍。

了解排版软件

在了解排版软件之前我们应该先对版面设计进行了解。版面设计是平面设计中重要的组成部分，也是一切视觉传达艺术施展的大舞台。版面设计是伴随着现代科学技术和经济的飞速发展而兴起的，并体现着文化传统、审美观念和时代精神风貌等方面的进步，被广泛应用于报纸广告、招贴、书刊、包装装潢、直邮广告（DM）、企业形象（DI）和网页等所有平面、影像的领域。对称、平衡、直线的构图，直接影响到版面设计领域，并从以往铅字版面设计的桎梏中解放出来。

在这种背景下，排版软件也应运而生了，它们的出现是为了满足版面设计的需要，利用软件提供的功能就能够实现版面设计的种种需要。

辅助教学

在中文排版中，上页边称为天头，下页边称为地脚，左右页边分别称为订口、切口。通常订口比切口要宽。

报纸

招贴

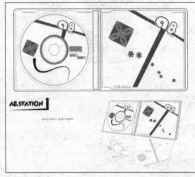
CD 包装盒

DM 单

网页

书刊

主流排版软件

当前的主流排版软件主要有 Framemaker, QuarkXPress, InDesign, PageMaker 等，下面我们将对这几种主流排版软件进行简单介绍。

FrameMaker 是本地化桌面出版中应用最为广泛的页面排版软件，它适合于处理各种类型的长篇文档，并具有丰富的格式设置项，可方便地生成表格及各种复杂版面，灵活地加入脚注、尾注，快速添加交叉引用、索引、变量、条件文本、链接等内容。强大的书籍功能可以对多个排版文件进行灵活管理，实现全书范围内页码、交叉引用、目录、索引等的快速更新。内置的、全面的数学公式功能方便进行各种科技类文档的处理。

QuarkXPress 是一款著名的综合排版软件，由 Quark 公司在 1987 年推出。它功能全面，可以完成各种简单及复杂的排版任务。除了基本的页面布局框架和出色的文本格式化工具以外，还包含大量方便易用的特性，适合各种出版介质。QuarkXPress 将专业排版、设计、彩色和图形处理功能、文字处理及复杂的印前作业功能集于一身。它最早采用了扩展灵活的 Extension 技术，通过各种第三方的扩展插件实现更为强大的功能。

InDesign 具有强大的页面排版功能、灵活方便的表格功能、丰富的图形图像处理能力。InDesign 的书籍功能提供了对长文档的良好支持。可以对多个排版文件进行同步以确保样式的统一；目录及索引均可以在书籍的范围内进行更新。对多语言的支持十分出色，支持双字节编码，支持 Unicode，也支持 OpenType 字体。InDesign 可以方便地在一个文档内完成多种语言的排版工作。只要正确配置语言和字体，亚洲语言的文件可以直接在英文系统中正确打开。

PageMaker 由创立桌面出版概念的公司之一 Aldus 于 1985 年推出，后来在升级至 5.0 版本时，被 Adobe 公司在 1994 年收购。PageMaker 操作简便但功能全面。借助丰富的模板、图形及直观的设计工具，用户可以迅速入门。

02 认识 InDesign CS3

InDesign CS3 有着强大的功能、简洁友好的界面。它能够制作几乎所有的出版物，从书籍、手册到传单、广告、书信和 HTML 网页等，几乎无所不能。

在这一节我们将对 InDesign CS3 的相关知识进行介绍。

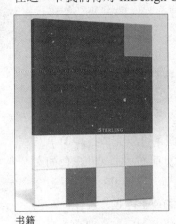

书籍

网页

InDesign 的发展概述

在开发 InDesign 以前，Adobe 公司一直通过对 PageMaker 的修改和完善来满足用户不断变化的需求，由于 PageMaker 并不是 Adobe 的原创软件，所采用的软件技术也已相对落后，修改难度日趋增大，而且很难与 Adobe 强势的 Photoshop 很好地融合，所以 Adobe 终于抛弃了 PageMaker，采用最新的软件技术，重新构建了新一代排版软件——InDesign。当然，InDesign 也是 Adobe PDF 战略的重要步骤，是 PDF 应用的核心。

InDesign 一经推出，便获得广泛推崇，屡获大奖，几乎囊括所有电子出版类的各种奖项。目前 InDesign 已经发展到 5.0，走过了产品的成长期，进入广泛应用的阶段。由于在中文文字处理技术上的不足，Adobe 决定不开发 InDesign 的中文版本，而选择了在中文出版软件领域积累了 10 多年开发经验、对中文排版有着深刻的理解并广泛得到中文用户认同的启旋公司开发中文版的 InDesign，并由高术启旋公司全权负责整个中国大陆的销售工作。

InDesign 由 Adobe 公司于 1999 年推出。到 2002 年，InDesign 2.0 版的发布标志着 InDesign 进入成熟期。InDesign 的定位是面向创意设计领域的专业设计、排版与跨媒体编辑工具。它基于面向对象的开发体系，允许第三方进行二次开发扩充加入功能，大大增加了处理各种复杂排版要求的能力；它可以与 Adobe 系列产品中的其他产品紧密集成。

现在 InDesign 已经升级到 CS3 了，在功能上得到了大幅提高，同时在排版领域也得到了广泛认可。

InDesign 的优势

所谓版面编排设计就是把已处理好的文字、图像图形通过赏心悦目的安排，以达到突出主题的目的。因此在编排期间，文字处理是影响创作发挥和工作效率的重要环节，是否能够灵活处理文字显得非常关键，InDesign 在这方面的优越性则表现得淋漓尽致，下面通过在版面编排设计时的一些典型的例子加以说明。

文字块具有灵活的分栏功能，一般在报纸、杂志等编排时，文字块的放置非常灵活，经常要破栏（即不一定非要按版面栏参考线排文），这时如果此独立文字块不能分栏，就会影响编排思路和效率。PageMaker 就不具有这一简单实用的功能，需要靠一系列非常繁琐的步骤去实现：文字块先依据版面栏参考线分栏，然后再用增效工具中的"均衡栏位"齐平，最后再成组以便更改文字块的大小时不影响等同的各栏宽等。而 InDesign 就具有灵活的分栏功能，单这点上就与一直强于 PageMaker 的 QuarkXPress 和 FIT 站在了同一水平线上。

报纸

杂志

文字块和文字块中的文字具有神奇的填色和勾边功能，InDesign 可给文字块中的文字填充实地色或渐变色，而且可给此文字勾任意粗的实地色或渐变色的边。同时，对此文字块也可给予实地色或渐变色的背景，文字块边框可勾任意粗的实地色或渐变色的边框，这样繁琐的步骤，InDesign 用其快捷的功能可一气呵成，而 PageMaker 单靠其"文字背景"功能是完不成的，甚至得借助其他软件来实现，就连 QuarkXPress 也只能望其项背。特别是文字块和文字块中的文字的渐变色勾边这一功能，也只有 FIT 可与其抗衡。

文字勾边

文字块内的文字大小变化灵活，当我们进行编排时，往往会想对某段文字块中的某些文字进行一些特别强调，如大小、长短变化等，InDesign 就提供了这一方便功能。InDesign 可让文字块内的文字在 X、Y 轴方向改变大小且可任意倾斜，而 PageMaker 文字块中的文字却只能在 X 轴方向改变，更不能倾斜。更神奇的是

InDesign 中整个文字块可用"缩放键"放大和缩小（其中文字也相应放大和缩小），这项绘图软件特有的优秀功能被 InDesign 引进，从而大大减少了由于版面变化而改变版式的工作量，提高了工作效率。而 PageMaker 却只能望尘莫及，老老实实地从改变字号大小开始重新安排版面，费时费力。

文字块的文字在间距控制上更自由，一般在排文时常常会遇到文字块最后一栏的最后一行不能与前面栏的最后一行平齐等问题，这时可能就需要靠调整字距（Tracking）来实现了。InDesign 的文字字距可简单地通过设定任意的数值来调整，非常快捷方便。而 PageMaker 则只有 5 个级别来控制，显得笨拙。另外在字偶距（Kerning）、词间距（Word Spacing）和字母间距（Letter Spacing）等方面的控制，InDesign 也表现不俗，而且创新了保证文字排列美观的"单行 / 多行构成"功能。

瓶贴

杂志

文字块常规的矩形外框可自由改变，若在编排时需要文字块的形状特殊一些，除了使用 InDesign 预设的几种圆角、倒角矩形外，还可以使用"直接选择工具"和"贝塞尔（Bezier）工具"在默认矩形文字块基础上再进行更富创意的形状变化，真正达到"所想即所得"。而这一功能在 PageMaker 中想都别想，连 QuarkXPress 都没有那么方便。

书籍封面

拥有绘图软件中的艺术效果文字——沿路径排列文字，为配合版面需要为文字变换花样，在 InDesign 中只要用"贝塞尔（Bezier）工具"绘制出所需曲线，即可轻松实现沿曲线排列文字。而 PageMaker 必须配合其他软件实现，若修改则十分麻烦，影响工作效率。

文字块中的文字可转换为图形，完成编排后送到输出中心输出时，若输出中心无相应的 TrueType 字或 PS 字，这时 InDesign 的文字转图形的功能可就派上用场了。而 PageMaker 只能又要借助其他软件去完成这一任务。通过以上几例，可见在文字处理方面，InDesign 更加成熟。

DM 单 1

DM 单 2

辅助教学

作为 InDesign 的最新版本，InDesign 人性化地增加了许多功能，方便大家在进行操作时，快速完成需要的操作。

InDesign 还具有许多绘画、绘图软件的特性和自己独特的功能，大大方便了用户。

1 利用 InDesign 可对图像进行羽化、阴影和透明处理，省去了要在 Photoshop 中才能实现的步骤。

2 InDesign 借鉴了 Photoshop 的"吸管工具"，为迅速查看和复制颜色提供了不少方便。

3 InDesign 的"贝塞尔（Bezier）工具"和"自由笔"，其绘图功能与 CorelDRAW 等绘图软件不相上下，这样就省去了在其他软件中绘图的麻烦。

4 在 InDesign 的调色板中，可随心所欲地拖动 CMYK 控制条来得到所需颜色，使用户在设计时对颜色的搭配选择更加快捷。

5 InDesign 神奇的多次 Undo 和 Redo 功能，提高了用户设计产品的灵活性。而 PageMaker 却只有一次，甚至有的操作连一次都没有。

6 InDesign 的"恢复"功能，使用户能自动恢复系统意外失败的情况下最近一次的操作，这样大大减少了意外造成的损失。

7 InDesign 整合了多种关键技术，包括现在所有 Adobe 专业软件拥有的图像、字型、色彩管理技术。通过这些程序 Adobe 提供了工业上首个实现屏幕和打印一致的功能。

8 InDesign 对 PDF 有广泛的支持，可以直接存储 PDF 格式，而不需要通过 Acrobat Distiller 一样的中间程序，这更有助于将来 PDF 彻底成为标准。PageMaker 在这些方面就更加落伍了，逐渐老化的 PageMaker 只能被重新定位到商务排版市场，与 Microsoft 的 Publisher 相竞争。类似以上的优点还有很多，这里不再一一举例。综上所述，InDesign 在排版软件中出类拔萃的优势毋庸置疑，在专业领域中，InDesign 代替 PageMaker 成为行业专业软件的主流是必然的趋势。目前的最新版本是 InDesign CS3。

使主题鲜明突出的表达
方式一般有以下几种。

(1) 按照主从关系的顺
序，使放大的主体形象成
为视觉中心，以此来表达
主题思想。

(2) 对文案中多种信息
进行整体编排设计，有助
于主题形象的建立。

(3) 在主题形象四周增
加空白量，使被强调的主
题形象鲜明突出。

版面设计的流程

版面设计除了必须合理地编排各个信息要素外，还应特别注重整体设计风格的一致性和连贯性。"一致性"在这里指某个单行本，如一本书、一本杂志、一本简介或一本说明等的整体装帧设计，如统一的书眉设计、统一的页码设计、统一的标识设计等。"连贯性"在这里指成套的系列丛书、定期出版的杂志以及稳定发行的报刊等具有一本接一本、一期接一期特征的总体版面设计。不同印刷品的版面设计有所不同，如统一的封面设计与招贴的版面设计有差异、书籍与杂志的版面设计有差异、杂志与报纸的版面设计有差异、严肃性读物与消遣性读物的版面设计有差异、成人读物与儿童读物的版面设计有差异等。版面设计的方法多种多样，但在具体操作的时候不外乎几个程序。

下面我们将对版面设计流程的几个程序进行介绍。

1 勾小草图

当设计者接到项目并掌握了相关的一切素材资料后，勾小草图就是最先要做的事情。勾小草图的过程实际就是设计者思索的过程，这当中不能排除不同媒体版面的特性对设计者思维的制约，也不能排除不同文字字形、不同图片对设计者编排的影响，但优秀的设计者往往能将这些制约和影响转化为思维飞翔的翅膀，以限制性开发创造性，化限制为自由。所谓"将计就计"、"因地制宜"讲的就是这个意思。要学会接受限制、掌握限制，更要学会利用限制。

2 设计稿

小草图阶段是十分凌乱潦草的。当设计者在若干凌乱潦草的小草图中选择出比较好的设计方案时，就可以把它放大出来继续深入完善，这是一个很重要的程序，称为设计方案阶段。设计稿中，版面设计形式的选择范围应比小草图时明显收缩，但也未见得一两幅就能了事。应根据设计方案的需要画出几张效果图进行比较，差异不一定要大。这个阶段要在编排格式上认真琢磨，仔细推敲，不断挖掘，以保证下一步正稿的质量。

3 正稿

最佳设计稿件确定后，就开始根据它绘制正稿。正稿的标题、文字、图形等与成品是一致的，必须严肃认真对待。色彩有时可能有误差。印刷物如招贴、封面的正稿要在边界处留出 3mm 切口，以免印制出成品后边缘遗留下未切到的白边。使用电脑进行版面设计的人员常常是将图形、照片等素材扫描到计算机中制作、编辑和处理，熟练者甚至不需要勾画草图。电脑设计的最大方便之处是可以不用墨稿。

4 清样

从印刷版上打下来的校样，通常简称为清样或打样。清样和最终的成品应完全一样，之所以要交给设计者清样是出于大量印刷前的慎重考虑。如会不会出现文字疏漏或文字错误，会不会与设计者最终的意图产生悖逆等。这是最后弥补不足和修改错误的机会，是减少设计遗憾、减少经济损失的一个行之有效的程序。

安装 Adobe InDesign CS3

按照以下的软件安装过程安装 InDesign CS3 后，就可以尽情地使用了。

1 双击 Setup.exe 文件。

2 在弹出的版权认证画面中单击"接受"按钮。

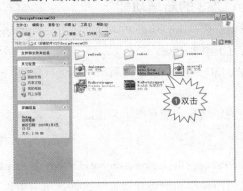 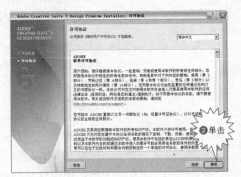

3 弹出安装选项画面，选择安装 Adobe InDesign CS3 选项，完成设置后单击"下一步"按钮。

4 弹出安装位置画面，单击"浏览"按钮，选择要安装的位置，完成设置后单击"下一步"按钮。

 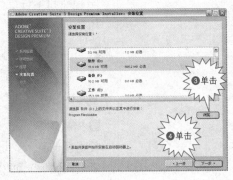

5 弹出安装摘要画面，单击"安装"按钮，开始安装。

6 到这一步系统才真正开始安装软件。

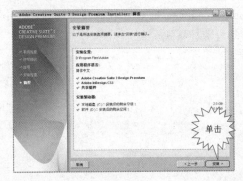 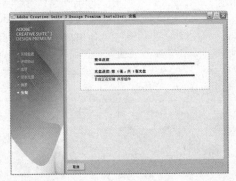

安装完成后弹出安装完成画面,单击"完成并重新启动"按钮后,自动重新启动电脑。

在重新启动后如果想要运行 InDesign CS3,在 Windows 界面的任务栏中单击"开始 > 程序 >Adobe InDesign CS3>Adobe InDesign CS3"命令即可。

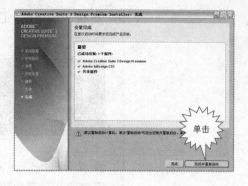

Adobe InDesign CS3 的新增功能

Adobe 公司为了进一步提高 InDesign 的功能,推出了 InDesign CS3,它相对于以前的版本在功能上有了很大提高。

在这一节将对 Adobe InDesign CS3 中的新增功能进行介绍。

在 InDesign CS3 中的新增的功能有以下几项。

1 全面的集成

可顺利与 Adobe Photoshop, Illustrator, Acrobat, InCopy 和 Dreamweaver 软件配合使用;通过使用共享的预设和颜色设置保证一致性;更有效地与原文件格式支持配合使用;可轻松出版到多种媒体。

2 创意效果和控制

设计包括透明度、创意效果和渐变羽化的引人注目的页面布局。由于效果具有实时性和不可破坏性,因此可以轻松体验。对对象的描边、填色或内容单独应用效果。

3 可靠的印前和打印

确保安全输出。通过使用成熟的预览功能、导出可靠的 Adobe PDF 文件以及共享自定义预设,可使每次打印都获得准确一致的结果。

4 提高效率

使用新的高效、增强功能(包括多文件置入、"快速应用"、更快的框架适合和视觉页面面板)可以更有效地执行各种任务。

5 XHTML 导出

通过将 InDesign 内容导出为 XHTML,可以进行多格式发布,包括打印到 Web 的工作流程。在 Adobe Dreamweaver CS3 软件(单独提供)中编辑导出的内容,并使用层叠样式表自动设置其格式。

6 专业的排版控制

使用专业控制（包括段落书写器、OpenType 字体、首字下沉、字形及视觉字偶间距调整和视觉边距对齐方式）进行优美的排版。

7 功能完整的表格

创建格式丰富的表格。导入制表符分隔的文本文件和 Microsoft Word 或 Excel 样式表，或者在 InDesign 中构建表。手动或使用表和单元格样式应用多种格式选项。

8 强大的长文档支持

使用高级项目符号和编号、连续的页眉和页脚以及同步的主页，可以保持一致性并简化长文档的制作过程。

9 智能文本处理

利用智能文本处理功能控制文本，包括能够从 Microsoft Word 文件导入样式文本，应用沿对象的复杂文本绕排以及全面替换字体。

10 脚本和扩展性

通过使用脚本使业务流程实现自动化，以及使用 ExtendScript 工具包扩展 InDesign 的功能，可以加快并简化工作流程。

Adobe InDesign CS3 的工作界面

工作界面就是运行 InDesign CS3 后，在其中执行排版、绘图等操作的界面，在学习 InDesign 之初，必须对工作界面有一定的了解，这样才能更快掌握并熟练操作 InDesign CS3。

在这一节，我们将对 Adobe InDesign CS3 的工作界面进行介绍。

在第一次启动 Adobe InDesign CS3 并新建文档后将会进入下图所示的界面，这个界面就是工作界面，它主要分为工具箱、面板、控制栏和泊槽。

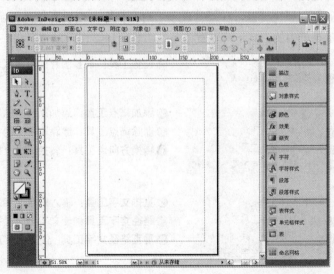

辅助教学

在 Adobe InDesign CS3 的界面中，可以进行排版、绘图，制作矢量插画、网页等，同 Adobe Illustrator 的工作界面类似，掌握 Adobe Illustrator 的用户会更容易上手。

工具箱

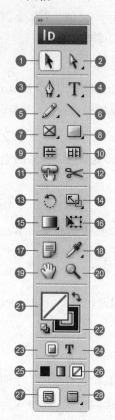

① **选择工具**：用来选择文字、图形及图像。

② **直接选择工具**：选择对象的路径。

③ **钢笔工具**：绘制路径线条和图形。

④ **文字工具**：输入文字。

⑤ **铅笔工具**：绘制路径线条及封闭路径。

⑥ **直线工具**：绘制直线。

⑦ **矩形框架工具**：绘制矩形文本框。

⑧ **矩形工具**：绘制矩形图形。

⑨ **水平网格工具**：绘制水平网格文本框。

⑩ **垂直网格工具**：绘制垂直网格文本框。

⑪ **按钮工具**：制作按钮样式。

⑫ **剪刀工具**：对图片进行裁切。

⑬ **旋转工具**：旋转文本、图像及图形。

⑭ **缩放工具**：对对象进行等比例、等宽、等长缩放。

⑮ **渐变色板工具**：对对象进行渐变填充。

⑯ **自由变换工具**：对对象进行随意变换长宽以及旋转变换操作。

⑰ **附注工具**：对文字和图像、图形进行标注。

⑱ **吸管工具**：对对象颜色进行复制。

⑲ **抓手工具**：调整工作界面视图位置。

⑳ **缩放工具**：调整工作界面的大小。

㉑ **填充色**　　㉕ **应用颜色**

㉒ **描边色**　　㉖ **应用无**

㉓ **格式针对容器**　　㉗ **常规显示模式**

㉔ **格式针对文本**　　㉘ **预览显示模式**

当把光标移动到工具图标上稍停几秒钟，工具提示便会显示出来，它提示了工具的名称和快捷键，在"首选项"对话框中可以设置工具提示显示的速度。要调用工具箱中的工具，可以直接单击工具图标，还可以使用相应的快捷键。

㉙ **位置工具**：调整图片的可视区域。

㉚ **添加锚点工具**：添加路径上的锚点。

㉛ **删除锚点工具**：删除路径上的锚点。

㉜ **转换方向点工具**：转换路径上锚点的方向。

㉝ **直排文字工具**：输入垂直文字。

㉞ **路径文字工具**：使文字沿路径排列。

㉟ **垂直路径文字工具**：使文字垂直沿路径排列。

㊱ **平滑工具**：减少路径锚点。

㊲ **抹除工具**：删除部分路径。

矩形框架工具 F

⊠ 矩形框架工具 F

③⑧ ⊗ 椭圆框架工具

③⑨ ⊗ 多边形框架工具

③⑧ **椭圆框架工具**：绘制椭圆文本框架。

③⑨ **多边形框架工具**：绘制多边形文本框架。

□ 矩形工具 M

④⓪ ○ 椭圆工具 L

④① ○ 多边形工具

④⓪ **椭圆工具**：绘制椭圆形。

④① **多边形工具**：绘制多边形。

⊠ 缩放工具 S

④② ⊐ 切变工具 O

④② **切变工具**：对对象进行扭曲变形。

▤ 渐变色板工具 G

④③ ▨ 渐变羽化工具 Shift+G

④③ **渐变羽化工具**：对对象进行渐变填充，并添加羽化效果。

✏ 吸管工具 I

④④ ✐ 度量工具 K

④④ **度量工具**：测量两个对象之间的距离。

在工具箱底端有两个按钮，分别是常规模式按钮▣和预览模式按钮▣，可以通过快捷键在它们之间进行切换。在常规显示模式下，所有的图文框边线、参考线、隐藏字符等在视图菜单中打开的项目都会显示出来，这个模式方便用户在设计时对对象进行操作；在"预览"模式▣下所有非打印标记都会关闭，呈现成品的最终效果。InDesign CS3"预览"模式▣按钮下还有两种扩展模式："出血"模式▣和"辅助信息区"模式▣。在"出血"模式▣下会隐藏图文框边线、参考线、隐藏字符等，预览作品裁切前带有出血边界（宽度在新建文档时设置）的效果。在"标记"模式▣下预览作品带有各种印刷标志（宽度在新建文档时设置）的效果，也可以认为是输出到胶片上的状态。

面板

面板是 InDesign 中修改和监视作品外观变化的小型工具或控制框。大多数面板集中了 InDesign 的某一方面功能，如文字、段落和颜色等。

面板的使用与 Adobe 的其他软件，如 Photoshop, Illustrator, PageMaker 相似，要从群组的面板中激活某个调板，只要单击面板的标签或从"窗口"菜单中选择对应的面板名称即可，拖动面板标签可以对面板实行分离、组合和连接。工具箱是惟一不能和其他面板组合的面板。

大多数面板的右上角都有一个扩展按钮▣，单击它可显示面板的扩展菜单。所有面板都可以在"窗口"菜单中找到，前面有√符号，表示面板已经在屏幕上显示，再次选择，√符号消失，表示面板关闭。在 CS3 版本中，面板可以堆叠到视图右边的泊槽中，单击标签可使面板显示或隐藏。

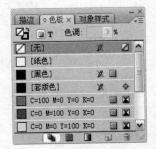

控制栏和泊槽

"控制栏"是一个对上下文敏感的面板，当用户选择不同对象时，将显示不同的
选项。这些选项和控制选择对象的项目完全相同，可以大大提高工作效率。控制
栏可以被嵌在视图顶部（菜单栏下）、视图底部或者浮动显示。单击并拖动控制
栏左侧的竖线部分可以移动控制栏的位置。

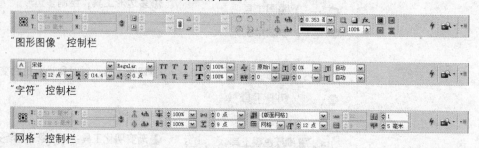

"图形图像"控制栏

"字符"控制栏

"网格"控制栏

InDesign CS3 在视图右边添加了一个"泊槽"，用来组织和存放面板。在泊槽中，
面板可以单独放置也可以成组放置。单击面板的标签可以显示或隐藏面板。拖动
标签可以把面板从泊槽中拖曳出来。

03 页面浏览

在初步了解工作界面以后，就要对页面进行浏览，这是为了在实际工作的时候能够更快地进行操作，提高工作效率。

在这一节，我们将对页面浏览的一些操作方法进行介绍。

在进行页面浏览的时候最常用到的工具是抓手工具和缩放工具，也可以使用"导航器"面板来快速浏览想要浏览的页面。

"导航器"面板

通过调整"导航器"面板下方的缩放滑块可以调整需要的视图大小。

拖曳"导航器"面板的显示框，可以调整需要的视图位置。

范 例 操 作	使用缩放工具观察报纸细节部分

视频路径

Video\Chapter 1\ 使用缩放工具观察报纸细节部分 .exe

受软件工作页面的限制，我们在排版需要观察细节部分的时候很不方便。在 InDesign CS3 中，可以方便地进行细节观察，具体操作步骤如下。

1. 打开报纸文件

1 执行"文件 > 打开"命令，或者按下快捷键 Ctrl+O，弹出"打开文件"对话框。

2 选择报纸文件所保存的位置，选择文件后单击"打开"按钮打开报纸文件。

2. 对报纸显示不清楚的部分进行放大观察

单击缩放工具，在报纸页面左上角位置拖曳出虚线矩形框，当释放鼠标后，将在页面中放大显示这个区域。

相│关│知│识 ——缩放工具和抓手工具的相关操作

缩放工具和抓手工具是工具箱中运用频率较高的两种工具，熟练掌握它们的使用方法和快捷键，有利于节约页面浏览时间。

缩放工具

1 执行"视图 > 放大（缩小）"命令，或是按下快捷键 Ctrl++ 放大，按下快捷键 Ctrl+- 缩小，这样可以不用切换到缩放工具就直接对页面进行缩放。

2 按下快捷键 Z，将工具箱中的工具切换到缩放工具，然后进行缩放操作。

3 按住快捷键 Ctrl+ 空格键不放，然后单击页面可以将其放大。

抓手工具

1 按下快捷键 H，或者是直接单击工具箱中的抓手工具将切换到抓手工具，然后进行页面移动操作。

2 按住空格键不放，可以暂时切换到抓手工具，拖曳页面可以调整页面视图区域。

在 InDesign 中，利用缩放工具最大可以放大到 4000%，最小可缩小到 5%。
在指定了要缩放的大小或者是对放大缩小的视图范围有一定的了解后，可以在状态栏调整缩放的百分比。

输入界面显示百分比

视频路径

Video\Chapter 1\设置屏幕模式 .exe

辅助教学

在 InDesign 中，预览屏幕模式是只显示能够打印出来的内容的屏幕模式。

为了满足在不同情况下的不同显示需要，经常需要设置屏幕模式。设置各种屏幕模式的具体操作方法如下。

1. 设置预览屏幕模式

打开一个文件，执行"视图 > 屏幕模式 > 预览"命令，或者单击工具箱中的预览显示模式按钮，切换到预览屏幕模式。

2. 设置出血屏幕模式

执行"视图 > 屏幕模式 > 出血"命令，或者单击工具箱中的出血显示模式按钮，切换到出血屏幕模式。

辅助教学

在 InDesign 中的出血屏幕模式下，除能够显示打印出来的内容外，还显示出出血线的位置。

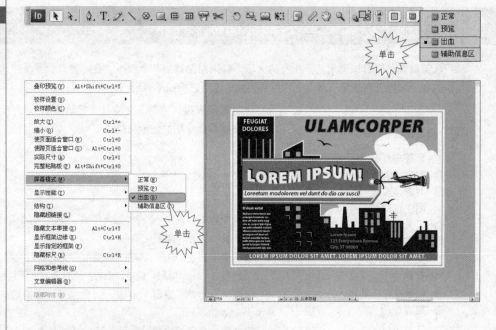

辅助教学

在 InDesign 中的辅助信息区屏幕模式下，除能够显示打印出来的内容外，还显示辅助信息区部分。

3. 设置辅助信息区屏幕模式

执行"视图 > 屏幕模式 > 辅助信息区"命令，或者单击工具箱中的辅助信息区显示模式按钮，切换到辅助信息区屏幕模式。

相 | 关 | 知 | 识 —— 显示/隐藏面板

从窗口菜单中可以调用几乎所有的面板。如果想要调用某个面板，在"窗口"菜单中选择相应面板名称的命令即可。在这里将对几个使用较频繁的选项进行简单介绍。

① 对象和版面：控制"变换"、"导航器"、"对齐"、"路径查找器"面板和命令栏的显示与隐藏。

② 对象样式：显示/隐藏"对象样式"面板，可新建或应用对象的样式。

③ 工具：显示/隐藏工具箱。

④ 渐变：显示/隐藏"渐变"面板，可设置渐变的类型和位置、角度等。

⑤ 链接：显示/隐藏"链接"面板，可查看文件图片和文本的链接状态。

⑥ 描边：显示/隐藏"描边"面板，可设置描边的类型、粗细、斜接限制等。

⑦ 色板：显示/隐藏"色板"面板，可新建并应用颜色等。

⑧ 图层：显示/隐藏"图层"面板，可查看、新建图层等。

⑨ 文本绕排：显示/隐藏"文本绕排"面板，可设置文本绕排方式以及边界宽度。

⑩ 文字和表：显示或隐藏与文字和表格相关的面板。

⑪ 页面：显示/隐藏"页面"面板，可设置页面的相关属性和操作。

范 例 操 作　　对报纸文件进行版面调整

视频路径

Video\Chapter 1\ 对报纸尺寸进行版面调整 .exe

如果你曾经创建并处理文档并一直到完成修改，最后才发现页面尺寸从一开始就错了，一定能体会到沮丧的滋味。手工调整尺寸和文档中对象的位置是非常繁琐的事情，下面我们将对版面调整进行详细介绍。

1. 打开尺寸错误的报纸文件

执行"文件>打开"命令，或者按下快捷键 Ctrl+O，弹出"打开文件"对话框，选择尺寸错误的报纸文件，单击"打开"按钮，即可打开所需文件。

2. 版面调整

☐ 执行"文本 > 页面设置"命令，弹出"页面设置"对话框，将页面宽度由之前的 13 英寸改为 14 英寸，完成设置后单击"确定"按钮。

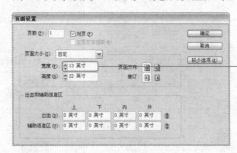

☐ 执行"版面 > 版面网格"命令，弹出"版面网格"对话框，将分栏由之前的 1 栏改为 3 栏，完成设置后单击"确定"按钮。至此，报纸版面调整完毕。

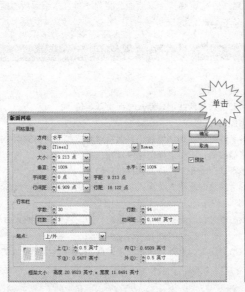

相│关│知│识 ——版面调整

版面调整如果是手工操作的话会很繁琐，无论如何要尽量避免。但是还是会有意想不到的事发生（对部分或全部已经完成的文档进行尺寸修改、方向改变或页边距的更改），在 InDesign 中执行〝版面 > 版面调整〞命令，打开〝版面调整〞对话框，其中提供了自动重新调整对象尺寸和位置的功能。

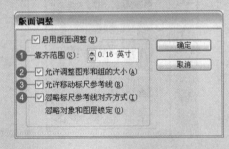

① **靠齐范围**：进行版面调整时，对象边缘自动靠齐参考线的距离。

② **〝允许调整图形和组的大小〞选项**：进行版面调整时，如果需要 InDesign 重新改变对象的尺寸，则选择此项。

③ **〝允许移动标尺参考线〞选项**：需要 InDesign 按照新页面尺寸成比例地调节标尺参考线的位置，则选择此项。一般情况下，标尺参考线相对于页边距和页边放置，所以建议选择此项。

④ **〝忽略标尺参考线对齐方式〞选项**：在版面调整的过程中，当调整对象的位置时，如果需要 InDesign 忽略标尺参考线，则选择此项。

原始文档为双栏

启用版面调整，修改版面分栏为3，文本自动分为3栏

未启用版面调整，修改版面分栏为3，文本仍然保持两栏

辅助教学

在使用版面调整功能时请牢记以下内容。

（1）如果改变页面尺寸，页边距（左右页边距离）宽度不变。

（2）如果改变页面尺寸，那么栏参考线和标尺参考线配合新尺寸而重新定位。

（3）如果改变栏数，栏参考线也将被相应增减。

（4）在版面调整之前如果对象边缘与参考线对齐，则调整后仍将保持对齐；如果对象的两个或多个边缘与参考线对齐，那么在调整版面后该对象尺寸将被改变，以便边缘仍保持对齐。

（5）如果改变页面尺寸，那么对象将被移动以便在新的页面保持相对位置。

（6）如果已经使用页边距、栏和标尺参考线将对象载入页面，则版面调整比将对象或标尺参考线随便地载入页面会更有效。

（7）当修改文档的页面尺寸、页边距或栏参考线时应该选择文本重新分布，减少文档的页面尺寸，文本框的尺寸会被减少或许会导致文本溢出。

（8）在完成调整后，应该选择文档中的所有内容。直到亲眼看到才知道 InDesign 实际所作的处理。

◯4 个性化设置

在熟悉 InDesign CS3 的过程中，要对它的首选项进行了解。在首选项中可以进行个性化设置，方便大家操作。

在首选项中可以设置工作界面中的所有对象的显示样式。在这一节，我们将介绍怎样通过首选项设置进行个性化设置。

执行"编辑 > 首选项"命令，在弹出的级联菜单中选择需要设置的命令，或按下快捷键 Ctrl+K，弹出"首选项"对话框。在"首选项"对话框中可以设置常规、界面、文字等的一些相关参数。

视频路径

Video\Chapter 1\ 使用"参考线和粘贴板"首选项设置个性化工作区 .exe

范例操作　使用"参考线和粘贴板"首选项设置个性化工作区

参考线和粘贴板都是经常用到的工具，设置明确的参考线样式可以提高工作效率。下面我们就对如何设置"参考线和粘贴板"首选项进行介绍。

1. 打开需要调整首选项的文件

执行"文件 > 打开"命令，或者按下快捷键 Ctrl+O，弹出"打开文件"对话框，选择需要调整的文件所保存的位置，选择文件后单击"打开"按钮。

辅助教学

参考线的颜色可以按照自己的喜好设置，但是要注意的是最好不要设置与背景颜色相近的颜色，以免无法识别而造成不必要的损失。

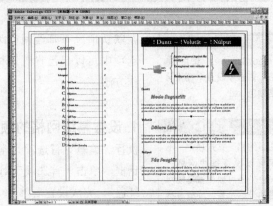

2. 设置文件的"参考线和粘贴板"首选项

1 执行"编辑 > 首选项 > 常规"命令，或者按下快捷键 Ctrl+K，弹出"首选项"对话框。

2 单击"首选项"对话框左边的"参考线和粘贴板"选项，设置边距为"唇膏色"，栏为"淡紫色"，出血为"节日红"，辅助信息区为"网格蓝"，预览背景为"淡灰色"，并取消"参考线置后"复选框的勾选，完成设置后单击"确定"按钮。

 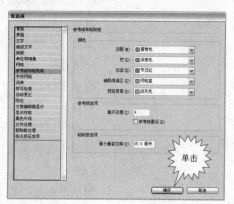

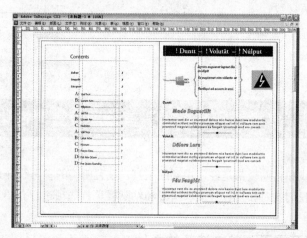

范 例 操 作	使用"网格"首选项设置个性化网格颜色

视频路径

Video\Chapter 1\使用"网格"首选项设置个性化网格颜色 .exe

辅助教学

在"网格"首选项中，不仅可以设置基线网格的颜色，还可以设置基线网格的开始位置、间隔等参数。

在默认情况下基线网格为"淡蓝色"，文档网格为"淡灰色"，在 InDesign 的首选项中可以自己设置网格的颜色，下面我们就来介绍设置个性化网格颜色的操作方法。

1. 设置基线网格的颜色

执行"编辑 > 首选项 > 常规"命令，或者按下快捷键 Ctrl+K，弹出"首选项"对话框，单击"首选项"对话框左边的"网格"选项，设置基线网格的颜色为"紫红色"，完成设置后单击"确定"按钮。

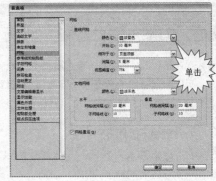

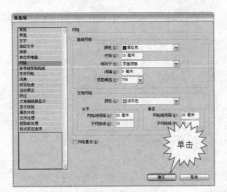
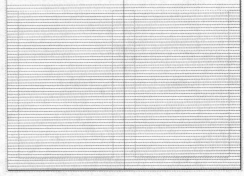

2. 设置文档网格的颜色

执行"编辑 > 首选项 > 常规"命令，或者按下快捷键 Ctrl+K，弹出"首选项"对话框，单击"首选项"对话框左边的"网格"选项，设置文档网格的颜色为"金色"，完成设置后单击"确定"按钮。

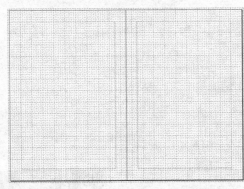
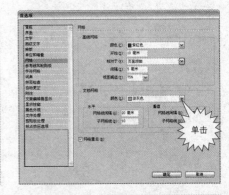

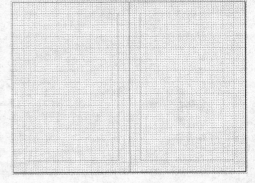

相│关│知│识——其他首选项

在 InDesign 中，首选项具有文档首选项和程序首选项两种。文档首选项只对打开的特定文档有效，程序首选项则一直有效，除非覆盖或修改首选项文件。大多数程序首选项都在"首选项"对话框中，包括默认字体、词典、大小、网格样式、复合字体、文档设置、页边和分栏等。

常规和界面

❶ **页码**：包含"章节页码"和"绝对页码"，章节页码是默认设置，表示 InDesign 根据"页码和章节选项"对话框的设置显示页。"绝对页码"根据每页在文档中的绝对位置显示页码。

❷ **浮动工具面板**：可以选择设置工具箱的显示方式。

❸ **工具提示**：有正常、无、快速 3 个选项，主要作用是设置当鼠标光标移动到工具图标上时，显示工具提示的情况。

❹ **位置光标**：勾选"置入时显示缩略图"选项，置入图片时，将在"置入"对话框的右下角位置显示图片的缩略图。

工具箱单行显示

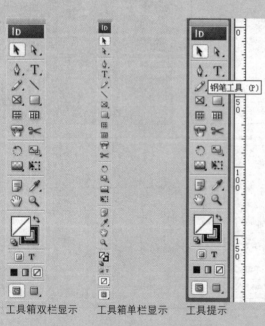 

工具箱双栏显示　　工具箱单栏显示　　工具提示　　选择要置入的文件时显示其缩略图

高级文字

使用"字符"面板扩展菜单中的命令可以将高亮显示的字符转变为上标（尺寸缩小，升到基线以上，快捷键为 Ctrl+Shift+ =）、下标（尺寸缩小，降到基线以下，快捷键为 Alt+Ctrl+Shift+ =）或小型大写字母。利用"首选项"对话框的"高级文字"选项面板，可以控制对文本进行上标、下标和小型大写字母操作时对文本的缩放比例和移动位置。

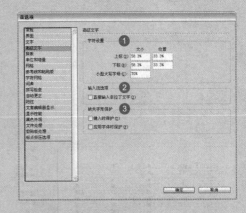

❶ **字符设置**：上标和下标的"大小"字段可以定义这些字符的缩放比例，默认值为 58.3%。可以输入 1% ～ 200% 之间的值，根据使用字号和字体的不同通常选择 60% 或 65%。"位置"字段可定义上标上升和下标下降的位置，默认值是 33.3%。可选范围为 － 500% ～ 500% 之间，一般对下标采用 30%，上标 35%。"小型大写字母"区域可指定小型大写字母与实际字母的比值。默认值为 70%，可在 1% ～ 200% 间选择。

❷ **输入法选项**：可以选择是否"直接输入非拉丁文字"。

❸ **缺失字形保护**：有"输入时保护"和"应用字体时保护"两个选项。

排版

❶ **"突出显示"**："段落保持冲突"显示当不能使用"段落"面板中"保留选项"定义的规则时，高亮显示文本框的最后一行。"连字和对齐冲突"使用 3 条黄色阴影线指示由于空格和连字符设置的组合所造成的过松或过紧的行。阴影越暗，问题越严重。"被替代的字体"默认为选择，它使用粉红色表示 InDesign 中因为缺失字体而被替换了字体的文本。"避头尾"将会使用灰色、蓝色和红色的标识，提示因应用避头避尾而改变了间距的字符。

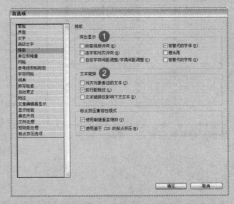

❷ **"文本绕排"**：因为绕排可能会引起靠近对象的文本排列不整齐，选择"对齐对象旁边的文本"选项可以强制文本边缘对齐。选择"文本绕排仅影响下方文本"选项，文本绕排对图片对象上方的文本将不起作用。

单位和增量

❶ **标尺单位**：设置标尺的单位。

❷ **其他单位**：设置排版、文本大小、线的单位。

　　单位间的换算：

　　1"=6p=72pt=25.4mm=2.54cm

　　其中 1" 即 1 英寸，1pt 即 1 点，1p 即 1 派卡

❸ **"键盘增量"**：让用户定义使用包含→←↑↓键的快捷键时的移动增量。

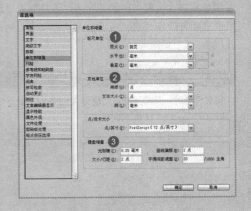

字符网格

① **网格设置**：设置单元形状、网格单元、填充和视图阈值的参数。

② **版面网格**：设置版面网格的颜色。在默认情况下，版面网格的颜色为"网格绿"。

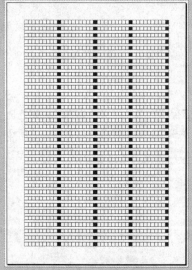

版面网格颜色设置为"紫色"的效果

单击版面网格颜色下拉列表框中的"自定"选项后，弹出"颜色"对话框，可设置其他的版面网格颜色

词典

用户为 InDesign 购买第三方词典后，还需要安装它，并在"首选项"对话框"词典"选项面板的"语言"下拉列表中选择它，再在下面的"连字"下拉列表中选择所选语言的连字符连接词典，在"拼写检查"下拉列表中选择拼写词典。

> **辅助教学**
>
> 安装词典时，只需要把它们放到 Adobe InDesign CS3\Plug-Ins\Dictionaries 目录下即可。

显示性能

"默认视图"有 3 种方式：快速、典型和高质量。用户可以在"视图"菜单中找到对应的选项，或者在上下文菜单中指定选择对象的显示方式。

通常在处理长篇文档时或图像较多的文档中使用"快速"选项，该选项关闭了去锯齿功能，文本边缘会变得比较粗糙，但是显示的速度非常快。

典型分辨率提供了介于"快速"和"高质量"两者之间的设置，它会让 InDesign 把较高分辨率的图像向下取样到屏幕分辨率，这样刷新比高分辨率快，这是 InDesign 的默认设置。InDesign 还允许用户对矢量图形、位图图像以及透明效果根据文档分别设置显示的质量。

文章编辑器显示

文章编辑器是 Adobe InCopy 中的功能，InDesign CS3 将其集成进来，方便用户校对文本，在该首选项设置中提供了文章编辑器中文本以及光标的各种显示方式，用户可根据自己的喜好进行设定。

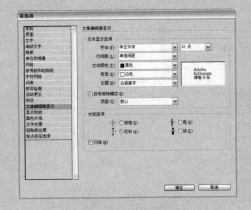

学习笔记：

Chapter 02

版面设置

01

新建、打开和保存文档

在 InDesign 中最基本的操作就是文档的新建、打开和保存了，下面我们就具体进行介绍。

新建文档

在新建文档之初，我们就要按照要求对文档进行详细的设置，这样节省了后面调整页面的时间。下面我们将介绍新建文档的各个界面。

欢迎页面：运行 InDesign CS3 后的第一个页面，用于选择打开文档方式。

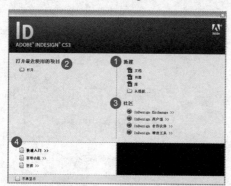

❶ "新建"选项：分别可以新建为文档、书籍、库。

❷ 打开最近使用的项目：可以打开最近使用 InDesign CS3 所打开过的文件。

❸ 社区：可以查看 InDesign CS3 的相关信息。

❹ 左下角位置的选项分别为快速入门、新增工具和资源。

"新建文档"对话框：单击欢迎页面中"新建"下的"文档"选项后出现的对话框。

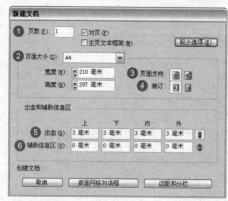

❶ 页数：新建文件的页数，通常一本书的一个章节为一个文档。

❷ 页面大小：根据不同的需要，在 InDesign CS3 中自带了多种纸张大小，也可以自定义尺寸。

❸ 页面方向：有横向和纵向两个选项，根据具体情况选择不同选项即可。

❹ 装订：有从左到右和从右到左两种选项，主要用于书籍装订的设置，根据不同情况选择不同选项即可。

❺ 出血：为了在印刷裁切时不会裁切到内容部分，通常会设置 3mm 的出血，但也有特殊情况。

❻ 辅助信息区：将不同页面的不同素材区分开来，不至于混淆。

辅助教学

出血是为了避免在裁切带有超出成品边缘的图片或背景的作品时，因裁切的误差而露出白边所采用的预防措施，通常是把图片或背景向成品页面外扩展 3mm。

"新建边距和分栏"对话框：单击"新建文档"对话框中的"边距和分栏"按钮后弹出的对话框，主要用于设置边距和分栏。

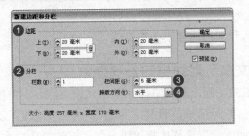

❶边距：设置版心到上、下、左、右页边缘的宽度。

❷栏数：可以将页面分成需要的栏数。

❸栏间距：每个栏辅助线之间的距离。

❹排版方向：有水平和垂直两个选项，可以根据具体需要选择不同选项。

"新建版面网格"对话框：单击"新建文档"对话框中的"版面网格对话框"按钮后弹出的对话框，主要用于设置版面网格。

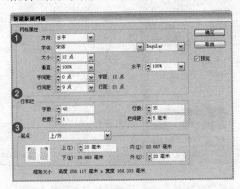

❶网格属性：主要设置网格的方向和大小，其中有字体、字号、字间距、行间距等选项。

❷行和栏：设置网格整体的字数、行数、栏数、栏间距。

❸起点：主要设置版面网格的位置。

"新建书籍"对话框：当单击欢迎页面中的"书籍"选项后会弹出此对话框，主要作用是新建书籍文件，书籍文件的作用是方便保存文档文件。

"新建库"对话框：当单击欢迎页面的"库"选项后会弹出此对话框，主要作用是新建库文件，库文件的作用是方便保存书籍文件。

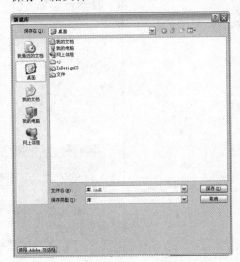

下面我们将介绍新建文档的详细操作步骤。

1. 设置"新建文档"对话框的各项参数

> 页面尺寸的设定必须依纸张的规格种类，以及客户的要求而定。但原则上必须要适合"开数"。例如，使用全开纸张，最经济、方便的标准开数有八开、四开、对开等；如果使用五开制作文件，势必产生废纸，而造成不必要的浪费。当然，若有特殊用途则另当别论。

■1 运行 InDesign CS3，弹出欢迎页面，单击欢迎页面右上方的"文档"选项。

■2 弹出"新建文档"对话框，设置"页数"为1，"宽度"为190毫米，"高度"为260毫米，"页面方向"选项选择"纵向"，"装订"选项选择"从左到右"，"出血"上、下、左、右均设为3毫米，"辅助信息区"均设为0毫米。

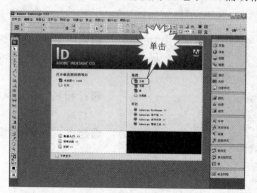

2. 设置"新建边距和分栏"对话框的各项参数

■1 在"新建文档"对话框中单击"边距和分栏"按钮，弹出"新建边距和分栏"对话框，设置"边距"的上、下、左、右均为20毫米，"栏数"为1，"栏间距"为5毫米，排版方向为"水平"，完成设置后单击"确定"按钮。

■2 新建一个文档。

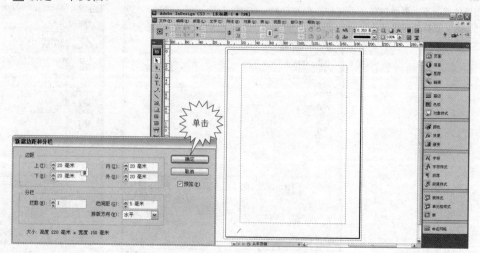

视频路径

Video\Chapter 2\ 创建文档页面 .exe

在 InDesign CS3 中新建文档后，如果发现需要多创建文档页面，那么就需要用到"页面"面板中的"创建新页面"功能，下面我们就来介绍关于创建文档页面的方法和步骤。

1. 创建文档页面

1 执行"窗口 > 页面"命令，或者按下快捷键 F12，显示"页面"面板。

2 单击"页面"面板右下角的"创建新页面"按钮，将创建一个文档页面。

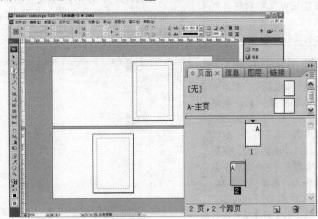

2. 复制文档页面

1 单击"页面"面板右上角的扩展按钮，弹出扩展菜单，选择"直接复制跨页"命令。

2 复制一个文档页面，此时的文档页面为 3 页。

辅助教学

InDesign 与 QuarkXpress 类似，但 InDesign 的图文框功能要比 PageMaker 与 QuarkXpress 强大得多。

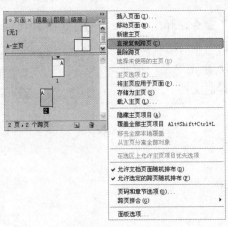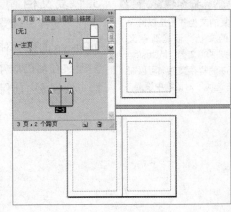

视频路径

Video\Chapter 2\ 打 开、保存和恢复文档 .exe

在 InDesign CS3 中想要打开已经创建好的文档时，就要用到打开文档功能，另外，保存和恢复功能也是在 InDesign CS3 中较为常用的功能之一，下面我们就来介绍它们的操作方法。

辅助教学

在明确知道所保存的文档的具体位置时，也可以直接拖曳文档到任务栏的 InDesign CS3 的图标上将其打开。

1. 打开文档

执行"文件 > 打开"命令，或者按下快捷键 Ctrl+O，弹出"打开文件"对话框，找到要打开文件的路径，选择文件后单击"打开"按钮。

2. 保存文档

执行"文件 > 存储"命令，或按下快捷键 Ctrl+S，弹出"存储为"对话框，找到要保存文档的位置后单击"保存"按钮。

辅助教学

在遇到电脑死机、断电或其他事故重新启动电脑后，双击 InDesign CS3 程序图标运行程序，这样可以自动恢复文档，恢复的文档在程序标题栏中会显示为"恢复"的字样，如果双击 InDesign CS3 文档，则会清除所有恢复文档数据。如果不想使用恢复的文档，可以关闭它，打开原文档继续工作。

辅助教学

恢复的文档并不是以前操作的文档，而是暂存文件夹中的文档。InDesign CS3 的暂存文件夹可以在"首选项"对话框中设置。

3. 恢复文档

执行"文件 > 恢复"命令，弹出 Adobe InDesign 的提示对话框询问是否要恢复到上次存储的版本，单击"是"按钮，即可恢复成之前保存的文档。

相|关|知|识 ——存储命令和关闭命令

在存储文档的时候,会有在存储过一次后,想另外存储在一个地方的情况,这时就要用到"存储为"命令。同时,想要备份一个文件,在 InDesign 中也可以轻松完成,只需要执行"存储副本"命令就行了,如果要关闭软件,将会用到"关闭"命令,在执行了此命令后就会自动返回到欢迎页面。

1 执行"文件 > 存储为"命令,弹出"存储为"对话框,选择文件要另存的位置,单击"保存"按钮,就可以将文件另存了。

2 执行"文件 > 存储副本"命令,或者按下快捷键 Alt+Ctrl+S,弹出"存储副本"对话框,选择副本文件要存储的位置,单击"保存"按钮,就可以存储副本文件了。

3 执行"文件 > 关闭"命令,将会返回到欢迎页面。

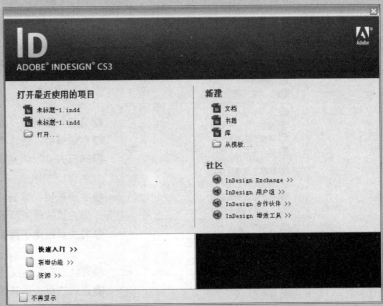

02 模板和页面调整

模板在 InDesign CS3 中的作用主要是使用户在制作杂志、书籍等样式较为统一的印刷品时，可以提高工作效率。而页面的主要作用是整理文档页面，并将模板和文档页面分开管理。

下面，我们将从模板和页面调整两个方面向大家进行详细介绍。

"页面"面板上方主页位置的 [无] 主页的作用是使文档页面不应用主页样式。

"页面"面板上方主页位置默认的 A-主页是我们要将模板绘制其上的主页样式。

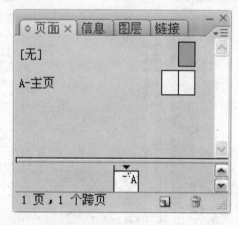

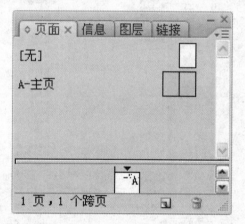

"页面"扩展菜单：单击"页面"面板右上角的扩展按钮，弹出此菜单，主要用于进行页面相关设置。

① 插入页面(I)...
② 移动页面(M)...
③ 新建主页...
④ 直接复制跨页(C)
⑤ 删除跨页
⑥ 选择未使用的主页(U)
⑦ 主页选项(T)...
⑧ 将主页应用于页面(P)...
⑨ 存储为主页(S)
⑩ 载入主页(L)...
⑪ 隐藏主页项目(A)
⑫ 覆盖全部主页项目 Alt+Shift+Ctrl+L
⑬ 移去全部本地覆盖
⑭ 从主页分离全部对象
⑮ 在选区上允许主页项目优先选项
⑯ 允许文档页面随机排布(D)
⑰ 允许选定的跨页随机排布(F)
⑱ 页码和章节选项(O)...
⑲ 跨页拼合(G)   ▶
⑳ 面板选项...

① **插入页面**：可以选择页面位置并插入页面，在制作书籍、杂志等时经常使用。

② **移动页面**：主要用于页面的移动。

③ **新建主页**：当制作的主页页面需增加时可以选择此选项。

④ **直接复制跨页**：复制相邻的跨页。

⑤ **删除跨页**：删除不需要的跨页。

⑥ **选择未使用的主页**：选中在整个文档中未使用过的主页。

⑦ **主页选项**：弹出"主页选项"对话框，主要可以设置主页的相关参数。

⑧ **将主页应用于页面**：可以将任何主页应用到任何页面上。

⑨ **存储为主页**：可以将文档页面的内容设置存储为主页。

⑩ **载入主页**：将其他文档中的主页载入到正在编辑的文档主页中。

⑪ **隐藏主页项目**：将选中主页中的相关信息隐藏。

⑫ **覆盖全部主页项目**：将全部主页中的相关信息隐藏。

⑬ **移去全部本地覆盖**：将覆盖的主页恢复。

⑭ **从主页分离全部对象**：将主页中的对象全部分离到文档页面中，并删除主页中的内容。

⑮ **在选区上允许主页项目优先选项**：主页中项目选中时优先。

⑯ **允许文档页面随机排布**：可以调换或添加文档页面。

⑰ **允许选定的跨页随机排布**：可以调换或添加跨页。

⑱ **页码和章节选项**：可以设置页码样式。

⑲ **跨页拼合**：可设置跨页拼合后的显示状态。

⑳ **面板选项**：设置"页面"面板的显示和主页和页面的上下位置。

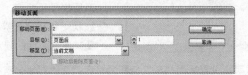

选择"插入页面"选项后将弹出"插入页面"对话框，在此对话框中可以设置插入页数、插入页面的位置、应用主页参数。

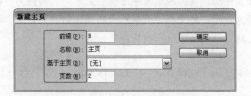

选择"移动页面"选项后将弹出"移动页面"对话框，在此对话框中可以设置要移动的页面、页面所要移动到的详细位置参数。

选择"新建主页"选项后将弹出"新建主页"对话框，在此对话框中可以设置新建主页的前缀、名称、是否基于其他主页样式、新建主页数参数。

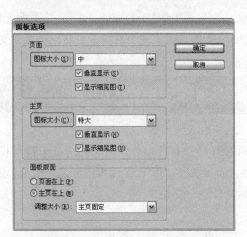

选择"面板选项"选项后将弹出"面板选项"对话框，此对话框主要是对"页面"面板的视图样式进行设置。其中包括页面中图标的大小、主页图标的大小、面板版面中主页和文档页面的前后位置。

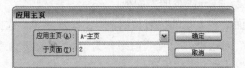

选择"应用主页"选项后将弹出"应用主页"对话框，在此对话框中可以设置主页所要应用到的页面。

若不想让新建的主页和原主页具有父子关系，可使用"新建主页"命令而不使用"直接复制跨页"命令。如果想取消当前文档页面或主页应用的主页，可把"无"主页应用到需要取消的页面。

选择"页码和章节选项"选项后将弹出"新建章节"对话框。勾选"开始新章节"复选框后，激活"新建章节"对话框。

❶ **自动页码**：将自动编排页码。

❷ **章节前缀**：设置章节前缀命令格式。

❸ **样式**：章节命令样式。

❹ **章节标志符**：可设置章节在显示时的标志符。

❺ **文档章节编号**：在建立了"库"后可设置文档章节的编号。

❻ **章节编号**：文档在"库"中章节的编号。

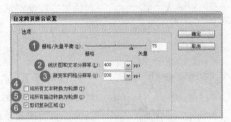

选择"跨页拼合 > 自定"选项后将弹出"自定跨页拼合设置"对话框。

❶ **栅格 / 矢量平衡**：设置栅格后成为矢量图形后的显示状态。

❷ **线状图和文本分辨率**：设置线条、轮廓等及文本在页面的显示分辨率。

❸ **渐变和网格分辨率**：设置运用的渐变色和网格在页面的显示分辨率。

❹ **将所有文本转换为轮廓**：将文档页面中所有的文本内容转换为轮廓，可输出状态。

❺ **将所有描边转换为轮廓**：将文档页面中所有的描边转换为轮廓，可输出状态。

❻ **剪切复杂区域**：对复杂的区域进行剪切。

InDesign 的主页综合了 PageMaker 和 QuarkXpress 两个软件的优点，并加入了一些更强大的功能。

与 QuarkXpress 最大的不同在于，InDesign 位于文档页面上的主页对象是不可编辑的，按住 Ctrl+Shift 键时单击该主页对象，可将它分离到文档页面上。

范 例 操 作　　创建并应用模板制作简单杂志主页

Video\Chapter 2\ 创建并应用模板制作简单杂志主页 .exe

模板在实际的排版操作当中有着重要作用，特别是在制作书籍、画刊、杂志、手册等的时候。下面我们就以在"页面"面板中创建一个简单的杂志主页模板为例，对创建并应用模板功能进行介绍。

1. 创建模板

▌ 按下快捷键 F12，打开"页面"面板。

▌ 单击"页面"面板右上角的扩展按钮，弹出扩展菜单，选择"新建主页"选项，打开"新建主页"对话框，设置"前缀"为 B，"名称"为"主页"，"基于主页"为"无"，"页数"为 2，完成设置后单击"确定"按钮。

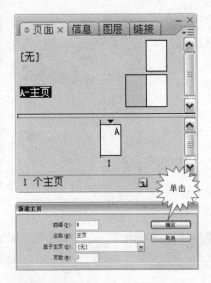

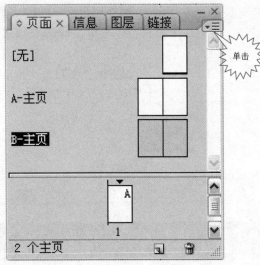

2. 绘制图形

1 双击"页面"面板中的 B-主页，使页面切换到 B-主页上。

2 单击矩形工具 ，并设置填充颜色为"红色"，在 B-主页中绘制几个矩形。

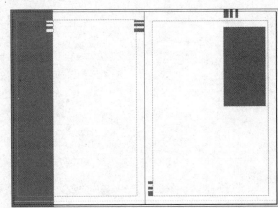

3. 应用模板

1 双击"页面"面板中的页面 1，切换到文档页面 1。

2 按住 B-主页的图标不放，将其拖曳到文档页面 1 的位置，使 B-主页应用于文档页面 1。

辅助教学

如要插入页面或折页，只需要把主页的图标拖曳到文档页面图标中；要对某个文档页面应用某种主页，只需要把主页的图标拖曳到该文档页面上。

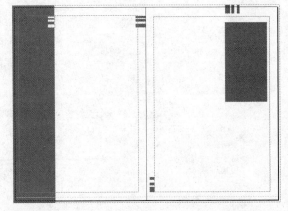

3 这时可以看到我们刚才绘制的 B- 主页已经应用到文档页面 1 上了，然后在文档页面 1 中添加其他的文字和图片等元素。

相│关│知│识——版面设置

版面设置主要可以调整版面的网格、边距分栏、标尺、参考线和进行页面设置等页面的操作，在"版面"菜单中包含了几乎所有与之相关的操作命令，熟练使用"版面"菜单对快速进行排版工作有很大帮助。在接触"版面"菜单之初，我们先对其中的一些重要功能进行初步介绍，在以后的实例中会对其进行深入探讨。

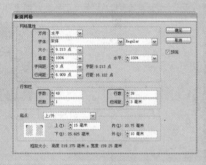

执行"版面 > 版面网格"命令后，弹出"版面网格"对话框，此对话框同之前在新建文档时所设置的"版面网格"对话框是一样的，因此在新建文档时如果没有设置为需要的版面网格，可以使用此方法修改版面网格。

执行"版面 > 页面"级联菜单中的命令，可以设置同执行"页面"面板的扩展菜单中的命令相同的参数和效果。

执行"版面 > 边距和分栏"命令后，弹出"边距和分栏"对话框，此对话框同之前在新建文档时所设置的"边距和分栏"对话框是一样的，因此在排版过程中可以更改边距和分栏。

执行"版面 > 标尺参考线"命令后，弹出"标尺参考线"对话框，在此对话框中可以设置阈值和辅助线的颜色。

执行"版面 > 创建参考线"命令后，弹出"创建参考线"对话框，在此对话框中可以设置要创建的参考线的行数和栏数，以及行间距和栏间距。

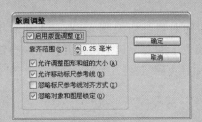

执行"版面 > 版面调整"命令后,弹出"版面调整"对话框,选择"启动版面调整"复选框,下面的选项可根据具体情况进行设置。

视频路径

Video\Chapter 2\ 给书籍文件添加页码 .exe

页码是任何书籍都有的一个元素,当我们在进行书籍排版的时候,自然要给书籍排版文件添加页码。InDesign CS3 同 PageMaker 和 QuarkXpress 两个排版软件的页码编排方法相似。

下面我们就以给一本书籍文件添加页码为例,对添加页码的方法进行介绍。

1. 打开书籍文件

执行"文件 > 打开"命令,或者按下快捷键 Ctrl+O,弹出"打开文件"对话框。选择本书配套光盘中的 chapter2\Complete\ 书籍.indd,然后单击"打开"按钮。

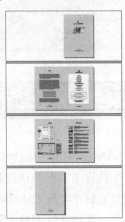
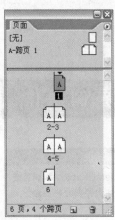

辅助教学

InDesign CS3 可以像放置页码一样放置章节符,在主页页面上显示为"章节",在文档页面上显示为章节的名称。章节的名称可以在"页码编排和章节选项"的"章节标志"中设置。

2. 添加页码

1 双击 A- 跨页 1 图标,切换到 A- 跨页 1。

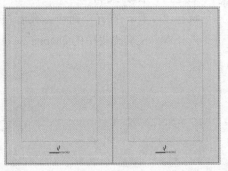

2 在 A- 跨页 1 左下角绘制一个文本框，单击文字工具 T，并在文本框内单击，最后按下快捷键 Shift+Ctrl+Alt+N。

3 根据上面同样的方法，再单击 A- 跨页 1 的对页，切换到 A- 跨页 1 的右下角绘制一个文本框，使用文字工具 T在 A- 跨页 1 的右下角单击，并按下快捷键 Shift+Ctrl+Alt+N。这样，文档页面都自动添加好页码了。

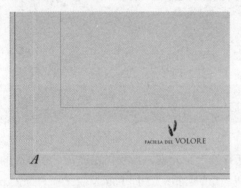
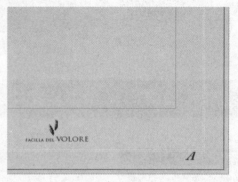

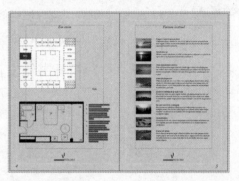

范 例 操 作　　调整报纸的边距和分栏

视频路径

Video\Chapter 2\ 调整报纸的边距和分栏 .exe

InDesign CS3 在报纸排版中的使用率很高，在给报纸排版中会使用 InDesign CS3 中的许多功能，在排版之初，需要先设置报纸的边距和分栏。如果在制作完一版报纸后才发现尺寸有误，那就必须重新修改报纸的边距和分栏了。

下面我们就以调整一张排好版的报纸的边距和分栏为例，介绍关于边距和分栏调整的知识。

1. 打开报纸文件

辅助教学

与 PageMaker 不同的是，在 InDesign CS3 中创建的栏辅助线不可以随意移动，所以在设置栏辅助线的时候要根据情况设定精确尺寸。

执行"文件 > 打开"命令，或者按下快捷键 Ctrl+O，弹出"打开文件"对话框，选择本书配套光盘中的 chapter2\Complete\ 报纸 .indd，然后单击"打开"按钮。

2. 调整报纸的边距和分栏

1 在"页面"面板中双击要修改边距和分栏的报纸版面，将页面切换到该报纸版面上。

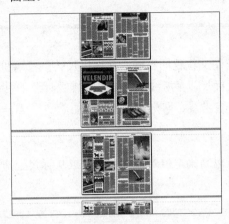 

2 执行"版面 > 边距和分栏"命令，弹出"边距和分栏"对话框，在"边距"选项组中设置上、下、内、外边距均为10mm，完成设置后单击"确定"按钮。

3 按照前面的方法，再打开"边距和分栏"对话框，设置"栏数"为6，"栏间距"为5mm，"排版方向"为"水平"，完成设置后单击"确定"按钮。

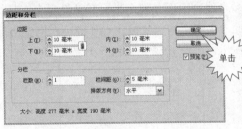 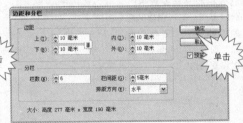

03 标尺、参考线和网格

排版工作有时会要求图文位置的精确，使用标尺、参考线和网格进行排版能使整体整齐、美观，因此标尺、参考线和网格也是排版时经常用到的工具之一。

下面我们就对标尺、参考线、网格进行详细介绍。

标尺

标尺的主要作用是可以精确定位对象，同时可以从标尺上拖曳出参考线，辅助图文排版。

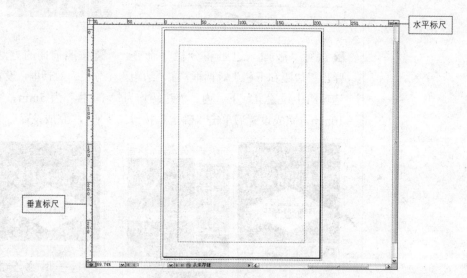

水平标尺

垂直标尺

辅助教学

"创建参考线"对话框中的分栏和文档设置中的分栏不同，前者创建出来的辅助线不会影响文本流，前者的对话框中还可以设置行数。

参考线

InDesign 中的参考线有页面参考线和折页参考线两种。页面参考线仅仅出现在一个页面内，折页参考线则出现在整个折页和粘贴板上。从标尺上拖曳出的参考线默认状态下是页面参考线，拖动时按住 Ctrl 键可以拖曳出折页参考线。

分别从标尺上拖曳出水平参考线和垂直参考线

在编辑参考线的时候，参考线为灰色

辅助教学

用户可以选择参考线、网格和页面的堆叠顺序，建议使用一个专门的参考线图层管理。

网格

网格不像参考线，它不可以被选择或编辑，而只能被显示或隐藏，不同的网格在预置中有不一样的设置选项，基线网格仅仅显示在页面框中，文档网格覆盖整个折页和粘贴板。网格居于页面的最底层，而且不能指定到某一特定图层上。用户可以设置网格的水平和垂直间距，可以在预置中设置文档网格和基线居于页面对象的前面还是后面。

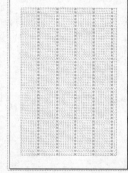
版面网格基线

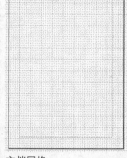
文档网格

范 例 操 作　　使用对齐网格功能使画册文字对齐网格

视频路径

Video\Chapter 2\ 使用对齐网格功能使画册文字对齐网格 .exe

使用网格功能排版，可以让版式更整齐、美观，特别是在对报纸、书籍等要求比较严格的印刷品进行排版时，网格功能更是一个不可忽视的工具。

下面就以使制作的画册文字对齐网格为例，对网格的功能进行介绍。

1. 创建网格

1 执行"文件 > 新建 > 文档"命令，或者按下快捷键 Ctrl+N，弹出"新建文档"对话框，设置"页数"为 1，"页面大小"为 A4，"出血"四周均为 3mm，完成后单击"版面网格对话框"按钮。

2 在弹出的"新建版面网格"对话框中设置"方向"为"水平"，"字体"为"宋体"，"大小"为 12 点，"行间距"为 9 点，"字数"为 42，"栏数"为 1，"行数"为 36，"起点"为"上 / 外"，"上"为 15mm，"外"为 15mm，完成设置后单击"确定"按钮。

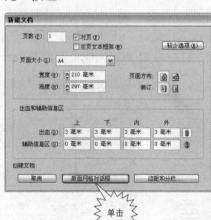

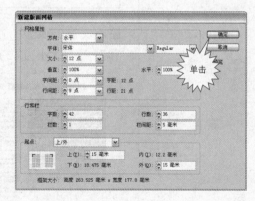

2. 添加图片和文字

置入图片，并使用文字工具 **T** 在页面上输入文字。

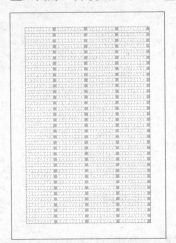

3. 使文字对齐网格

1 单击文字工具 **T**，在页面的左下方区域拖曳出一个矩形文本框，然后单击矩形文本框，进入输入状态，在页面左下方区域输入文字。

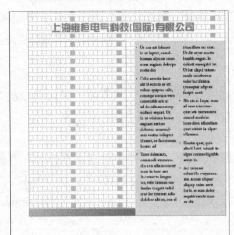

2 将文字全部选中，并按下快捷键 Ctrl+T，弹出"字符"面板，设置字体为"宋体"，字号大小为 12 点，行距为 21 点，完成设置后按 Enter 键确定。

相│关│知│识 ——使用度量工具测量对象间距离

在排版的时候，经常会需要测量一些细小的地方，如果用参考线或标尺，显然不方便，在 InDesign CS3 中有专门为这种情况设计的工具——度量工具 ⌀，它可以对较小的区域进行度量。下面我们就对度量工具的用法进行介绍。

测量水平位置对象

1 单击矩形工具 ⬚，在页面绘制两个水平的矩形。

2 单击度量工具 ⌀，并按住要测量的起点不放，拖曳鼠标光标到要测量的终点，松开鼠标左键。

3 此时将自动弹出"信息"面板，上面标注出了当前光标所在的位置以及两个对象间的距离。

测量垂直位置对象

与测量水平位置时一样，单击度量工具 ⌀，并按住要测量的起点不放，拖曳鼠标光标到要测量的终点，松开鼠标左键。

测量倾斜角度对象

单击度量工具 ⌀，按住要测量的起点不放，沿倾斜角度拖曳鼠标光标到要测量的终点，松开鼠标左键。

在使用度量工具的时候，可以按住要测量的起点位置不放，同时按住 Shift 键拖曳鼠标，此时度量工具只能对 45°角的倍数的两对象之间的距离进行测量。如果是其他角度的对象则不必如此，可直接拖曳测量。

为了优化操作界面，方便操作，通常可以将标尺隐藏，在有需要的时候再使其显示出来，下面我们对标尺的一些操作进行介绍。

显示 / 隐藏标尺

显示 / 隐藏标尺可以执行"视图 > 显示标尺 / 隐藏标尺"命令，或是按下快捷键 Ctrl+R。

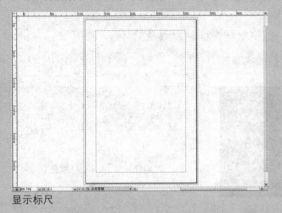

显示标尺

隐藏标尺

零点的使用

显示标尺，按住页面左上角零点□位置不放，并拖曳鼠标光标到文档页面的右上角，这样现在的零点就在文档页面右上角位置了。

零点的主要作用是精确拖曳参考线。

拖曳零点

零点位置在文档页面右上角

参考线相对于网格来说更方便、更随意，用户可以方便地将参考线像对象一样进行移动、复制和粘贴操作。

显示 / 隐藏参考线

执行"视图 > 网格和参考线 > 显示 / 隐藏参考线"命令，或者按下快捷键 Ctrl+; 即可显示或隐藏参考线。

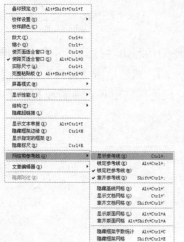

参考线

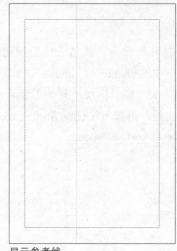

显示参考线

隐藏参考线

拖曳参考线

选择参考线只需要在参考线上单击即可，在按住 Shift 键的同时单击可以选择多条参考线，使用快捷键 Ctrl+Alt+G，可以选择折页上的所有参考线。执行"视图 > 网格和参考线 > 锁定参考线"命令或按下快捷键 Ctrl+Alt+; 可以锁定参考线。选中参考线后按下键盘上的 Delete 键，可以删除选择的参考线。

选中参考线，当选中参考线时，参考线呈灰色，而未选中的参考线的颜色默认为绿色

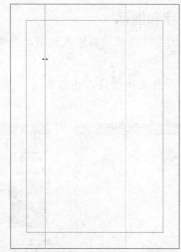

拖曳参考线时，光标变成左右都是箭头的状态，拖曳至需要的位置释放鼠标即可

范 例 操 作　　使用参考线精确定位杂志图像

视频路径

Video\Chapter 2\ 使用参
考线精确定位杂志图
像 .exe

在对杂志进行排版设计的时候，通常会要求文字或图像的精确定位，这样排出来的杂志不仅美观，还可以使文章版式前后统一、呼应。

1. 创建参考线

1 执行"文件 > 打开"命令，或按下快捷键 Ctrl+O，弹出"打开文件"对话框，选择本书配套光盘中的 chapter2\Complete\ 杂志 .indd，然后单击"打开"按钮。

2 按下快捷键 Ctrl+R，显示标尺，并按需要从标尺处拖曳出垂直参考线和水平参考线分布在左页面处，再按下快捷键 Shift+Ctrl+; 对齐参考线。

辅助教学

在创建参考线的时候，将页面放大，可以使标尺显示更精确，拖曳参考线时位置可以更准确。

辅助教学

在对杂志进行排版时，需要对版式进行大体规划，在实际操作后再根据具体情况进行具体分析操作。

2. 精确定位文字和图像

1 按照刚才创建的参考线的位置输入文字，调整好字体、字号，并将其调整到合适位置。

2 置入图片，并设置文本绕排，再按照参考线，将图片拖曳到页面的左边两栏位置。

3 再次置入图片，并将图片按照拖曳出的参考线调整到左页面的右边一栏对齐。

4 添加图形和页码图像，杂志的一页就完成了。

使用网格排版报纸文字

视频路径

Video\Chapter 2\ 使用网格排列报纸文字 .exe

辅助教学

在 InDesign CS3 中的网格有布局网格、文档网格、基线网格、网格文本框。在本节中，主要介绍的是运用得最多的网格文本框。网格文本框可以看成是一种可灵活操作的布局网格。

网格在报纸排版中起着举足轻重的作用，这主要是因为报纸中文字内容多，字体样式少，一般设置一种网格规格就可以排好一种报纸。每种报纸的规格样式是规定好的，每个报社会有不同的要求。

利用网格排版报纸的好处就是可以使文字按规格对齐，即使再复杂的报纸样式，只要指定好了网格规格，也能轻松排整齐。

下面我们就以使用网格来排版报纸文字为例，介绍网格的使用方法。

1 执行"文件 > 新建 > 文档"命令，或者按下快捷键 Ctrl+N，弹出"新建文档"对话框，设置页面大小为 A4，其他保留默认设置，单击"边距和分栏"按钮，然后在弹出的对话框中直接单击"确定"按钮。

2 单击水平网格工具▦，在属性栏中设置行间距为 6 点，字体大小为 10 点，栏数为 2，完成设置后按 Enter 键确定。接着拖曳鼠标，在页面左半部分绘制出网格。

在排版报纸之前也应该
同杂志一样，先对版式有
一个大概的规划。另外，
在运用网格工具时可以
根据要求调整网格的参
数。

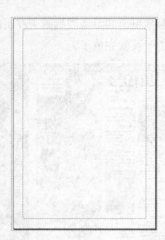
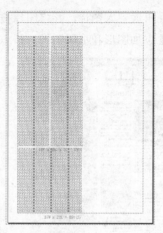

③ 单击文字工具 T，并单击网格，在网格的左上角位置显示出插入点后，输入或
置入新闻内容。

④ 输入标题并调整正文的内容后，再添加一些广告内容和图片，报纸的一个版面
就排版完成了。

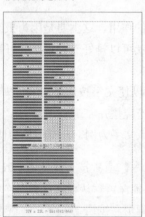

相 | 关 | 知 | 识 ——网格工具的属性栏

网格工具作为常用的参考工具，在实际操作中是相当重要的，在网格工具的属性栏中可以设置要绘制网
格的大小、行间距等相关属性。

下面将对网格工具的属性栏进行介绍。

网格工具属性栏

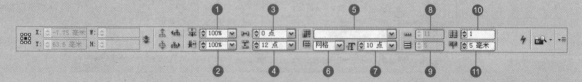

❶ 垂直缩放：设置网格的高度。

垂直缩放为 100%

垂直缩放为 50%

垂直缩放为 150%

❷ 水平缩放：设置网格的宽度。

水平缩放为 50%　　水平缩放为 150%

❸ 字间距：设置字和字之间的距离。

字间距为 3 点

❹ 行间距：设置行与行之间的距离。

行间距为 3 点

❺ 命名网格：选择网格样式，单击图标选择"新建命名网格"选项可新建命名网格。

❻ 网格视图：可选择网格的视图方式，网格的视图方式有网格、N/Z 视图、对齐方式视图、N/Z 网格 4 种。

网格

N/Z 视图

对齐方式视图

N/Z 网格

❼ 字体大小：设置网格所适应的文字大小。

❽ 框架网格每行字数：可以设置网格每行所显示的字数，这决定了所绘制的网格在文件中所占的宽度。

❾ 框架网格行数：框架中所设置的网格的行数。

❿ 栏数：设置拖曳出的网格的栏数。

⓫ 栏间距：设置所设置的栏数的栏与栏之间的距离。

显示 / 隐藏网格

❶ **显示基线网格**：执行"视图 > 网格和参考线 > 显示基线网格"命令，或按下快捷键 Alt+Ctrl+' 显示基线网格。

❷ **显示文档网格**：执行"视图 > 网格和参考线 > 显示文档网格"命令，或按下快捷键 Ctrl+' 显示文档网格。

显示参考线 (H)	Ctrl+;
锁定参考线 (K)	Alt+Ctrl+;
✔ 锁定栏参考线 (M)	
✔ 靠齐参考线 (O)	Shift+Ctrl+;
❶ 显示基线网格 (B)	Alt+Ctrl+'
❷ 显示文档网格 (G)	Ctrl+'
靠齐文档网格 (N)	Shift+Ctrl+'
显示版面网格 (L)	Alt+Ctrl+A
靠齐版面网格	Alt+Shift+Ctrl+A
隐藏框架字数统计	Alt+Ctrl+C
隐藏框架网格	Shift+Ctrl+E

基线网格

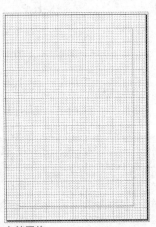

文档网格

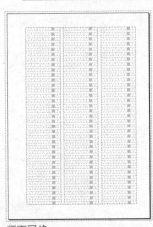

版面网格

对齐网格

1 执行"视图 > 网格和参考线 > 靠齐文档网格"命令，或按下快捷键 Shift+Ctrl+' 靠齐文档网格。单击选择工具 ，将文字拖曳到文档网格附近，文字将自动吸附在文档网格上。

2 执行"视图 > 网格和参考线 > 显示文档网格"命令，或按下快捷键 Ctrl+' 显示文档网格。单击文字工具 ，在页面输入文字。

3 执行"视图 > 网格和参考线 > 靠齐版面网格"命令，或按下快捷键 Shift+Ctrl+Alt+A。单击选择工具，将文字拖曳到文档网格附近，文字将自动吸附在版面网格上。

Chapter 03

文本编辑

01 熟练掌握文字工具

排版工作的重要组成部分就是文字，在 InDesign 中进行排版工作需要熟练掌握文字工具。在详细介绍文字工具前，我们要先对字体有一个大体了解。

字体的属性

字体共有 256 种不同的字，对所有的字母、标点、符号的集合，按相似的风格进行分组归类，我们称之为字面设计。Futura 体、HelvetiCa 体和 Times 体都是字面设计的种类，字面设计的不同视觉效果称为字形，一种字体包括正常体、粗体、特粗体、特细体和其他种类；一种字体所有变化组成了一种字面族，也就是成为那一字族的所有字形成员。

单个字符

同种风格的字符在 Mac 和 Windows 环境下，每种字体由显示字体的打印字体构成，显示字体存在于控制面板的字体文件夹中，可通过操作系统直接取用。Adobe Type1 字体是迄今最常见的字体平台，它总是带有打印字体文件，而且不将其存放在字体手提箱中，实际上，也不可能将它们放入了字体手提箱，这种显示字体和打印字体的组合是所有字体技术的核心，而 Adobe Type Manager 字体软件更完善了这一组合，使用户在 Windows 和 Mac 环境下都可以使用所有字体。

方正综艺简体

方正黄草简体

在用 InDesign 排版完成后，要进行排版输出，以方便印刷出版。我们在排版过程中，通常会用到许多字体，但是有可能在我们将文字拷贝到其他电脑上时，由于其他电脑没有安装这种字体，或是软件版本的不同而造成文字无法识别的情况出现，这时就需要对文字进行创建文字轮廓操作，以使输出的字体与排版时一致。下面我们就来详细介绍排版输出时创建文字轮廓的操作方法。

1. 新建文档并输入文字

1 执行"文件 > 新建 > 文档"命令，或者按下快捷键 Ctrl+N，按照默认设置新建一个文件。

2 单击文字工具T，在页面版心内输入文字。

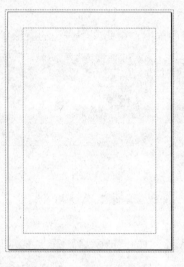

2. 创建文字轮廓

1 将文字全部选中。

2 执行"文字 > 创建轮廓"命令，选中的文字内容就变成了文字轮廓。

相│关│知│识 ——将文字制作成其他形态

在将文字创建为轮廓后，文字是由无数个节点所构成的，可以通过直接选择工具⟦⟧，将节点选中，调整文字的形态。下面就以制作一个文字变形标志为例，介绍改变文字形态的具体操作步骤。

1 单击矩形工具⟦⟧，绘制一个矩形，并将其填充为褐色渐变。

2 单击文字工具⟦T⟧，在矩形正中输入文字。

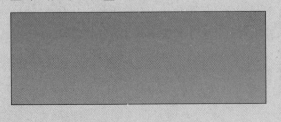

3 单击选择工具⟦⟧选中文字，执行"文字 > 创建轮廓"命令，或者按下快捷键 Shift+Ctrl+O，创建文字轮廓。

4 单击直接选择工具⟦⟧，单击文字节点，拖曳鼠标，得到文字旁边的新形状。

5 将文字旁边的形状拖曳成圆角矩形状。

6 单击选择工具⟦⟧，选中文字对象，执行"编辑 > 复制"命令和"编辑 > 粘贴"命令，并将复制的文字拖曳到原文字对象的上方。

7 将原文字对象颜色调整为黑色。

8 单击文字工具⟦T⟧，在文字左边的圆角矩形中间位置输入字母 b，并设置颜色为黑色。至此，标志制作完成。

视频路径

Video\Chapter 3\ 使用路
径文字工具制作广告动
感效果 .exe

辅助教学

由于广告的特殊性，可以
不设置边距，制作整版的
效果。

如果在排版的时候都只单单用一种文字排列方式，显然会让人觉得枯燥，没有新意。在用 InDesign CS3 排版时，可以使用路径文字工具制作多变的排版方式。下面我们将介绍使用路径文字工具制作广告的动感效果，具体操作步骤如下。

1. 新建文件并导入文件

1️⃣ 执行"文件 > 新建 > 文档"命令，或者按下快捷键 Ctrl+N，弹出"新建文档"对话框。设置"页面大小"为 16.93 毫米 ×12.8 毫米，"出血"均为 0 毫米，完成设置后单击"边距和分栏"按钮。再在弹出的"新建边距和分栏"对话框中设置"边距"均为 0 毫米。

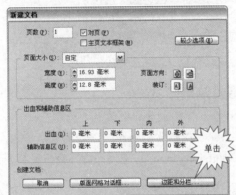
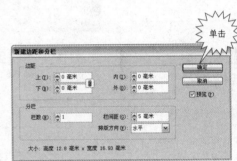

2️⃣ 完成设置后单击"确定"按钮，新建一个文件。执行"文件 > 置入"命令，或者按下快捷键 Ctrl+D，置入本书配套光盘中的 chapter3\Media\ 素材 1.tif。

3 单击选择工具，选中刚才置入的图片，按住 Shift 键拖曳图片框节点，使图片框等比例缩小并调整到页面中心。再按下快捷键 Ctrl+Shift+Alt+E，使图片适合图片框。

辅助教学

在添加段落文字时，可以将文字置入，在 InDesign 中，支持文本文件和 Word 文件的置入，先在文本中编辑，然后再置入文件是通常做法。

2. 制作文字绕路径效果

1 单击钢笔工具，在页面沿酒瓶轮廓绘制一条路径。

2 单击路径文字工具，在刚才所绘制的路径的端点单击，当出现插入点后，输入文字 The wine is more long more good，并将其颜色设置为"黄色"。

3 将刚才输入的文字全部选中，然后按下快捷键 Ctrl+T，打开"字符"面板，设置字体为 Cooper Std，字号为 1.7，完成设置后按 Enter 键确定。

4 单击选择工具，选中路径和文字，最后将路径的轮廓色设置为无色。

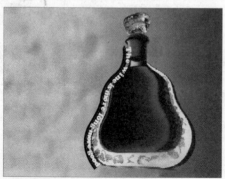

相│关│知│识 ——文字类工具的使用方法

在 InDesign CS3 中文字类工具分为文字工具[T]、直排文字工具[T.]、路径文字工具[↙]、垂直路径文字T具[↖] 4 种。下面我们就来介绍文字类工具的用法。

文字工具[T]

输入普通文字或段落都可以使用此工具，默认快捷键为T。单击文字工具[T]后，在页面拖曳出文本框，当释放鼠标后，插入点将出现在刚才所绘制的文本框中的左上角位置，这时输入文字即可。

直排文字工具[T.]

此工具主要针对输入垂直的文字或段落的情况下。单击直排文字工具[T.]后，在页面拖曳出一个文本框，当释放鼠标后，插入点将出现在刚才所绘制的文本框中的右上角位置，这时输入文字，文字以从右到左的垂直方向排列。

路径文字工具[↙]

此工具主要是将文字排列在绘制的路径线条上，快捷键为 Shift+T。单击钢笔工具[∅]，在页面绘制一条曲线，然后单击路径文字工具[↙]，在路径的端点单击，插入点将在路径线条的一端闪动，这时输入文字，文字将绕路径排列。

垂直路径文字工具[↖]

此工具的作用同路径文字工具基本相同，主要是将文字排列在绘制的路径线条上。单击直线工具[＼]，在页面绘制一条垂直直线，然后单击垂直路径文字工具[↖]，在垂直直线的上端点单击，插入点将在垂直直线的上端点处闪动，这时输入文字，文字将沿路径垂直排列。

在 InDesign 中，可以通过创建路径的方法，实现花样繁多的排版样式，主要运用的工具是钢笔类工具和直接选择工具。下面我们就对它们的用法进行介绍。

钢笔类工具

简单、规则的图形使用基本图形工具就可以完成了，但复杂的路径或图文框就要使用钢笔工具 ♦。在工具箱中按住钢笔工具 ♦ 不放，可以显示隐藏的钢笔类工具。

在 InDesign 中鼠标光标的变化不仅表示选择的工具，还表示将要执行的操作。如果能多注意光标的变化，将会避免大多数的常见错误。

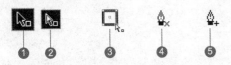

① 使用选择工具后光标在对象上时
② 使用直接选择工具后光标在对象上时
③ 使用直接选择工具后光标在路径的锚点上时
④ 开始绘制一条路径（选择钢笔工具情况下，后同）
⑤ 添加一个锚点

⑥ 删除一个锚点（鼠标光标在一个已有的锚点上）
⑦ 开始绘制一个对象
⑧ 从一个锚点继续绘制
⑨ 将两个锚点连接起来
⑩ 闭合路径

钢笔工具 ♦.

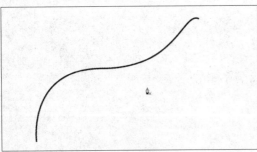

开始绘制之前，光标显示为钢笔并带有"×"号，表示即将开始绘制一条新路径

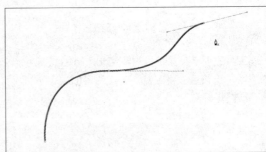

对象已经绘制完成，光标显示为钢笔并带有"＋"号，表示将要向已存在的对象添加锚点

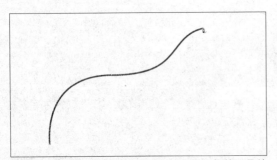

将鼠标光标移近已经存在的锚点，光标变为钢笔工具并带有"-"号，表示将要删除已有的锚点

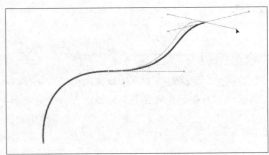

如果在这个锚点上单击并拖动，将重新绘制这条曲线

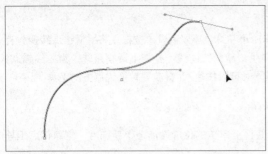

如果单击并在拖曳锚点的同时按住 Alt 键，将拖出新的方
向线，将生成一个角点

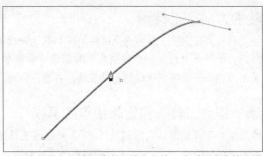

如果单击锚点将破坏外方向的方向线，此时可在曲线上添
加直线

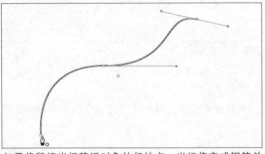

如果将鼠标光标移近对象的起始点，光标将变成钢笔并
带有"○"，表示将要闭合路径

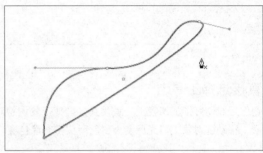

如果闭合了路径，光标变为钢笔带"×"，表示将要重新
绘制新路径

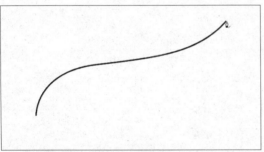

未选中任何路径时，把鼠标光标移动到路径末端的锚点上，
光标变为钢笔带"╱"，单击并拖曳将从这个锚点继续绘制

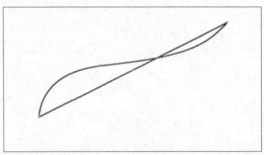

当鼠标光标移动到一条未选中路径的末端锚点上时，单击
可以把两条路径连接起来

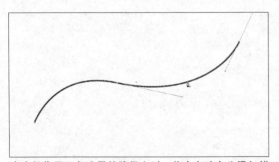

在光标位于一条选择的路径上时，将会自动变为添加锚
点工具

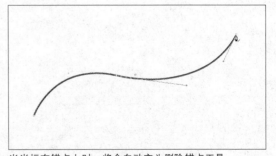

当光标在锚点上时，将会自动变为删除锚点工具

按住 Shift 键，可以暂时取消这个功能。如果不想在创建路径时受角度限制，在释放鼠标前释放 Shift 键即可。

转换方向点工具

该工具隐藏在钢笔工具的下拉菜单中（默认快捷键是 Shift+C），可以通过单击锚点将平滑锚点转换为直角点。要将一个直角锚点转换为平滑锚点，单击并拖曳生成新的方向线；要将平滑锚点转换为曲线锚点，单击方向点并将锚点拖动到新的位置。在使用钢笔工具时可以按住 Alt 键获得转换锚点方向工具。

添加锚点工具和删除锚点工具

添加锚点工具的默认快捷键是"+"，单击该工具将在路径上单击的位置添加一个新锚点。删除锚点工具的默认快捷键是"－"，该工具将删除单击的锚点。

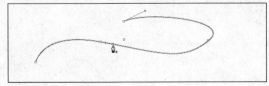

添加锚点工具

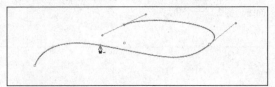

删除锚点工具

直接选择工具

在已经绘制好了的路径上，使用直接选择工具调整对象，当移动到路径上时光标会变为白色箭头带空心方形，移动到对象上时光标变为白色箭头带有黑色实心点。

02

页面浏览

在 InDesign 中，所有文本都被放置在称为文本框的容器里。和图片框类似，使用选择工具便可以执行移动、尺寸改变和删除的操作。

下面我们将介绍有关文本框的知识。

使用文字工具可以输入或编辑文本框中的文本，使用直接选择工具或钢笔类工具可修改文本框的外形。一般使用选择工具布局完成版面设计中的布局任务；使用文字工具完成文本修饰编辑任务；使用直接选择工具或钢笔类工具修改文本框的形状，制作特殊效果。

文本框可以连接到其他文本框，以便当一个框无法容纳所有文本时可以流动到其他框内。文本在多个文本框间保持连接的关系称为"串接"。流经一个或更多串接文本框的文本称为一篇文章。

范 例 操 作　　置入杂志内页中的文本

视频路径

Video\Chapter 3\ 置入杂志内页中的文本 .exe

在 InDesign 中对任何出版物进行排版，都需要对文本进行置入并排列，置入时会形成文本框。

下面我们将介绍置入杂志内页中文本的操作步骤。

1. 打开杂志文件

执行"文件 > 打开"命令，或者按下快捷键 Ctrl+O，弹出"打开文件"对话框，选择本书配套光盘中的 chapter3\Complete\ 杂志 .indd，然后单击"打开"按钮。

2. 置入文本

1 执行"文件 > 置入"命令，或者按下快捷键 Ctrl+D，打开本书配套光盘中的 chapter3\Media\ 杂志文字 1.txt。

Adion ullum dolobore dipisci psuscilit veliqui smolobor lure etum non volore tioexer se miniatisse. Feu facil utem dolesequip exeraesto dipsuscip et adio od dolortion volore velisit praessed magna aliquisim feum.
Iquam Incip
Sustruder
Eriurerat
Nosto odolobor ip et eu faci tie corem doloreet lore con henibh etueros null nim quisim
Aciliquat
Ing eugueratem vel in ex ero odiam alit esectem adit ilis accummy nos nosto exercip suscil lueuip esectem alis am nulla ad

tio od dolor suscilla

2 单击文字工具 T，将第一段文字选中，按下快捷键 Ctrl+X 剪切文字，然后在页面其他位置单击，并按下快捷键 Ctrl+V 粘贴文字。这时出现了两个文本框。

Adion ullum dolobore dipisci psuscilit veliqui smolobor lure etum non volore tio exer se miniatisse. Feu facil utem dolesequip exeraesto dipsuscip et adio od dolortion volore velisit praessed magna aliquisim feum.

Iquam Incip
Sustruder

ERIURERAT

Nosto odolobor ip et eu faci tie corem doloreet lore con henibh etueros null nim quisim

ACILIQUAT
Ing eugueratem vel in ex ero odiam alit esectem adit ilis accummy nos nosto exercip suscil lueuip esectem alis am nulla ad tio od dolor suscilla

Adion ullum dolobore dipisci psuscilit veliqui smolobor lure etum non volore tio exer se miniatisse. Feu facil utem dolesequip exeraesto dipsuscip et adio od dolortion volore velisit praessed magna aliquisim feum.

Iquam Incip
Sustruder

ERIURERAT

Nosto odolobor ip et eu faci tie corem doloreet lore con henibh etueros null nim quisim

ACILIQUAT
Ing eugueratem vel in ex ero odiam alit esectem adit ilis accummy nos nosto exercip suscil lueuip esectem alis am nulla ad tio od dolor suscilla

3 单击选择工具 ，将置入的文字调整好字号、颜色和样式，将它们分别拖曳到页面右边的蓝色区域和黄色框内。

相｜关｜知｜识——置入文本选项和文本框架选项

在排版过程中，经常会有需要将文本或图片置入到文件中的情况，这时就需要执行置入的操作了。在"置入"对话框中，会涉及到一些相关的选项和知识，这些直接关系到当置入文件后的显示方式等。

文本框作为我们容纳文本和图片的"容器"，有着相当重要的作用，因为在 InDesign 中，所有排版的元素都是由文本框所装载起来的，因此，要想真正掌握 InDesign，就必须掌握文本框的选项。

下面，我们就对置入文本选项和文本框架选项进行介绍。

置入文本选项

❶ **显示导入选项**：选择此选项，在单击"打开"按钮后，将会弹出一个与置入文件相关的对话框，可以看到置入的文件的相关信息。

❷ **应用网格格式**：想要使用默认的文本框网格样式置入文本时可以选择此选项。

❸ **替换所选项目**：想要替换已选择的文本框中的内容时可以选择此选项。

文本框架选项

执行"对象 > 文本框架选项"命令，将弹出"文本框架选项"对话框。在"分栏"选项中可以设置栏数、间距和栏宽，修改宽度可能会更改文本框的尺寸。

❶ **内边距**：是指文本框边线与框中文本边缘之间的距离。

❷ **垂直对齐**：可以控制纵向上文本框中的文本以何种方式填满文本框，只有设置"对齐"，"段落间距限制"才可用，这个选项对于中文排版纵向排齐非常有用。

❸ **忽略文本绕排**：此选项可以使当前文本框不被文本绕排影响。

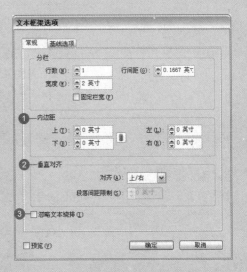

相│关│知│识 ——框架工具的使用方法

在 InDesign 中的常用框架工具主要有 3 个：矩形框架工具⊠、椭圆框架工具⊗和多边形框架工具⊗。它们的主要作用是绘制文本框架和占位。下面我们就介绍框架工具的用法。

矩形框架工具⊠

单击矩形框架工具⊠，在页面上拖曳出一个矩形框架，矩形框架是由一个矩形框和其中的"×"所组成的，在没有添加文字或图片的时候，可以作为一个占位的符号，因为在排版的很多时候，由于版式已经固定了，这时用矩形框架工具占位，以便以后添加文本和图片。

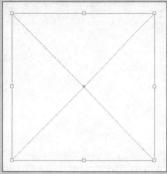

矩形框架

在时尚中欢悦领舞的Q'G-GLE兔，是潮流的宠儿，更是Q'G-GLE的全新代言，闪烁耀眼的皇冠，大胆饰说唯我独尊，玲珑线条勾画出的动人神态，足以让叛逆无辜的可爱跃然而出，绝对让人过目不忘。为纪念2006年网球大师杯，K'SWISS特别出品了限量版男式休闲T恤。纯棉的质地，具有纪念意义的图案设计，使你在舒适穿着的同时不失活力与时尚魅力。

置入文本

置入图片

椭圆框架工具⊗

单击椭圆框架工具⊗，在页面上拖曳出一个椭圆框架，椭圆框架是由一个椭圆形框和其中的"×"所组成的。

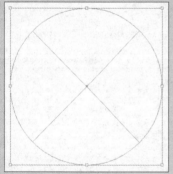

椭圆框架

在时尚中欢悦领舞的Q'G-GLE兔，是潮流的宠儿，更是Q'G-GLE的全新代言，闪烁耀眼的皇冠，大胆饰说唯我独尊，玲珑线条勾画出的动人神态，足以让叛逆无辜的可爱跃然而出，绝对让人过目不忘。为纪念2006年网球大师杯，

置入文本

置入图片

多边形框架工具⊗

单击多边形框架工具⊗，在页面上拖曳出一个多边形框架，多边形框架是由一个多边形框和其中的"×"所组成的。

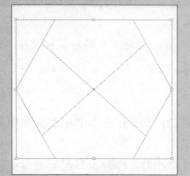

多边形框架

在时尚中欢悦领舞的Q'G-GLE兔，是潮流的宠儿，更是Q'G-GLE的全新代言，闪烁耀眼的皇冠，大胆饰说唯我独尊，玲珑线条勾画出的动人神态，足以让叛逆无辜的可爱跃然而出，绝对让人过目不忘。为纪念2006年网球大师杯，

置入文本

置入图片

双击多边形框架工具，弹出"多边形设置"对话框，可以设置多边形的"边数"和"星形内陷"的值

设置边数为8，星形内陷为0%

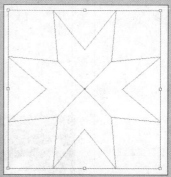

设置边数为8，星形内陷为50%

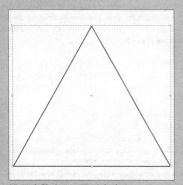

设置边数为3，星形内陷为0%

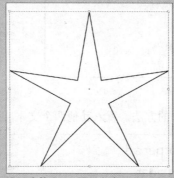

设置边数为5，星形内陷为70%

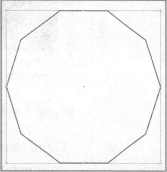

设置边数为10，星形内陷为0%

视频路径

Video\Chapter 3\> 设置
排文方式 .exe

在 InDesign 中排版时，经常要用到不同的排文方式，如段落左最齐、右对齐、居中对齐等。下面我们就对设置排文方式进行介绍。

1. 打开文件并置入文本文件

1 执行"文件 > 打开"命令，或者按下快捷键 Ctrl+O，打开本书配套光盘中的 chapter3\Complete\ 简报 .indd。

2 执行"文件 > 置入"命令，或者按下快捷键 Ctrl+D，打开本书配套光盘中的 chapter3\Media\ 简报文字 1.indd。

3 按照上面步骤的方法，置入其他两个文本文件。

2. 设置排列方式

▐1 单击选择工具▐，选中"简报文字 1"，将文字拖曳到页面的右上角位置。

▐2 执行"窗口 > 文字和表 > 段落"命令，或者按下快捷键 Ctrl+M，打开"段落"面板，并单击"段落"面板中的"右对齐"按钮，页面中文字按右对齐方式排列。

▐3 最后调整好文字的字号和字体。

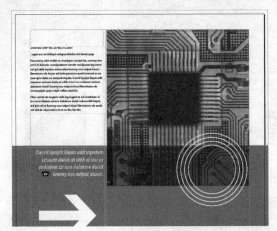

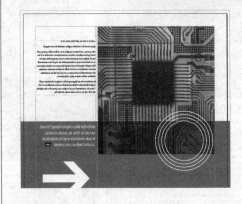

▐4 按照前面的方法，单击选择工具▐，选中"简报文字 2"，将文字拖曳到页面的中间位置，执行"窗口 > 文字和表 > 段落"命令，或者按下快捷键 Ctrl+M，打开"段落"面板，并单击"段落"面板中的"左对齐"按钮。

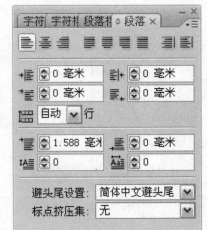

5 页面中文字按左对齐方式排列。

6 最后调整好文字的字号和字体。

7 按照前面同样的方法，设置"简报文字 3"的排列方式。

 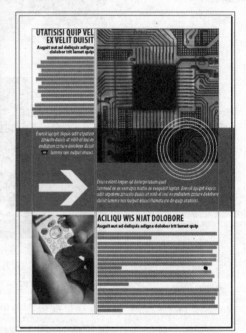

相 | 关 | 知 | 识 —— 串接及文本流

串接

文本在多个文本框间保持连接的关系称为串接。要查看串接的方式可以执行"视图 > 显示文本串接"命令，或按下快捷键 Alt+Ctrl+Y。串接可以跨页，但是不能在不同文档间进行。要想详细了解串接，首先要认识 4 种和串接相关的符号。

每个文本框都包含一个"入口"和一个"出口"。

空的出口图标代表这个文本框是文章仅有的一个或最后一个文本框，在文本框中文章末尾还有一个不可见的非打印＃字符表示。

在"入口"或"出口"图标中出现一个三角箭头，表明文本框已和其他文本框串接。

出口图标中出现一个红色加号（＋）表明当前文本框包含"溢流文本"。

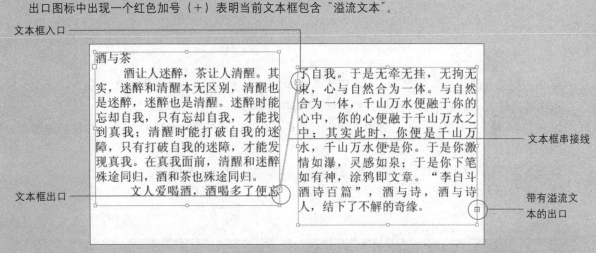

文本框入口

文本框出口

文本框串接线

带有溢流文本的出口

文本流

当鼠标光标变为已加载文本的光标时，用户便可以在页面上流入文本。当把光标移动到文本框上时，光标将会变为虚线括号形状，表明此时单击鼠标，文本框将会流入光标下的文本框中。当页面上没有文本框时，用户可以在载入文本时绘制，或者在页面上单击，InDesign 将会从单击处到最近的栏边线或页边线之间创建文本框，并填上载入的文本。把文本载入文本框或页面时有 3 种控制方式。

手动流入文本需要用户自己单击文本框底端的文本框出口，并指定或绘制下一个文本流入区域。

半自动流入文本类似于手动，不同的是填满某个文本框后，不需要单击文本框出口，光标一直保持文本加载状态。

自动流入文本在文本流入过程中自动添加页面直到流完所有文本。

手动 / 半自动流入文本

1 执行"文件 > 置入"命令，或者按下快捷键 Ctrl+D，置入文本。然后单击文本框下的出口图标（如果是红色表明文本框包含溢流文本）。

2 单击页面上的文本框或路径，文本将流入文本框或路径中，并且将当前文本框和前一个文本框链接起来。如果文本框包含分栏属性，文本将会从左边栏的顶部开始填充。

3 在包含分栏的页面上单击，将会创建一个和栏宽相同的新的文本框，栏的高度和鼠标单击的位置相同。

4 拖曳文本光标可以创建一个文本框，文本框的高度和宽度根据拖动而定。

5 如果需要半自动填充文本框并保持文本载入状态，在单击鼠标前按下 Alt 键，此时光标将变为横向的 S 形状。

自动流入文本

要自动流入文本，在单击页面或文本框时按下 Shift 键，光标将变为 U 形。单击分栏页面中任意位置，只有一个文本框的高度和单击位置相同，以后的文本框将和页面同高，并且在页数不够时，InDesign 将会自动创建新页面直到完全容纳下所有文本。

视频路径

Video\Chapter 3\ 横排和竖排段落文字混排 .exe

辅助教学

因为文本在置入时，默认是横向排列，所以如果在置入后想转换为竖排文字，可以先将文字复制，然后单击直排文字工具 IT，然后再粘贴。

在排版的过程中，特别是杂志封面或广告宣传单等，为了页面美观，有可看性，经常要运用横排和竖排的方式对段落文字进行混排。

下面我们就来介绍杂志封面排版中的混排，具体操作步骤如下。

1. 打开文件并置入文字

1 执行"文件 > 打开"命令，或按下快捷键 Ctrl+O，打开本书配套光盘中的 chapter3\Complete\ 杂志封面 .indd。

2 单击直排文字工具 IT，并在页面左上角拖曳出一个矩形文本框。

2. 调整竖排文字到页面中

1 置入文字，单击选择工具 ，选中刚才所置入的文字，将文字拖曳到杂志页面的左上角。

2 设置文字颜色为蓝色，并调整字号。

3. 置入文字并调整横排文字到页面中

1 按下快捷键 Ctrl+D，置入本书配套光盘中的 chapter3\Media\ 杂志封面文字 2.txt。

2 单击选择工具 ，选中刚才所置入的文字，将文字拖曳到杂志页面的左边标题下方。

Aliquis 5, 2007

4. 调整其他文字

1 按照上面的方法，置入本书配套光盘中的 chapter3\Media\ 杂志封面文字 3.txt。单击选择工具，选中置入的"杂志封面文字 3"，并将其拖曳到页面的左边位置，调整字体和字号。

Nonsenibh ex eui blamet augiam ut aliquat, quisi blam ilit iure dolore et molutatem

2 置入本书配套光盘中的 chapter3\Media\ 杂志封面文字 5.txt。单击选择工具，选中置入的"杂志封面文字 5"，并将其拖曳到页面的正下方位置，调整字体和字号。

ATUM VULLA FEU FEUMMY!

5. 制作有底色的文字效果

1 单击文字工具 T，在页面左下方的紫红色矩形框中单击。

2 当出现插入点时，按下快捷键 Ctrl+D，置入本书配套光盘中的 chapter 3\Media\
杂志封面文字 4.txt。

辅助教学

可以在置入了文字后再改
变文字的底色或边框色。
想改变底色或边框色，必
须用选择工具 ▶ 选中文本
框，然后进行调整。

3 单击选择工具 ▶，选中刚才所置入的"杂志封面文字 4"，设置其颜色为黄色。

文本选择和编辑

在 InDesign 中，通常用户都是在做着对图片和文本选择并编辑的工作，可见，InDesign 中的文本选择和编辑有多重要。

在这一小节，我们将主要介绍文本选择和编辑方面的知识。

在文本编辑的过程中，最常用到的是"字符"面板和"段落"面板。"变换"面板、"字符"面板和"段落"面板默认情况下被编为一个组。

"字符"面板

"字符"面板提供了字符级别的各种属性设置来格式化选择的文本，在面板中可以对文本字体、大小、间距、旋转、倾斜和语言等进行快捷的设置。

"段落"面板

通过"段落"面板可以设置段落文本对齐、缩进、基线对齐、首字下沉、避头避尾设置和字符间距等。面板菜单中还有保持选项、连字、段落线等选项，这些都是段落编排的高级选项。要把选项应用到段落上，只需要把光标插入到段落文本或选择部分文本，或者连续三次单击鼠标来选择整个段落。

后面我们将再对"字符"面板和"段落"面板进行更深入的介绍。

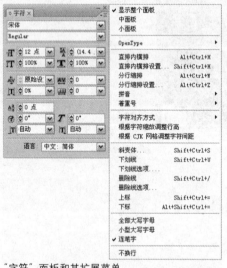

"字符"面板和其扩展菜单

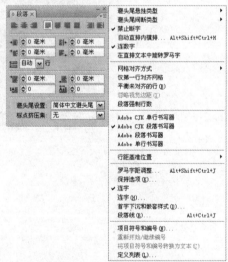

"段落"面板和其扩展菜单

视频路径

Video\Chapter 3\ 使DM
单中文字与图像组合协
调 .exe

在 DM 单版面设计中，应该使版面具有清晰的条例性，能用悦目的组织来更好地
突出主题，达到最佳诉求效果。

一般的表达方式有 3 个，第一个方式是按照主从关系的顺序，使放大的主体形象
成为视觉中心，以此来表达主题思想；第二个方式是对文案中多种信息进行整体
编排设计，有助于主题形象的建立；最后一个方式是在主题形象四周增加空白量，
使被强调的主题形象鲜明突出。

了解了这些设计原则后，下面我们将制作 DM 单，使 DM 单文字与图像组合协调，
具体操作步骤如下。

1. 打开 DM 单文件并创建参考线

1 执行"文件 > 打开"命令，或者按下快捷键 Ctrl+O，弹出"打开文件"对话框，
选择本书配套光盘中的 chapter3\Complete\DM 单 .indd，然后单击"打开"按钮。

2 由于制作的是一个三折的 DM 单，所以需要拖曳参考线，先按下快捷键
Ctrl+R，显示标尺，然后在垂直标尺处拖曳出两条参考线，分别拖曳到 100mm 和
200mm 处。

辅助教学

在很多时候，DM 单为折
页，这时为了避免将每
个页面区分开来，需要
在页面上创建区分页面
的参考线。

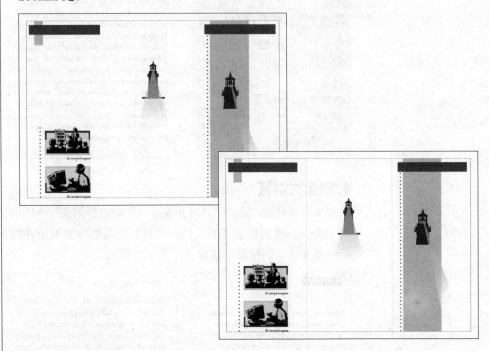

2. 置入文本文件

1 执行"文件 > 置入"命令，或者按下快捷键 Ctrl+D，弹出"置入"对话框，置
入本书配套光盘中的 chapter3\Media\DM 单文字 1.txt。

2 按照上一个步骤的方法，置入"DM 单文字 2"。

MOMO BAR

MODIONSENIAT VULLUPTAT. ATIN ULLUM AD DELISIS AD MOD
DOLORTING EU FACILLAM IN EA FEUGUERIT LA FACI TIE TE MINCILIT
LAMET WIS ERO DOLORPE RCINCINCI TING EUI TINCI ESECTET IL
EXERO EUM ZZRIUREM VELIT UTE MAGNIS EXERIT, VOLORE FACILIQUI
BLA ALIT IRIT IN ESECTET DOLUPTAT LA CORE TIE ETUM DIT PRAESSI TE
DO ODIGNIAT EUGUERCI EROSTRUD TATEM AMCON UTEM IL EA FACIL
ETUER SEQUAT. AD MOLORPERO ODIPIT LANDIT LUM VELIT IPISIM
IRIURE FACIPIT PRAT LUPTAT. FEU FACCUM VENIM ETUE VELESSIT AUT
AUGAIT VELIT LA FACINCI LISMOD TINIT ACCUM VEL ERCIPSUSTRUD
MIN UT PRAESSEQUIS AD ERIT, CONSENT LOR AT. MODIONSENIAT
VULLUPTAT. ATIN ULLUM AD DELISIS AD MOD DOLORTING EU FACILLAM
IN EA FEUGUERIT LA FACI TIE TE MINCILIT LAMET WIS ERO DOLORPE
RCINCINCI TING EUI TINCI ESECTET IL EXERO EUM ZZRIUREM.

YOUR COMPANY NAME
123 EVERYWHERE AVENUE
SUITE 000
CITY, ST 00000

(555) 555-5555
(555) 555-5555
WWW.MOMO.COM

3. 在"字符"面板中调整文字

1 单击文字工具 **T**，选中"DM 单文字 1"，执行"窗口 > 文字和表 > 字符"命令，或者按下快捷键 Ctrl+T，打开"字符"面板。

2 在"字符"面板中设置字体为 Adobe Jenson Pro，字体大小为 11 点，行距为 16 点，完成设置后按 Enter 键确定。

MOMO BAR

Modionseniat vulluptat. Atin ullum ad delisis ad
mod dolorting eu facillam in ea feuguerit la faci tie
te mincilit lamet wis ero dolorpe rcincinci ting eui
tinci esectet il exero eum zzriurem velit ute magnis
exerit, volore faciliqui bla alit irit in esectet doluptat
la core tie etum dit praessi te do odigniat euguerci
erostrud tatem amcon utem il ea facil etuer sequat.
Ad molorpero odipit landit lum velit ipisim iriure
facipit prat luptat. Feu faccum venim etue veles-
sit aut augait velit la facinci lismod tinit accum vel
ercipsustrud min ut praessequis ad erit, consent lor
at. Modionseniat vulluptat. Atin ullum ad delisis ad
mod dolorting eu facillam in ea feuguerit la faci tie
te mincilit lamet wis ero dolorpe rcincinci ting eui
tinci esectet il exero eum zzriurem.

4. 创建文本框

单击文字工具 **T**，选中"DM 单文字 1"中的标题文字 MOMO BAR，并按下快捷键 Ctrl+X，剪切标题文字，然后在页面的其他位置单击并按下快捷键 Ctrl+V，粘贴标题文字。这样就创建好了一个文本框了。

MOMO BAR

Modionseniat vulluptat. Atin ullum ad delisis ad
mod dolorting eu facillam in ea feuguerit la faci tie
te mincilit lamet wis ero dolorpe rcincinci ting eui
tinci esectet il exero eum zzriurem velit ute magnis
exerit, volore faciliqui bla alit irit in esectet doluptat
la core tie etum dit praessi te do odigniat euguerci
erostrud tatem amcon utem il ea facil etuer sequat.
Ad molorpero odipit landit lum velit ipisim iriure
facipit prat luptat. Feu faccum venim etue veles-
sit aut augait velit la facinci lismod tinit accum vel
ercipsustrud min ut praessequis ad erit, consent lor
at. Modionseniat vulluptat. Atin ullum ad delisis ad
mod dolorting eu facillam in ea feuguerit la faci tie
te mincilit lamet wis ero dolorpe rcincinci ting eui
tinci esectet il exero eum zzriurem.

MOMO BAR

Modionseniat vulluptat. Atin ullum ad delisis ad
mod dolorting eu facillam in ea feuguerit la faci tie
te mincilit lamet wis ero dolorpe rcincinci ting eui
tinci esectet il exero eum zzriurem velit ute magnis
exerit, volore faciliqui bla alit irit in esectet doluptat
la core tie etum dit praessi te do odigniat euguerci
erostrud tatem amcon utem il ea facil etuer sequat.
Ad molorpero odipit landit lum velit ipisim iriure
facipit prat luptat. Feu faccum venim etue veles-
sit aut augait velit la facinci lismod tinit accum vel
ercipsustrud min ut praessequis ad erit, consent lor
at. Modionseniat vulluptat. Atin ullum ad delisis ad
mod dolorting eu facillam in ea feuguerit la faci tie
te mincilit lamet wis ero dolorpe rcincinci ting eui
tinci esectet il exero eum zzriurem.

5. 在"字符"面板中调整标题文字

单击文字工具 ▣，选中标题文字中的 MOMO BAR，在"字符"面板中设置字体为 Trajan Pro，字号大小为 18 点，行距为 21.6 点，完成后按下 Enter 键确定，并在"颜色"面板中设置标题颜色为"黄色"。

MOMO BAR

MOMO BAR

6. 调整文字位置

1 单击选择工具 ▣，选中标题文字，并将其拖曳到页面的左上方褐色矩形框内。

2 按照同样的方法，选中内容文字，并将其拖曳到标题文字下方。

7. 再次调整文字

1 单击文字工具 ▣，选中"DM 单文字 2"中的第一行字，并按下快捷键 Ctrl+T，打开"字符"面板，设置字体为 Trajan Pro，字号大小为 16 点，行距为 19.2 点，完成后按下 Enter 键确定。

2 按照同样的方法，选中其余文字，并在"字符"面板中设置字体为 Adobe Jenson Pro，字号大小为 12 点，行距为 14.4 点，完成后按下 Enter 键确定。

YOUR COMPANY NAME

123 Everywhere Avenue
Suite 000
City, ST 00000

(555) 555-5555
(555) 555-5555
www. momo. com

YOUR COMPANY NAME

123 Everywhere Avenue
Suite 000
City, ST 00000

(555) 555-5555
(555) 555-5555
www.momo.com

辅助教学

在"字符"面板和"段落"面板中调整文字或段落时，如果要调整的是整个文本框中的内容，可以用选择工具直接选中文本框进行调整。

③ 单击选择工具，选中"DM 单文字 2"，并按下快捷键 Ctrl+M，打开"段落"面板。

④ 单击"段落"面板中的"居中对齐"按钮，并将第一行文字和第五行文字的颜色设置为褐色。

将"DM 单文字 2"拖曳到页面的正中位置。

8. 输入主题文字

① 单击文字工具，在页面的右上角位置输入 MOMO BAR，并在"字符"面板中设置字体为 Trajan Pro，字号大小为 36 点，行距为 48 点，完成后按下 Enter 键确定。然后设置文字颜色为"褐色"。

② 按照同样的方法，在页面的右下角位置输入文字 HOTEL，并在"字符"面板中设置字体为 Trajan Pro，字号大小为 16 点，行距为 19.2 点，完成后按下 Enter 键确定。然后设置文字颜色为"褐色"，DM 单制作完成。

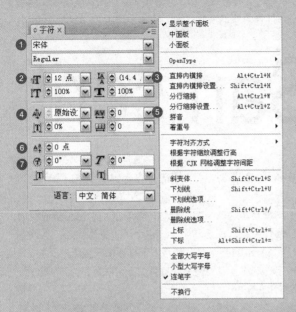

❶ 字体

在 InDesign 中设置字体与在其他程序中不太一样，字体名称被分开显示，同一字体的不同变体被分离在变体样式下拉菜单中，如 plain, roman, bold, demi, italic, oblique 等。与"字符"面板不同的是，在"文字/字体"菜单中，变体会以次级菜单的形式显示出来。当选择某种字体时，如 Times，接着指定字体变体为 bold（粗体），这时当改变字体时 InDesign 会匹配变体样式。如此时修改字体为 Minion，InDesign 会保留变体样式为 bold，如果修改字体没有包含对应变体，InDesign 也会尽量选择相近的变体，如 semi-bold（半粗）。

Arial-Regular
Arial-Italic
Arial-Bold
Arial-Bold Italic

Arial 字体的几种字体样式

英文字体通常根据是否有衬线分为两类：衬线体（serif）和非衬线体 (San serif)。衬线是加在字母主笔画上下两端的修饰性要素，其形态差异体现了不同时代字体风格的变化。

![serif San serif]

汉字字体在长期的发展演变过程中，人们创造出了多种笔划整齐、结构严谨的汉字印刷字体。常用的印刷字体有下列几种。

宋体：是宋代雕版印书通行的印刷字体，最初用于明朝刊本，是写字人模仿宋体写成，也是现在通行的一种印刷字体，其特点是字正方，笔划横平竖直、横细竖粗、棱角分明、结构严谨、整齐均匀、其笔划虽然有粗细，但是很有规律，使人在阅读时有一种醒目舒适的感觉，目前常用于排印书刊报纸的正文。

黑体：又称方体、等线体。其特点是字面呈正方形，字形端庄、笔划横平竖直等粗、粗壮醒目、结构紧密。它适用于作为标题或重点按语，因色调过重，不宜排印正文。

楷体：又称活体。其特点是字形端正，笔迹挺秀美丽、字体匀整、用笔方法与手写楷书基本一致，读者易于辨认，所以广泛用于印刷小学课本、少年读物、通俗读物等。

仿宋体：又称真宋体，其特点是宋体结构，楷书笔法，笔划横直粗细匀称，字体清秀挺拔，常用于排印诗集短文、标题、引文等，杂志中也有用这种字体排整段文章的。

长仿宋体：是仿宋体的一种变形，字面呈长方形，字身大小与宽度之比是 4:3 或 3:2，字体狭长，笔划细而清秀。一般用于排版古书，诗词等，也有用作书刊标题。

美术字：是一种特殊的印刷字体。为了美化版面，将文字的结构和字形加以形象化。一般用于书刊封面或标题。这些字一般字面较大，可以增加印刷品的艺术性。

近几年来，为了活跃版面，又设计了许多新字体，供印刷使用，其中有黑变体、隶书体、长牟体、扁牟体、扁黑体、长黑体、宋黑体、小姚体、新魏体等，这些一般都作为标题使用。

![宋体 黑体 楷体 仿宋体 长仿宋体 美术字]

❷ 字号

字号就是文字在页面中的大小，用户在"字符"面板中可以很容易地指定文本的大小和行距，从下拉菜单中可以选择或输入合适的大小，或使用快捷键 Ctrl+Shift+ 来增加字体大小或 Ctrl+Shift+。使用 Alt+↓增加行距或 Alt+↑减小行距。快捷键增量在首选项中可以设置。字体大小范围为 0.2 ~ 1296pt，增量范围为 0.002 ~ 100pt，行距范围为 0 ~ 5000pt，增量范围为 0.002 ~ 100pt。

活字的大小

活字是用金属或非金属材料制成的方柱体，顶端有反向凸字的单个排版用字。

我国活字大小的规格单位有两种：号制和点制。国际上通用点制，我国现在采用的是以号制为主、点制为辅的混合制。

号制是以互不成倍数的 3 种活字为标准，加位或减半自成系统，有四号字、五号字、六号字系统。四号字比五号字大，六号字比五号字小。如五号字系统：小特号字为 4 倍五号字，二号字为 2 倍五号字。为适应各种印刷品的需要，又增加了比原号数稍小的小五号、小四号、小二号等种类。

点制又称磅，是由英文 Point 翻译的，缩写为 P，是以计量单位"点"为专用尺度，来计量字的大小。1985 年 6 月，文化部出版事业管理局为了革新印刷技术，提高印刷质量，提出了活字及字规模化的决定。规定每一点（1P）等于 0.35mm，误差不超过 0.005mm，如五号字为 10.5 点，即 3.675mm。外文活字大小都以点来计算，每点大小约等于 1/72 英寸，即 0.5146mm。

我国现用活字正方字身的大小如下表所示。

字　　号	磅　　数	字身大小（mm）	倍数关系
特大号	63	22.05	五号字的6倍
特中号	56	19.60	四号字的4倍
特初号	48	16.80	小四号的4倍
特号	45	14.70	五号字的4倍
小特号	42	14.70	五号字的4倍
初号	36	12.60	小五号的4倍
小初号	30	10.50	七号字的5倍
大号	28	9.80	小号字的2倍
小大号	24	8.40	小四号的2倍
二号	21	7.35	五号字的2倍
小二号	18	6.30	小五号的2倍
三号	15.57	5.5125	六号字的2倍
四号	14	4.90	
小四号	12	4.20	七号字的2倍
五号	10.5	3.675	
小五号	9	3.15	
六号	7.875	2.75625	
七号	6	2.10	

各号活字之间的倍数关系

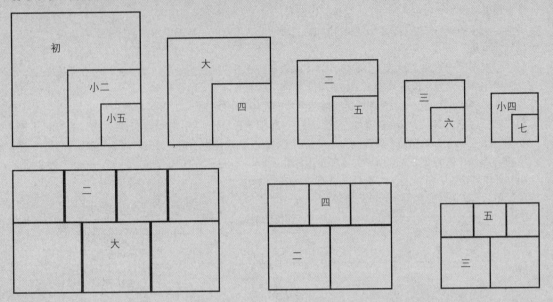

照排字的大小

照排字中文字大小以 mm 计算，计量单位为"级"，以 J 表示（旧用 K 表示，InDesign 中使用 Q 表示），每一级等于 0.25mm，1mm 等于 4 级。一般文字以正方形为基本形态。20 级大小的文字，就是这个文字的字面各边都为 5mm。

一般照相机排字机（简称照排机）能照排出的文字大小范围是由 7 ～ 62 级，也有从 7 ～ 100 级的。

照排文字的大小用级来计量，如遇同号数标注的文字时，必须将好书换成级数，才能正确掌握文字的大小，排出合乎规格的产品，其换算关系如下：

$$1Q = 1J = 1K = 0.25mm = 0.714 \text{ 点（P）}$$
$$1 \text{ 点} = 0.35mm = 1.4J \text{（Q 或 K）}$$

经计算可以知道，五号活字近似于 14 级照排文字，四号活字近似于 20 级照排文字。

❸ 行距

是两行文本基线间的距离，用户可以自定义行距或使用自动行距。自动行距以当前字体大小为基准，可以在间距调整对话框中进行设置。

> 事实上，涉世未深的我们，口中所谓的幸福，黑暗，不公……往往只是一个个模糊的概念，追求的也常常只是虚无的魅影。记得有位身患重疾的老先辈告诉我，你一定要学会珍惜拥有，否则一旦失去，你体验到的往往已经不仅仅是后悔莫及。他艰难地说，漠然，是人生的最大敌人，抵制了它，幸福便已紧握在你的手中。

字体大小 = 20pt
自动行距 = 24pt

> 事实上，涉世未深的我们，口中所谓的幸福，黑暗，不公……往往只是一个个模糊的概念，追求的也常常只是虚无的魅影。记得有位身患重疾的老先辈告诉我，你一定要学会珍惜拥有，否则一旦失去，你体验到的往往已经不仅仅是后悔莫及。他艰难地说，漠然，是人生的最大敌人，抵制了它，幸福便已紧握在你的手中。

字体大小 = 20pt
行距 = 48pt

❹ 字偶间距调整

字偶间距用于控制一对字符间的空隙。多数字体都包含一个内部字距表格，它控制着复杂的字符对之间的间隙，如 LA、Yo 和 WA，它们之间的间隙是不相等的。特别是对于字体较小的情况，使用字符内部字偶间距调整信息来控字符对间的间隙是很安全的，字体较大时，如报纸的标题杂志的刊头，用户可能需要手工调整特定字符间的间距来达到一致的效果。InDesign 允许用户对多个字符进行自动设置或把光标插入到需要设置间距的两个字符间进行手动设置，它们的单位都为 1/1000em 空格（全角空格）。其中自动设置可以有两种方法，基于字体内部字偶法则的韵律法和基于字符外形特性的光学法。大多数专业字体包含上千种字符对间距设置，但有些字体却不多。韵律法适合于前者，它能让内建字偶间距设置发挥最大的效能，对于后者则建议使用光学法。选择多个字符时"字符"面板会显示当前使用的是哪种自动设置，当把光标放在两个字符之间也可以覆盖自动设置，使用 Alt+ → 或 Alt+ ← 可以增加或减少字偶间距，默认的增量是 1/20em。在使用上述快捷键时再按下 Ctrl 键将会把增量添加为 1/10em，当然也可以在首选项的单位和增量中设置，增量范围是 1/1000em ～ 100/1000em。

插入点位于 AV 字母之间

⥮ = 0
字偶间距 = 0

⥮ = 200
字偶间距 = 200

⥮ = -200
字偶间距 = -200

❺ 字符间距调整

和字偶间距相似，在选择文本中应用的手工字偶间距将被保留，单位同样是 1/1000em。

> **辅助教学**
>
> 1em 和当前字体大小的高度相等，如字体大小为 12pt 时，1em = 12pt，这意味着字偶间距和字距的调整都是相对于字体尺寸而言的。

⥮ = 0
字间距 = 0

⥮ = 100
字间距 = 100

⥮ = -100
字间距 = -100

⑥ 基线偏移

如果需要调整整段中某些文本在垂直方向上的位置，可以调整"字符"面板上的"基线偏移"值，使用
Alt＋↑或 Alt＋↓键可以快速增大或减小步距。

字体大小＝
60pt

字体大小＝40pt
基线偏移＝30pt

字体大小＝40pt
基线偏移＝-20pt

⑦ 字符旋转

需要改变字符的角度可应用此选项，但是此选项只能将字符旋转 0°、45°、90°、180°。

⑦＝0°
字符旋转＝0°

⑦＝45°
字符旋转＝45°

⑦＝90°
字符旋转＝90°

⑦＝180°
字符旋转＝180°

视频路径

Video\Chapter 3\ 设置报
纸的段落样式 .exe

由于报纸的样式和规格多种多样，在进行报纸排版之前，要对报纸的段落样式按
照标准进行设置。在这一节，我们将介绍设置报纸段落样式的具体操作步骤。

1. 新建报纸文件

1 执行"文件 > 新建 > 文档"命令，或者按下快捷键 Ctrl+N，弹出"新建文档"
对话框，设置"页数"为 1，"页面大小"为 A3，"出血"均为 0mm，完成设置
后单击"边距和分栏"按钮。

2 弹出"新建边距和分栏"对话框，设置上、下、内、外的边距均为 12.7mm，
完成设置后单击"确定"按钮。

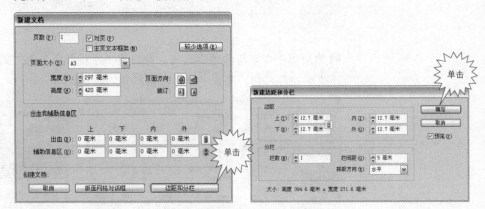

2. 设置段落样式

1 执行"窗口 > 文字和表 > 段落样式"命令，或者按下快捷键 F11，打开"段落样式"
面板。

2 单击"段落样式"面板右下角的"创建新样式"按钮，新建"段落样式 1"。

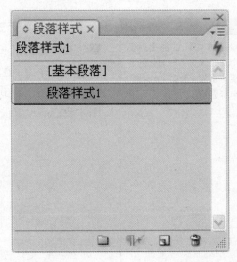

③ 双击"段落样式 1"，弹出"段落样式选项"对话框，在"常规"选项中设置"样式名称"为"报纸正文"。

④ 然后单击"基本字符格式"选项，并设置"字体系列"为"方正报宋简体"，"大小"为 12 点，"行距"为 14.4 点。

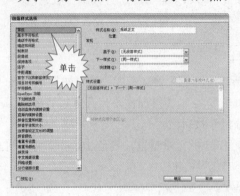

⑤ 然后单击"字符颜色"选项，并设置"字符颜色"为"黑色"，完成设置后单击"确定"按钮，完成了报纸段落样式的设置。

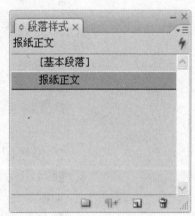

3. 应用段落样式

① 将报纸的文字和图片混排好，准备应用先前设置的段落样式。

② 单击文字工具，选中报纸中的正文。

③ 单击"段落样式"面板中的"报纸正文"段落样式。这样报纸的正文就应用了刚才我们所设置的报纸正文段落样式了。

段落样式可以创建很多个，以满足不同时候的需要。例如，正文、大标题、小标题等。

相|关|知|识 —— 了解 "段落" 面板

"段落" 面板是我们整齐排列段落文字的重要手段之一,通过对 "段落" 面板的设置可以设置文本对齐、缩进、基线对齐、首字下沉、避头避尾等。

通过运用 "段落" 面板,可以方便地设置段的各种样式,其中对齐、缩进和首字下沉是经常用到的段落样式。

下面我们来了解 "段落" 面板的相关知识。

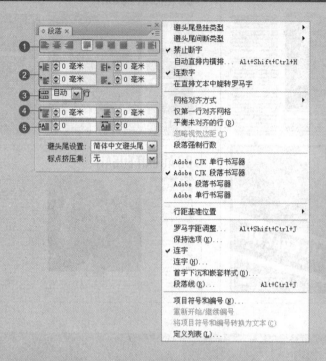

❶对齐

面板第一行的对齐选项包含了左对齐、居中对齐、右对齐、双齐末行齐左、双齐末行居中、双齐末行齐右、全部强制双齐、朝向书脊对齐、背向书脊对齐。它们的意义分别如下。

左对齐：快捷键 Ctrl+Shift+L，在左页边处设置每行的左边界（页边可以是图文框的边界、文本框的插入间距、左缩进或栏的边界），并在一行内尽可能多地容纳较多的单词或音节（如果打开了连字符）。当行尾不能再容纳一个词（或音节）时，它将被置入下一行（从左边开始）。在左对齐段落中右面页边是不整齐的，因为每行右端剩余空间都不一样，从而产生了参差不齐的边缘。

居中对齐：快捷键 Ctrl+Shift+C，居中段落每行的剩余空间被分成两半，并分别置于文本两端，这样虽然使段落的左右边界都不整齐，但文本相对于垂直轴是平衡的。

右对齐：快捷键 Ctrl+Shift+R，它和左对齐相反，右边界是平直的，左边界不整齐。文本框很少设置为右对齐，因为它不像文本左侧对齐那么容易阅读。右对齐有时被用于置于一幅画面左侧的标题、杂志封面上的广告等情况。

双齐末行齐左：快捷键 Ctrl+Shift+J，每一行的左、右端都充满页边。通过在字符和单词之间平均分配每行多余的空间或在字符和单词间减少空间以容纳增加的字符来形成左右侧同时对齐的效果。强制对齐的段落通常都要用连字符（如果不使用字符，字母和单词间间距会变得很不一致），段落最后一行为左对齐。

双齐末行齐中：除最后一行为居中外，其余与双齐末行齐左相同。

双齐末行齐右：除最后一行为右对齐外，其余与双齐末行齐左相同。

全部强制双齐：快捷键 Ctrl+Shift+F，除最后一行进行强制调整外，其余与双齐末行齐左相同。这个选项在最后一行插入对齐空格，最后一行字符越少，字符间间距就越大。

可饮酒却需旧酷：什么叫做刎颈之交？只能与你喝过一两回的人怎么会成为可以性命相托的酒肉朋友？当酒喝高了，可以有难得的放纵，或手之足之，舞之蹈之；或上青天摘星，下沧海揽月；传说那太白嫡仙不也是酒醉揽月，堕江成仙的吗？那风萧萧兮易水寒的荆柯难道是一时半刻的时间，或数日三餐就可以培养得来吗？

喝酒会醉，酒醉了用茶来解。但喝茶也会醉，茶醉了却是酒无法解。

其实饮酒和喝茶，关键要有适合的心境，所谓的身心溶入，方得其味。只要心宽，花前斟酒和静室品茶一样不再是一件著侈的事。

这段文字是左对齐
有时也称为左平齐

这段文字是居中对齐
居中对齐的文本很容易吸引人的注意力

这段文字是右对齐
有时也称为右平齐

这段文字是双齐末行齐左

这段文字是双齐末行居中

这段文字是双齐末行齐右

这段文字是全部强制双齐

❷ 缩进

左右缩进经常用于将一段较长的引用材料包含在一个文本框中，这是把注意力吸引到引用文本并把文本从附近图片处移走的一个便捷方法。

左缩进：在这个文本框中输入数值，使被选段落的左边界从左侧页边向右移动，也可以使用上下光标键，每次单击会在数值上增加一个数量点，按住 Shift 键单击增量增加为原来的 10 倍。

右缩进：在这个文本框中输入数值，使被选段落的右边界从右侧页边向左移动，也可以使用上下光标键。

首行左缩进：在这个文本框中输入数值，使被选段落的起始行的左边界向右侧移动，也可以使用上下光标键。

末行右缩进：在这个文本框中输入数值，使被选段落的结束行的右边界向左侧移动，也可以使用上下光标键。

和尚爱喝茶，茶喝千杯，和尚也成了佛。茶味清淡，和尚的心也清淡，其实和尚的心便是茶，茶便是和沿的心。一杯开水冲下来，茶叶由浮而沈，由躁而静，由紧缩而舒展。和尚由尘世来到净土，心由浮而沈，由躁而静，宁静致远，和尚的心终因佛光的沐浴而舒展。泡开的茶才是茶，宁静的心就是佛。

没有设置缩进

和尚爱喝茶，茶喝千杯，和尚也成了佛。茶味清淡，和尚的心也清淡，其实和尚的心便是茶，茶便是和沿的心。一杯开水冲下来，茶叶由浮而沈，由躁而静，由紧缩而舒展。和尚由尘世来到净土，心由浮而沈，由躁而静，宁静致远，和尚的心终因佛光的沐浴而舒展。泡开的茶才是茶，宁静的心就是佛。

设置左缩进 = 10 毫米

和尚爱喝茶，茶喝千杯，和尚也成了佛。茶味清淡，和尚的心也清淡，其实和尚的心便是茶，茶便是和沿的心。一杯开水冲下来，茶叶由浮而沈，由躁而静，由紧缩而舒展。和尚由尘世来到净土，心由浮而沈，由躁而静，宁静致远，和尚的心终因佛光的沐浴而舒展。泡开的茶才是茶，宁静的心就是佛。

设置右缩进 = 10 毫米

和尚爱喝茶，茶喝千杯，和尚也成了佛。茶味清淡，和尚的心也清淡，其实和尚的心便是茶，茶便是和沿的心。一杯开水冲下来，茶叶由浮而沈，由躁而静，由紧缩而舒展。和尚由尘世来到净土，心由浮而沈，由躁而静，宁静致远，和尚的心终因佛光的沐浴而舒展。泡开的茶才是茶，宁静的心就是佛。

设置首行左缩进 = 20 毫米

和尚爱喝茶，茶喝千杯，和尚也成了佛。茶味清淡，和尚的心也清淡，其实和尚的心便是茶，茶便是和沿的心。一杯开水冲下来，茶叶由浮而沈，由躁而静，由紧缩而舒展。和尚由尘世来到净土，心由浮而沈，由躁而静，宁静致远，和尚的心终因佛光的沐浴而舒展。泡开的茶才是茶，宁静的心就是佛。

设置末行右缩进 = 5 毫米

❸ **强制行数**

设置行与行之间的距离，与"行距"的作用相似，但是此选项只有 5 个级别的选项，分别为 1、2、3、4、5。代表的含义是，行之间相隔 1 行、2 行、3 行等。可根据不同的情况设置不同的强制行数。

经常，有意无意地翻看同龄人写的书，发现似乎每一个字句都爬满了疲惫。迪厅，摇滚，疯狂，调色板似的长发，低靡的吼叫……青春张扬的深沉的疲惫。我常常会想究竟什么是真正的人生如夏花？人生如夏花？！迷茫。

很偶然地喝到一种橙色的奶茶，有种暖暖的感觉，温和而醇香，丰盈而怡人。于是很高兴地一口气喝了许多，以致后来总感到腻味，从此再也不敢尝试。其实青春何尝不是象这奶茶，它需要我们用心地慢慢地去品位。夏花般热烈的青春也是有限度的，过多地消费只能是一种挥霍，最终则会演变为一种惨烈地扼杀，沉痛无比。

人生如夏花，热烈而奔放，有时候却只是一种温和的心情，一种平和的心境。只要抓住你所拥有的，其实你就可以抓住青春，抓住幸福，抓住夏花般明媚的人生。

强制行数 = 自动

经常，有意无意地翻看同龄人写的书，发现似乎每一个字句都爬满了疲惫。迪厅，摇滚，疯狂，调色板似的长发，低靡的吼叫……青春张扬的深沉的疲惫。我常常会想究竟什么是真正的人生如夏花？人生如夏花？！迷茫。

很偶然地喝到一种橙色的奶茶，有种暖暖的感觉，温和而醇香，丰盈而怡人。于是很高兴地一口气喝了许多，以致后来总感到腻味，从此再也不敢尝试。其实青

强制行数 = 2

④ 段前间距和段后间距

段前间距和段后间距：指定在段落前 / 后插入多少间隔，这是排版中可视化分隔段落的专业方法，这样不必插入多余的断行符。

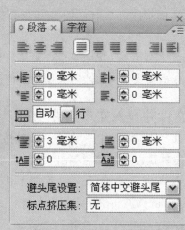

设置段前间距为 3 毫米

⑤ 首字下沉

首字下沉有两个选项，确定下沉字母在段落中要延伸的行数的"首字下沉占行数"和"首字下沉字符数"。在创建一个首字下沉后，可以通过选择下沉字母然后使用"字符"面板或其他面板来对其进行样式化设置，如格式、大小、颜色等。

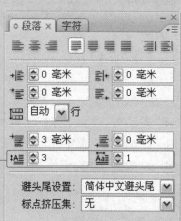

视频路径

Video\Chapter 3\ 查找并
更改段落文字 .exe

如果在完成了一篇文章或者是一本书的排版后，发现文章中有一个词组是错误的，需要全部修改，这时，如果用手工去修改是相当麻烦和枯燥的，而且还浪费时间。

在 InDesign 中有查找 / 更改功能，能够轻松将所有错误词组一起更改过来。下面我们就来介绍查找并更改段落文字的具体操作步骤。

1. 新建文件并置入文本文件

执行"文件 > 新建 > 文档"命令，或者按下快捷键 Ctrl+N，弹出"新建文档"对话框，按照默认设置，最后单击"确定"按钮，新建一个文件。

辅助教学

查找 / 更改的过程中，为了确保不会将正确的地方也更改了，可以单击"查找 / 更改"对话框中的"查找下一个"按钮，然后确定需要改正再单击"更改"按钮。

执行"文件 > 置入"命令，或者按下快捷键 Ctrl+D，置入本书配套光盘中的 chapter3\Media\ 劈波斩浪小渔船 .txt，并将其排列在页面版心中。

2. 查找 / 更改

执行"编辑 > 查找 / 更改"命令，或者按下快捷键 Ctrl+F，弹出"查找 / 更改"对话框，单击打开"文本"选项卡，并输入"查找内容"为"红衣姑娘"，更改为"黄衣姑娘"，"搜索"为"所有文档"，完成设置后单击"全部更改"按钮。

弹出"提示"对话框，上面显示的为查找到有多少处，单击"确定"按钮。将文章中所有的"红衣姑娘"都更改为"黄衣姑娘"。

相 | 关 | 知 | 识 ——了解"查找/更改"对话框和拼写检查

查找 / 更改

InDesign CS3 中的"查找 / 更改"功能是非常强大的,可以查找任意字母、文字、单词、符号、数字,甚至应用了某种格式的字符、字符样式、段落样式等。使用"查找 / 更改"命令可以完成许多烦琐的重复工作,如替换字体和样式。查找 / 更改的范围可以限定在选择的文本,整篇文章,整个文档或多个打开的文档。

查找 / 更改的方法如下。

1 指定查找范围。如果要在选择的文本中操作,首先要选择一些文本;如果要在整篇文章中查找,需要把输入光标放在文章的任意位置或选择串接中的某个文本框。

2 执行"编辑 > 查找 / 更改"命令,或者按下快捷键 Ctrl+F。

3 在对话框中指定查找范围。

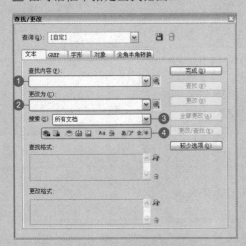

①查找内容:在文本框中输入需要查找的字段。

②更改为:在文本框中输入需要更改的字段。

③搜索:"文档"为查找整个文档;"所有文档"为查找所有打开的文档。

④其他选项:包含"包括锁定图层"、"包括锁定文章"、"包括隐藏图层"、"包括主页"、"包括脚注"、"区分大小写"、"全字匹配"、"区分假名"、"区分全角 / 半角",单击其中选项,可以更精确地查找对象。

辅助教学

"查找 / 更改"命令不能对置入在图片中的文本进行,如果要修改图片中的文本,要在源程序中打开修改,并在 InDesign 中更新。

应该注意的地方有以下几点。

1 在查找时可以使用通配符进行操作,如查找"b^ ~! hem",将会搜出"bahem"、"bwhem"等结果。

2 在查找前应该确定是否清楚清除格式限制,否则搜出的结果只是正确结果的一部分。

3 在"更改"文本框中留空,并且单击"更改"或"全部更改"按钮,将删除所有查找的字符。

4 使用格式限制中的字体可以替换文档中丢失的字体。

拼写检查

用户可以在指定的范围内进行拼写检查，范围可以是选择的文本、整篇文章、文档中所有文章或所有打开的文档。InDesign 将会显示拼写错误的、未知的、重复书写（比如"the the"）或者大写不规范的单词。在使用拼写检查的时候，InDesign 实际上是根据用户指定文本的词典来进行的。

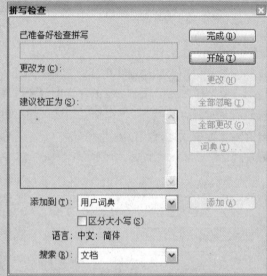

"词典"对话框   "拼写检查"对话框

InDesign 查到拼写错误后，用户可以执行以下操作。

1 选择"忽略"或"忽略全部"，可以继续进行其他操作而不修改文本。

2 从"建议校正为"中选择一个合适的修改方案，单击"更改"或"全部更改"按钮，可以变当前或所有错误的这个单词。

3 单击"添加"可以把当前认为错误的单词添加到词典中，以防以后不再认为是错误。

04 段落编辑

无论什么出版物都存在着对其段落进行编辑，在 InDesign 中可以对段落设置各种各样的样式，满足用户的需要。在这一节我们将介绍关于段落编辑的相关知识。在进行段落编辑的时候，通常会用到"字符"面板、"段落"面板、"段落样式"面板。这几个面板我们在前面都已经有所认识了，将几个面板联合起来使用就可以随意对段落进行编辑了。

"字符"面板

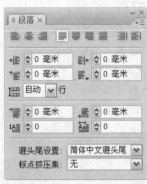
"段落"面板

"段落样式"面板

海报文字的排列效果

视频路径

Video\Chapter 3\ 编辑报
纸中的段落文字 .exe

报纸作为媒体传播信息，人们获取信息的一个载体，有着广泛的受众群。为了方
便读者阅读，尽快获得想知道的信息，在报纸排版时应该注意标题要醒目，并且
在头版要有导读的部分，另外一个最重要的就是内容文字字体要统一，因为如果
运用太多的不同字体，在页面上会让人有眼花缭乱的感觉，不利于阅读。

在知道了这些要点后，就可以开始进行报纸排版了，下面我们就对编辑报纸中的
段落文字的具体操作步骤进行介绍。

1. 新建文件

辅助教学

在报纸排版时，通常都会
对页面进行分栏，如果是
在"边距和分栏"对话框
中设置，文本只能手动调
整对齐栏，在"版面网格"
对话框中设置，文本将自
动分栏。

1️⃣ 执行"文件 > 新建 > 文档"命令，或者按下快捷键 Ctrl+N，弹出"新建文档"
对话框，设置"页面大小"为 A3，"出血"均为 0mm，完成设置后单击"边距和
分栏"按钮。

2️⃣ 弹出"新建边距和分栏"对话框后，设置"边距"均为 12.7mm，"分栏"为 1，
完成设置后单击"确定"按钮，新建文件。

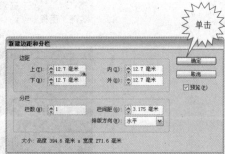

2. 绘制背景

单击矩形工具 ▦，在页面的左边绘制一个矩形，呈竖直状，并将其颜色填充为
"黄色"。

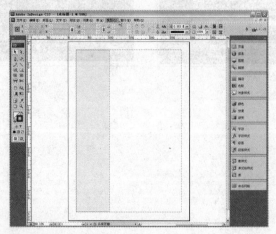

3. 创建字符样式

▌1▐ 执行"窗口 > 文字和表 > 字符样式"命令,或者按下快捷键 Shift+F11,打开"字符样式"对话框,单击右下角的"创建新样式"按钮▣,新建"字符样式 1"。

▌2▐ 双击"字符样式 1"弹出"字符样式选项"对话框,在"常规"选项栏中设置样式名称为"报纸正文",然后单击左边的"基本字符格式"选项,设置字体系列为"方正报宋简体",大小为 12,行距为 14.4,完成设置后单击"确定"按钮。

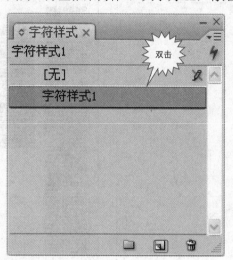
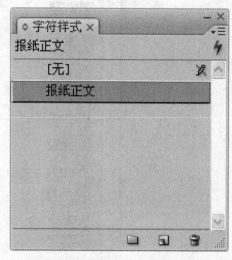

4. 置入文本文件

▌1▐ 执行"文件 > 置入"命令,或者按下快捷键 Ctrl+D,置入本书配套光盘中的 chapter3\Media\ 劈波斩浪小渔船 .txt,并将其排列在页面左边黄色矩形框中。单击选择工具▣,选中刚才置入的文本文件,然后单击"字符样式"面板中的"报纸正文"选项,使其应用"报纸正文"字符样式。

▌2▐ 单击文字工具▣,选中第一排标题文字,并按下快捷键 Ctrl+T,打开"字符"面板,设置字体为"方正超粗黑简体",字号为 23,行距为 30,完成设置后按下 Enter键确定。

5. 创建参考线并再次置入文档文件

1 按下快捷键 Ctrl+R，显示标尺，然后从垂直标尺位置拖曳出 4 条参考线，并将其按同宽对齐。

2 执行"文件 > 置入"命令，或者按下快捷键 Ctrl+D，置入本书配套光盘中的 chapter3\Media\ 人生如夏花 .txt，并将其从左到右排列在参考线分隔出来的页面中。

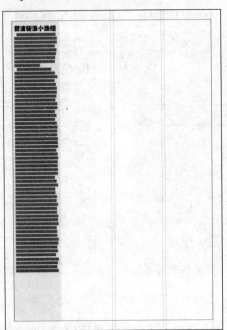 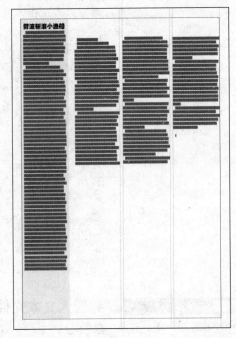

3 单击选择工具▶，选中刚才置入的文字，然后单击"字符样式"面板中的"报纸正文"选项。

4 单击文字工具T，选中第一行文字，然后按下快捷键 Ctrl+T，打开"字符"面板，设置字体为"华康海报体 W12(P)"，字号为 30，行距为 30，完成后按下 Enter 键确定，最后设置文字颜色为灰色。

5 单击文字工具 T，选中第二行文字，然后按下快捷键 Ctrl+T，打开"字符"面板，设置字体为"方正超粗黑简体"，字号为 48，行距为 46，完成后按下 Enter 键确定。

辅助教学

若想获得一张印刷精美的图片或海报，彩色正片的缩放比例范围通常以 50%～400% 为佳。缩放是以百分比来计算，400% 表示彩色正片将放大为原稿长和宽各 4 倍长，面积为原稿的 16 倍，50% 表示彩色正片将缩小为原稿长和宽 1/2，面积为原稿的 1/4。

6. 置入图片

1 执行"文件 > 置入"命令，或者按下快捷键 Ctrl+D，置入本书配套光盘中的 chapter3\Media\ 报纸图片 1.JPG。

2 单击选择工具 ，选中刚才置入的图片，将图片拖曳到页面右边文章的正中位置。

3 按照与上面同样的方法置入本书配套光盘中的 chapter3\Media\ 报纸图片 2.JPG。

4 单击选择工具 ，选中刚才置入的图片，将图片拖曳到页面右边文章的右下方位置。

⑤ 按照与上面同样的方法置入本书配套光盘中的 chapter3\Media\ 报纸图片 3.JPG。

⑥ 单击选择工具，选中刚才置入的图片，将图片拖曳到页面左边文章的最上方位置。

7. 设置文本绕排

① 单击选择工具，按住 Shift 键不放，并单击选中刚才置入的 3 张图片，执行"窗口 > 文本绕排"命令，打开"文本绕排"面板。

② 单击"文本绕排"面板中的第一行按钮中的"沿定界框绕排"按钮，页面中所有文本都绕图排列。

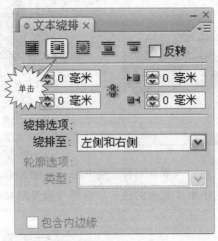

8. 设置段落对齐

单击文字工具，分别选中正文文字，并按下快捷键 Ctrl+M，打开"段落"面板，单击"段落"面板中的"双齐末行齐左"按钮。至此，报纸排列完成。

相 | 关 | 知 | 识 —— 了解 "制表符" 面板的各项参数

通过制表符命令可以轻易调整文章的缩进和空格等，执行"文字 > 制表符"命令，或者按下快捷键
Shift+Ctrl+T，可以打开"制表符"面板。如果需要把"制表符"面板对齐到文本光标所作的文本框，可
以单击面板上的磁铁图标。

❶ InDesign 中提供 4 种不同的文本制表符。

左对齐制表符：在制表位置左对齐文本（默认设置，也最常用）。

居中对齐制表符：在制表位置的两边中心对齐文本（常用于标题）。

右对齐制表符：在制表位置右对齐文本（常用于整数栏）。

对齐小数位（或其他指定字符）制表符：可按对齐于中的字符对齐（通常用于对齐文本中分割数位的
逗号和时间的冒号）。

❷ 前导符：是一个字符或系列字符，位于空格和制表符间，就像引导目录内容和页码之间的句号一样。
它们之所以叫前导符，是因为它们能使用户在阅读时跨越页面。包括特殊字符，InDesign 可以让用户
最多指定 8 个字符，它们可以重复放置于任何空格处。当在制表符处设置了一个前导符，前导符将把
制表符前所有空格都填满。

❸ 清除全部：将会删除创建的所有制表符，任何使用创建的制表符文本将全部转换为使用默认制表符样
式（也可以从标尺上把某个制表符图标拉出，删除这个制表符）。

❹ 重复制表符：可以让用户在标尺上创建一串间距相同的制表符。当在标尺上选择了一个制表符，并使
用此命令时，InDesign 会测量所选制表符和前面制表符（如果是标尺上的第一个制表符，会测量所选
制表符和左缩进间距）间的距离。然后应用此距离设置新的制表符，直到标尺尾部可以使用相同的方
法设置新的制表符。

辅助教学

应用前导符的原因是它有助于阅读。除非内容没有设计重要，否则不要使用太多的字符作为前导符，不和谐的字
符会吸引太多的注意力并引起混淆。

范 例 操 作　　绘制表格

视频路径

Video\Chapter 3\ 绘制表
格 .exe

在很多印刷品中需要对数字或项目各项参数进行详细说明的时候，最好的方法就
是绘制表格。

众所周知，一张表格是由水平和垂直排列的单元格组成的。在 InDesign 中的表格
不同于其他软件中的表格，它的每个单元格就像文本框，不但可以在其中直接键
入文字，还可以插入图片或插入另外的表格。

下面我们将对绘制表格的具体操作步骤进行详细介绍。

1. 新建文件

执行"文件 > 新建 > 文档"命令，或者按下快捷键 Ctrl+N，按照默认设置新建一个文件。

辅助教学

在 InDesign 中绘制表格，可以在表格中填充不同的颜色，并改变其边框线段类型。

2. 绘制表格

1 单击文字工具 T，在页面绘制文本框。

2 执行"表 > 插入表"命令，或者按下快捷键 Shift+Ctrl+Alt+T，弹出"插入表"对话框，设置"正文行"为 16，"列"为 8，"表头行"为 1，"表尾行"为 0，完成设置后单击"确定"按钮。

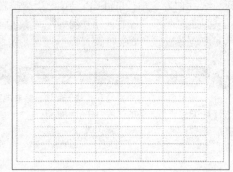

③ 将鼠标光标移近表格的第 4 列位置，当鼠标光标变形，拖曳表格边线，将第 4 列拖大。

④ 单击文字工具，分别选中第 2 列和第 3 列的倒数第 3 排表格，单击鼠标右键，选择"合并单元格"选项。

⑤ 按照相同的方法分别将第 2 列和第 3 列的倒数第 2 排表格和第 2 列和第 3 列的倒数第 1 排表格合并。

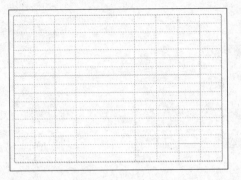
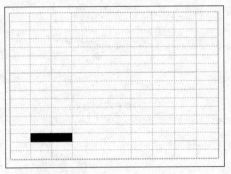

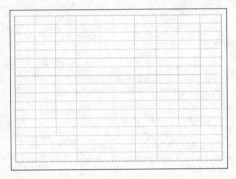

⑥ 选中第 1 行表格，并填充颜色为蓝色。

⑦ 单击文字工具，在表格内输入文字。

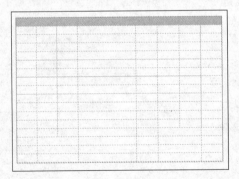
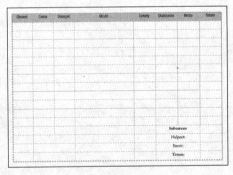

Chapter 04

应用字符、段落及对象样式

认识排版软件

在 InDesign 中的样式主要有字符样式、段落样式和对象样式 3 种。其中，字符样式和段落样式在前面的内容中已经有所介绍。在这一章节，我们主要介绍字符样式和段落样式的应用以及对象样式的详细介绍和应用。

在使用样式格式化对象前，必须先创建样式。无论何时都可以创建样式，但通常情况下，在排一个长篇文档时创建样式是用户的首要任务之一。而且，用户可能希望创建自己的段落样式，必要时还需要增加字符样式，字符样式用于格式化选择的文本，通常在以下几个方面使用。修改段落中前面几个单词的外观；在正文文本中把不同的字符样式用于多种文本元素中，如网站网址、E-mail 等；为一些重点强调、书籍和电影名、产品和公司名称等创建其他的正文文本的变体等。

样式可以应用到空白的文本框（确信当前的输入光标在文本框中，这与对象样式功能相同），这样，粘贴或输入到文本框的文本将会用指定的样式作为默认样式。

辅助教学

在 Mac 系统中想增加使用的字体时，必须安装在系统文件夹的字体文件夹内，当然也可以通过字体管理程序来安装与执行。

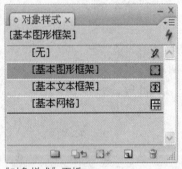

"对象样式"面板

创建了字符样式的"字符样式"面板

创建了段落样式的"段落样式"面板

创建了对象样式的"对象样式"面板

视频路径

Video\Chapter 4\ 创建说明书的段落样式和字符样式 .exe

在实际排版过程中，有很多内容的段落样式和字符样式是相同的，例如一本书的所有正文的字体、字号和行距等是相同的，标题的字体和字号也是相同的等。所以为了方便，我们可以先创建一个正文或标题的段落样式或字符样式，然后在排版过程中，将样式应用到正文或标题中。

这样不仅可以提高工作效率，更重要的是可以避免我们在单独设置文字样式的过程中出现错误。

下面，我们将介绍创建说明书的段落样式和字符样式。以此来向大家说明创建段落样式和字符样式的具体操作步骤。

1. 打开文件并置入文字

辅助教学

将文字输入排版软件后，必须对字体的文字属性、段落格式进行设置，一般分为字体、大小、颜色、平长变化、各种对齐方式、字距微调与段落间距等。

■ 执行"文件 > 打开"命令，或者按下快捷键 Ctrl+O，打开本书配套光盘中的 chapter4\Complete\ 说明书 .indd。

■ 执行"文件 > 置入"命令，或者按下快捷键 Ctrl+D，置入本书配套光盘中的 chapter4\Media\ 说明书文字 .txt。

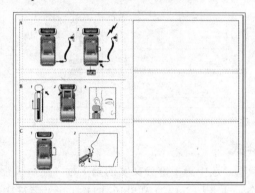

2. 调整文字位置

辅助教学

使用文字路径并输入文字，可以设计出具有排列变化的文字列，在设定线段对齐文字的何处时，可以选择对齐文字上缘、对齐文字齐中、对齐文字基线、对齐文字下缘等不同的对齐方式。

■ 单击文字工具，选中第一部分文字，按下快捷键 Ctrl+X，剪切文字，在页面空白处单击，然后再按下快捷键 Ctrl+V，粘贴文字。

2 按照同样的方法，将置入的文本文字分成 3 部分。

3 单击选择工具 ，将第一部分文本选中，并将其拖曳到页面的右面第 1 个框中。

4 按照上面同样的方法，将剩下的两个部分的文字也分别拖曳到第 2 个框和第 3 个框中排好。

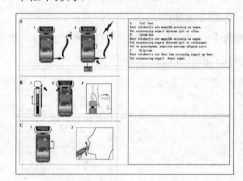 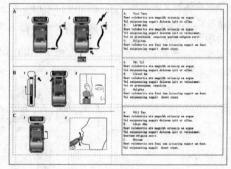

3. 设置字符样式

1 单击文字工具 T，选中第 1 部分文字的第 1 行，然后执行"窗口 > 文字和表 > 字符样式"命令，或者按下快捷键 Shift+F11 打开"字符样式"面板。单击"字符样式"面板中右下角的"创建新样式"按钮，新建"字符样式 1"。

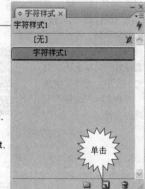

A: Viel Teot
   1. Reet volobortis ate magnibh eriuscip ea augue.
   2. Vel euipsuscing eugait dolorem ipit ut ullan.
B: Lorem Aon
   1. Reet volobortis ate magnibh eriuscip ea augue.
   2. Vel euipsuscing eugait dolorem ipit ut veleniamet.
   3. Vel ut praesequam, sequisim quatumm odignim zzrit.
C: Nilpitem
   1. Reet volobortis ate feui tem iriuscing eugait am dunt.
   2. Vel euipsuscing eugait dreet utpat.

② 双击"字符样式 1"，弹出"字符样式选项"对话框，单击对话框右边的"基本字符格式"选项，设置"样式名称"为"标题样式"，"字体系列"为 Adobe Garamond Pro，"字体样式"为 Semibold Italic，"大小"为 14 点，"行距"为 16.8 点，完成设置后单击"确定"按钮。

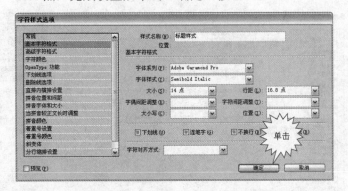

③ 这时第 1 部分的第 1 行文字已经应用了"标题样式"，然后单击文字工具 T，将第 1 部分的 B:Lorem Aonhe 和 C:Nilpitem 分别选中，然后单击"字符样式"面板中的"标题样式"按钮，将样式应用于其他标题。

A: *Viel Teot*
  1. Reet volobortis ate magnibh eriuscip ea augue.
  2. Vel euipsuscing eugait dolorem ipit ut ullan.
B: Lorem Aon
  1. Reet volobortis ate magnibh eriuscip ea augue.
  2. Vel euipsuscing eugait dolorem ipit ut veleniamet.
  3. Vel ut praesequam, sequisim quatumm odignim zzrit.
C: Nilpitem
  1. Reet volobortis ate feui tem iriuscing eugait am dunt.
  2. Vel euipsuscing eugait dreet utpat.

A: *Viel Teot*
  1. Reet volobortis ate magnibh eriuscip ea augue.
  2. Vel euipsuscing eugait dolorem ipit ut ullan.
B: *Lorem Aon*
  1. Reet volobortis ate magnibh eriuscip ea augue.
  2. Vel euipsuscing eugait dolorem ipit ut veleniamet.
  3. Vel ut praesequam, sequisim quatumm odignim zzrit.
C: *Nilpitem*
  1. Reet volobortis ate feui tem iriuscing eugait am dunt.
  2. Vel euipsuscing eugait dreet utpat.

4. 设置段落样式

① 单击文字工具 T，选中标题样式的下两排文字，然后执行"窗口 > 文字和表 > 段落样式"命令，或按下快捷键 F11，打开"段落样式"面板。单击"段落样式"面板中右下角的"创建新样式"按钮，新建"段落样式 1"。

处理位于全页或文字框底部的段落，使段落中的单行不会单独留在文字框的顶端或底部。若段落中的第一行排在文字框的最底部，或最后一行排在文字框的最顶端，都可称为"孤行"。

2 双击"段落样式 1",弹出"段落样式选项"对话框,单击对话框右边的"基本字符格式"选项,设置"样式名称"为"正文样式","字体系列"为 Myriad Pro,"字体样式"为 Regular,"大小"为 10 点,"行距"为 11 点,"字符对齐方式"为"全角,居中",完成设置后单击"确定"按钮。

辅助教学

当段落彼此间有了距离,就可以加入嵌线,嵌线可以在文字段落的上方或下方产生跟随文字移动的水平线。要在段落上方设定水平线时,应选取段前线,要在段落下方设定水平线时,应选取段后线。

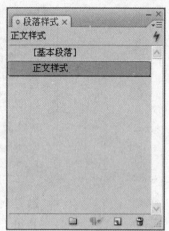

3 这时第 1 部分的第 2,3 行文字已经应用了"正文样式"了,然后单击文字工具 ,将第 1 部分其余的正文内容分别选中,然后单击"段落样式"面板中的"正文样式"按钮,将样式应用于其他正文。

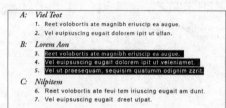

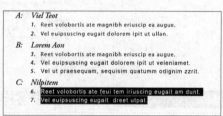

4 最后按照上面的方法,对其他标题应用"标题样式",对正文应用"正文样式"。

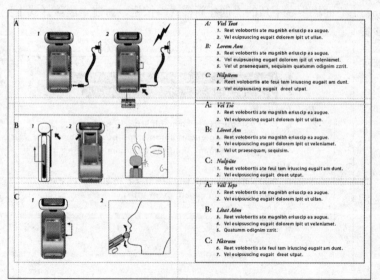

相 | 关 | 知 | 识 ——了解"段落样式"面板

"段落样式"面板是排列文字元素较多时常用的面板，此面板可以设置文字的排列方式和段落字体类型等。

在排版设计中文字是最原始的元素，段落文字在版面上不同的位置会带来不同的心理感受。

居中：成为几何中心，上下左右空间对称，视觉均等。

偏左或偏右：产生向心力。

段落作为上下边：有上升或下沉的心理感受。

下面我们就对"段落样式"面板进行介绍。

"段落样式"面板

❶ **新建段落样式**：单击此选项可新建一个段落样式。

❷ **直接复制样式**：可直接复制之前已有的段落样式。

❸ **删除样式**：删除已经建好的段落样式。

❹ **重新定义样式**：对已经有的段落样式进行修改和重定义。

❺ **样式选项**：设置与段落样式相关的各项选项。

❻ **清除覆盖**：对被覆盖了的段落样式进行恢复。

❼ **将"[基本段落]"项目符号和编号转换为文本**：将"段落样式"面板中所有的"[基本段落]"项目符号和编号转换为文本。

❽ **断开到样式的链接**：使应用了段落样式的文本断开链接，应用段落样式为"[无]"。

❾ **载入段落样式**：将其他文件中所创建好的段落样式有选择性地载入到本文件中。

❿ **载入所有文本样式**：将其他文件中创建的所有段落样式都载入到本文件中。

⓫ **选择所有未使用的**：选中所有没有使用过的段落样式。

⓬ **新建样式组**：新建一个样式的组。

⓭ **打开所有样式组**：将所有的组样式打开。

⓮ **关闭所有样式组**：将所有的组样式关闭。

⓯ **复制到组**：将单个的段落样式复制到建好的样式组中。

⓰ **从样式中新建组**：在建好的样式中新建样式组。

⓱ **按名称排序**："段落样式"面板中的段落样式按照名称排序。

⓲ **小面板行**："段落样式"面板中的段落样式图标显示为小面板行。

单击"新建段落样式"选项,弹出"新建段落样式"对话框。在此对话框中可以设置新建的段落样式的"基本字符格式"、"高级字符格式"、"缩进和间距"、"制表符"等相关属性。

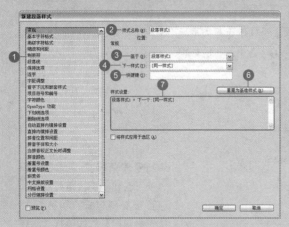

❶ 样式列表:根据新建段落样式的不同情况,单击不同选项,可以切换到不同属性的设置框中。

❷ 样式名称:设置新建的段落样式的名称。

❸ 基于:选择同哪个已经建好的段落样式相同。

❹ 下一样式:下一个段落样式的属性。

❺ 快捷键:可在此自己设置快捷键,方便迅速调出段落样式并应用。

❻ "重置为基准样式"按钮:恢复为默认设置。

❼ 样式设置:显示所设置的段落样式属性。

下面我们再介绍"新建段落样式"对话框中几个比较常用的选项及相关属性。

单击"新建段落样式"对话框中的"基本字符格式"选项,切换到"基本字符格式"设置的对话框中。

❶ 字体系列:设置新建段落样式中字符的字体。

❷ 字体样式:设置新建段落样式中字符的字体样式。

❸ 大小:设置新建段落样式中字符的大小。

❹ 行距:设置新建段落样式中行与行之间的距离。

❺ 大小写:设置新建段落样式中的英文字母的大小写。

❻ 位置:设置新建段落样式中字符为上标或下标。

❼ 字符对齐方式:设置新建段落样式中字符的对齐方式。

单击"新建段落样式"对话框中的"首字下沉和嵌套样式"选项,切换到"首字下沉和嵌套样式"设置的对话框中。

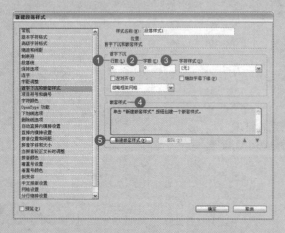

❶ 行数:设置首字下沉的行数。

❷ 字数:设置首字下沉的字数。

❸ 字符样式:选择事先建好的字符样式,在设置了首字下沉后,可以将首字设置为所选的字符样式。

❹ 嵌套样式:查看所设置的嵌套样式属性。

❺ "新建嵌套样式"按钮:单击可新建一个嵌套样式。

单击"直接复制段落样式"选项，弹出"直接复制段落样式"对话框。选择此选项后，可以复制已建好的段落样式。弹出的"直接复制段落样式"对话框与单击"新建段落样式"选项后所弹出的对话框中的面板和功能相同。

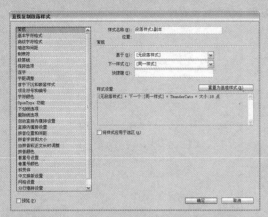

当有已经创建好的段落样式后，单击"删除样式"选项，弹出"删除段落样式"对话框。

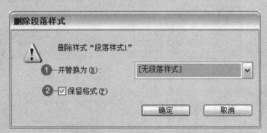

❶**并替换为**：选择删除了选中的段落样式后，文本中应用了此段落样式的段落将替换的其他段落样式。

❷**保留格式**：勾选此复选框，将使文本中没有运用段落样式的段落和文字暴露其原有的格式。

单击"新建样式组"选项，弹出"新建样式组"对话框。

❶**名称**：设置所建样式组的名称。

单击"小面板行"选项，将使"段落样式"面板中的段落样式显示方式由正常显示模式改变为小面板行显示模式。

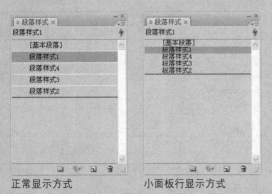

正常显示方式　　　　小面板行显示方式

相|关|知|识——了解"字符样式"面板

"字符样式"面板中的字符样式调整只对选择的文本有效,"字符样式"面板中可以调整字符的字体系列、大小,设置好后可以运用于排版当中,简单方便。

通过对"字符样式"面板的了解,能提高我们的工作效率,使排版变得得心应手。

下面我们就对"字符样式"面板进行介绍。

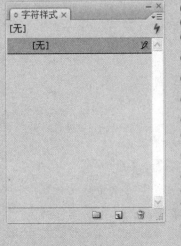

❶ **新建字符样式**:单击此选项可新建一个字符样式。

❷ **直接复制样式**:可直接复制之前已有的字符样式。

❸ **删除样式**:删除已经建好的字符样式。

❹ **重新定义样式**:对已有的字符样式进行修改重定义。

❺ **样式选项**:设置与字符样式相关的各项选项。

❻ **断开到样式的链接**:使应用了字符样式的文本断开链接,应用字符样式为"[无]"。

❼ **载入字符样式**:将其他文件中所创建好的字符样式有选择性地载入到本文件中。

❽ **载入所有文本样式**:将其他文件中创建的所有字符样式都载入到本文件中。

❾ **选择所有未使用的**:选中所有没有使用过的字符样式。

❿ **新建样式组**:新建一个样式的组。

⓫ **打开所有样式组**:将所有的组样式打开。

⓬ **关闭所有样式组**:将所有的组样式关闭。

⓭ **复制到组**:将单个的字符样式复制到建好的样式组中。

⓮ **从样式中新建组**:在建好的样式中新建样式组。

⓯ **按名称排序**:"字符样式"面板中的字符样式按照名称排序。

⓰ **小面板行**:"字符样式"面板中的字符样式图标显示为小面板行。

在对版面进行设计时，版面设计中涉及到的空间关系主要有以下几种。

1 比例关系的空间层次：面积大、小的比例，即近大远小，产生近、中、远的空间层次。在编辑中可以将主题形象或标题文字放大，次要形象缩小，建立良好的主次、强弱的空间层次关系，以增强版面的节奏感和明快度。

2 位置关系的空间层次：前后叠压的位置关系构成的空间层次；版面上、左、右、下、中位置所产生的空间层次；疏密的位置关系产生的空间层次。

3 动静关系：图像肌理关系产生的空间关系。

4 色彩的深浅搭配构成的空间层次。

在排版过程中，为了提高软件的运行效率，通常会依照章节新建文件。当我们已经排好了一个章节的文章后，会新建一个文件作为第 2 章的文件，但是由于我们一本书的格式和风格往往要相同，这时需要载入段落样式和字符样式。

下面，我们就对载入段落样式和字符样式的具体操作方法进行介绍。

1. 新建文件并显示"段落样式"面板

1 执行"文件 > 新建 > 文档"命令，或者按下快捷键 Ctrl+N，按照默认设置新建一个文件。

2 按下快捷键 F11，打开"段落样式"面板。

2. 载入段落样式

1 单击"段落样式"面板右上角的扩展按钮，弹出扩展菜单，选择"载入段落样式"选项。

2 弹出"打开文件"对话框，选择要载入段落样式的文件，选择完成后单击"确定"按钮，将选中文件中的段落样式载入到本文件中。

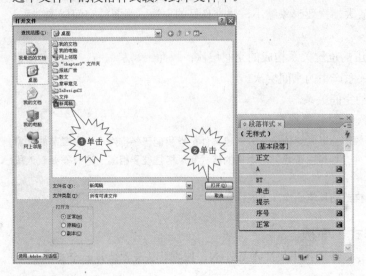

3. 载入字符样式

1 按下快捷键 Shift+F11，打开"字符样式"面板。

2 单击"字符样式"面板右上角的扩展按钮，弹出扩展菜单，选择"载入字符样式"选项。

3 弹出"打开文件"对话框，选择要载入字符样式的文件，选择完成后单击"确定"按钮，将选中的文件中的字符样式载入到本文件中。

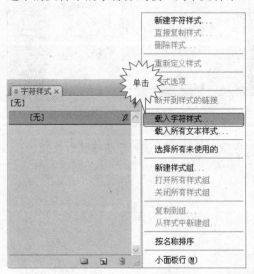

02 编辑样式

在用 InDesign 排版的过程中，在创建样式的时候并不是一次性就能创建好的，经常需要根据版面的具体情况调整出最好的样式来，因此编辑样式也是很重要的。在这一节，将对编辑样式的方法进行介绍，通过学习，可以让我们熟练操作编辑样式的方法和步骤。

"对象样式"面板

在前面我们已经介绍了关于"段落样式"面板和"字符样式"面板的相关知识，后面还将介绍另一个样式——对象样式的相关知识。

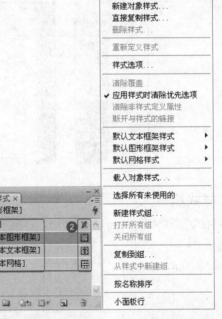

❶ 创建的对象样式。

❷ 指示应用于新文本框架的样式（拖动至另一样式以更改默认值）。

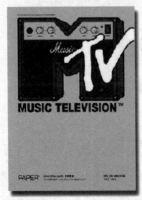

投影效果

渐变羽化效果

描边效果

视频路径

Video\Chapter 4\ 新建样
式组 .exe

辅助教学

各种软件一般都会有 5 种
段落对齐方式，对齐方式
应该配合版面的编排需
要。段落对齐方式分别为
左对齐、居中对齐、右对
齐、齐行、强制齐行。

在进行段落样式和字符样式调整的时候，为了优化操作界面，同时提高工作效率，
我们需要对样式进行分组。这样做可以方便我们查找，更快调整好样式。

新建样式组是 InDesign CS3 的新增功能，主要是为了让用户更方便地使用样式
面板。

下面，我们就对新建样式组进行介绍，具体操作步骤如下。

1. 新建文件并显示"段落样式"面板

1 执行"文件 > 新建 > 文档"命令，或者按下快捷键 Ctrl+N，按照默认设置新建
一个文件。

2 按下快捷键 F11，打开"段落样式"面板。

2. 新建段落样式组

1 单击"段落样式"面板右上角的扩展按钮，弹出扩展菜单，选择"新建样式组"
选项。

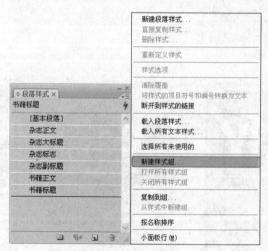

2 弹出"新建样式组"对话框，设置新建样式组的"名称"为"杂志"，完成后单击"确定"按钮，在"段落样式"面板中将新建一个样式组。

3 将杂志的样式拖动进样式组中。

拖曳

3. 新建字符样式组

1 同新建段落样式组相同，新建名为"杂志"的字符样式组。

2 将杂志的字符样式拖动进字符样式组中。

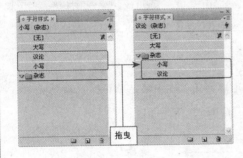

拖曳

在排版过程中，有时新建了很多的样式，但是后面却没有用上，由于创建的样式太多，造成将文件打开连自己都分不清除在文本中是否运用了此样式，这样给载入样式造成了麻烦，所以我们在新建样式时，就要把样式以不产生混淆为标准命名好，并且在将文件制作完成后，要把没有用到的样式删除。

在 InDesign CS3 中，可以轻松地将没有运用的样式选择出来，方便我们删除。"段落样式"的删除方法与"字符样式"的删除方法基本相同，下面我们就对删除"字符样式"面板中没有使用过的样式的方法进行介绍。

1. 打开文件并显示"字符样式"面板

1 执行"文件 > 新建 > 文档"命令，或者按下快捷键 Ctrl+O，打开本书配套光盘中的 chapter4\Complete\ 杂志 .indd。

2 按下快捷键 Shift+F11，打开"字符样式"面板。

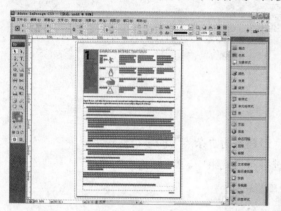 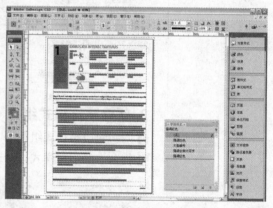

2. 删除样式

1 单击"字符样式"面板右上角的扩展按钮，弹出扩展菜单，选择"选择所有未使用的"选项。

☑ "字符样式" 面板中未使用过的字符样式将全部呈灰色显示出来。

☑ 在所有未使用的字符样式呈灰色的情况下，单击"字符样式"面板右下角的"删除选定样式 / 组"按钮▣，弹出"删除字符样式"对话框；单击"确定"按钮，所有未使用过的字符样式将被删除。

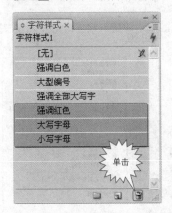 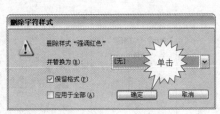 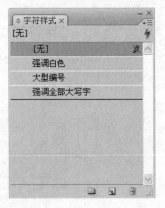

除了上面介绍的删除样式的方法外，还有另外两种。

第 1 种删除样式的方法

当使"字符样式"面板中未使用过的字符样式将全部呈灰色显示后，直接将灰色样式拖曳到面板右下角的"删除选定样式 / 组"按钮▣上删除。

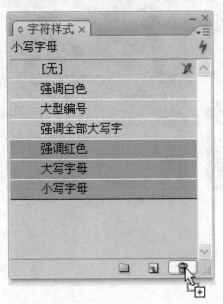

第 2 种删除样式的方法

单击"字符样式"面板右上角的扩展按钮，弹出扩展菜单，单击"删除样式"选项，也可以删除样式。

03 应用样式

"字符样式"面板　　　　　　　　　　　"段落样式"面板

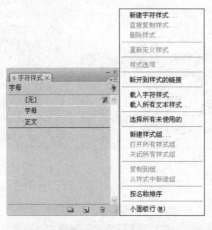

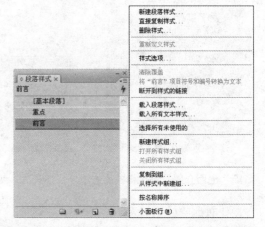

设置了字符样式的杂志内页

设置了段落样式的广告

视频路径

Video\Chapter 4\ 杂志
应用段落样式和字符样
式 .exe

在杂志的排版过程中，会用到应用段落样式和字符样式，下面我们就以杂志应用
段落样式和字符样式为例，详细介绍应用段落样式和字符样式的具体操作步骤。

1. 打开文件并显示"字符样式"面板

1 执行"文件 > 新建 > 文档"命令，或者按下快捷键 Ctrl+O，打开本书配套光盘
中的 chapter4\Complete\ 杂志 .indd。

2 按下快捷键 Shift+F11，打开"字符样式"面板。

 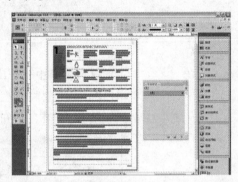

2. 新建字符样式

1 单击"字符样式"面板右下角的"创建新样式"按钮，新建"字符样式1"，
然后双击"字符样式1"。

2 弹出"字符样式选项"对话框，设置"样式名称"为"强调白色"，"字体系列"
为 Myriad Pro，"字体样式"为 Regular，"大小"为 9，"行距"为 11，完成设置
后单击"确定"按钮。

 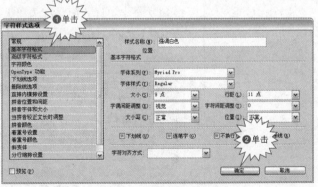

3 这时，将在"字符样式"面板中显示出"强调白色"字符样式。

4 按照上面的方法，再新建 3 个字符样式。

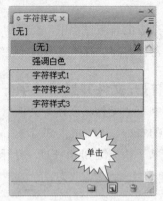

5 设置其中一个字符样式的名称为"强调全部大写字"，"字体系列"为 Myriad Pro，"字体样式"为 Black Condensed，"大小"为 9，"行距"为 11，完成设置后单击"确定"按钮。

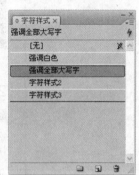

6 第 2 个字符样式的名称为"大型编号"，"字体系列"为 Myriad Pro，"字体样式"为 Black Condensed，"大小"为 72，"行距"为 80，完成设置后单击"确定"按钮。

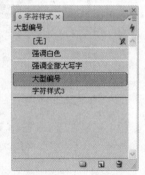

7 最后一个字符样式的名称为"正文","字体系列"为 Arial,"字体样式"为 Regular,"大小"为 9,"行距"为 11,完成设置后单击"确定"按钮。

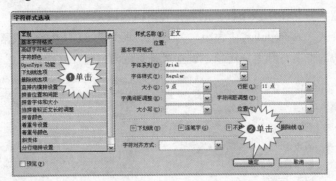 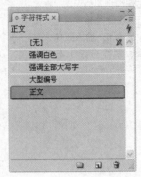

3. 新建段落样式 1

1 按下快捷键 F11,打开"段落样式"面板。

2 单击"段落样式"面板右下角的"创建新样式"按钮，新建"段落样式 1",然后双击"段落样式 1"。

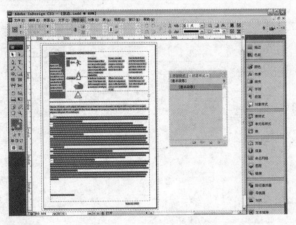 

3 弹出"段落样式选项"对话框,设置"样式名称"为"黑色正文","字体系列"为 Myriad Pro,"字体样式"为 Regular,"大小"为 9,"行距"为 11,完成设置后单击"确定"按钮。在"段落样式"面板中将显示新建一个"黑色正文"样式。

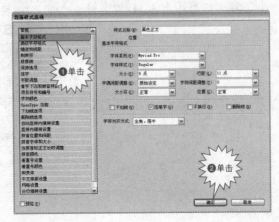 

4. 新建段落样式 2

1️⃣ 按照上面的方法，再新建 6 个段落样式。

2️⃣ 设置第 1 个段落样式的名称为"白色正文"，"字体系列"为 Myriad Pro，"字体样式"为 Regular，"大小"为 9，"行距"为 11，单击"段落样式选项"对话框左边的"字符颜色"选项，设置字符颜色为白色，完成设置后单击"确定"按钮。

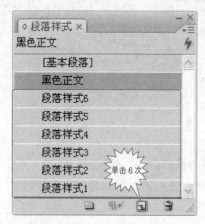

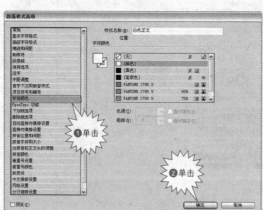
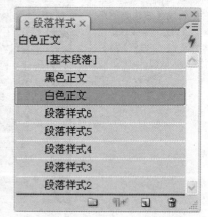

3️⃣ 设置第 2 个段落样式的名称为"项目符号"，"字体系列"为 Myriad Pro，"字体样式"为 Regular，"大小"为 9，"行距"为 11，"字符颜色"为白色。

辅助教学

要在段落首行之上加上空间，请在段距栏中输入数值。若段落正好落在文字框的顶端，则会忽略段前距。

4 单击"段落样式选项"对话框左边的"缩进和间距"选项，设置"对齐方式"为"左"，"左缩进"为 9.525 毫米，"首行缩进"为 −9.525 毫米，"段后距"为 3.175 毫米，完成设置后单击"确定"按钮。

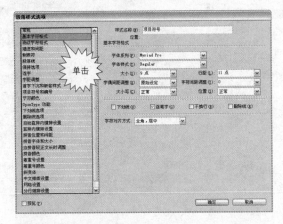

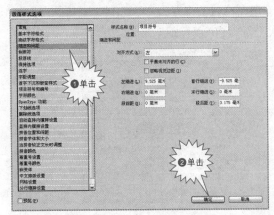

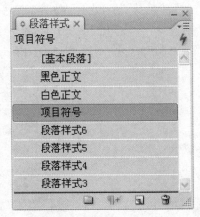

5 设置第 3 个段落样式的名称为"对开"，"字体系列"为 Myriad Pro，"字体样式"为 Light Italic，"大小"为 6，"行距"为 7，完成设置后单击"确定"按钮。

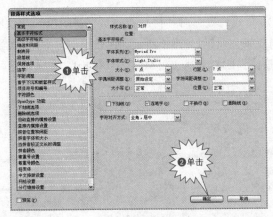

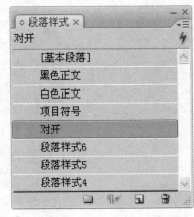

6 设置第 4 个段落样式的名称为"表单"，"字体系列"为 Myriad Pro，"字体样式"为 Condensed，"大小"为 10，"行距"为 21，完成设置后单击"确定"按钮。

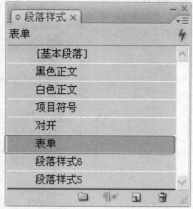

7 设置第 5 个段落样式的名称为"标题 1"，"字体系列"为 Myriad Pro，"字体样式"为 Bold，"大小"为 20，"行距"为 20。

8 单击"段落样式选项"对话框左边的"字符颜色"选项，切换到"字符颜色"选项框，双击前景色图标，弹出"新建颜色色板"对话框，设置"颜色类型"为"专色"，"颜色模式" CMYK 为 C0, M94, Y100, K0，完成设置后单击"确定"按钮。

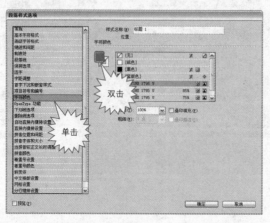

⑨ 这样在"字符颜色"中就新建了颜色,然后将新建的颜色选中,完成后单击"确定"按钮。

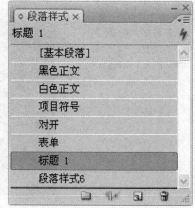

⑩ 设置第 6 个段落样式的名称为"标题 2","字体系列"为 Myriad Pro,"字体样式"为 Bold Condensed,"大小"为 11,"行距"为 13,完成设置后单击"确定"按钮。

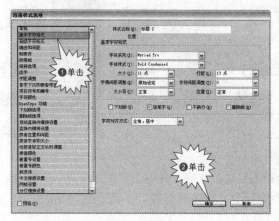
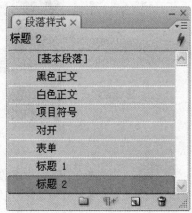

5. 应用字符样式和段落样式

① 单击文字工具 T,选中左上角的数字 1,并单击"字符样式"面板中的"大型编号"样式和"段落样式"面板中的"黑色正文"样式。

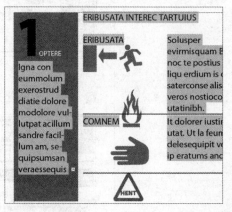

2 按照上面的方法，选中左上角红色矩形内的文字，并单击"字符样式"面板中的"强调白色"样式和"段落样式"面板中的"白色正文"样式。

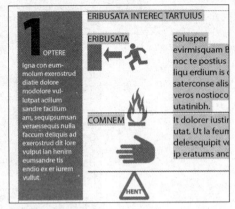

3 选中红色矩形右上角的一排文字，并单击"段落样式"面板中的"标题1"样式。

4 选中红色矩形右边的文字，并单击"段落样式"面板中的"项目符号"样式和"字符样式"面板中的"强调全部大写字"。按照这种方法，对上半部分剩下的文字依次进行设置。

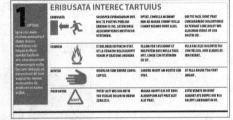

5 选中下半部分文字的首段，并单击"段落样式"面板中的"标题2"样式。

6 选中下半部分剩余文字，并单击"字符样式"面板中的"正文"样式。

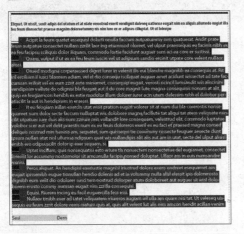 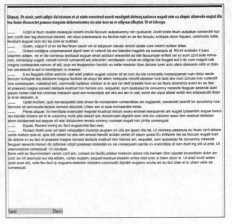

7 选中正文下面的一排文字，并单击"段落样式"面板中的"表单"样式和"字符样式"面板中的"正文"样式。

8 最后选中页面右下角的页脚文字，并单击"段落样式"面板中的"对开"样式。至此杂志应用段落样式和字符样式实例就完成了。

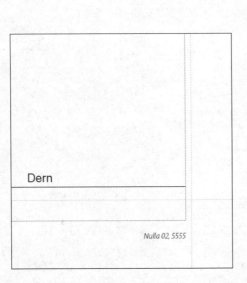 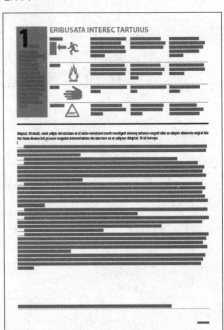

相|关|知|识 ——断开样式链接

在运用了某种样式以后，有可能在后面修改的时候需要将该样式删除，重新设置新的样式，或者是在设置好了样式后，发现刚才应用了样式的内容中有些应该应用其他样式内容。这时在 InDesign 中可以运用断开样式链接来先应用"[无]"样式，然后再重新调整应用样式。

下面我们就对断开样式链接进行介绍。

"字符样式"面板

选中一个"字符样式"，单击"字符样式"面板右上角的扩展按钮，弹出扩展菜单，选择"断开到样式的链接"选项。在文本中应用了此字符样式的内容将直接转换为应用样式"[无]"。

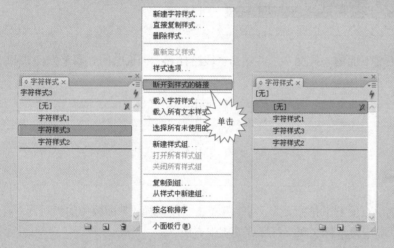

"段落样式"面板

选中一个"段落样式"，单击"段落样式"面板右上角的扩展按钮，弹出扩展菜单，单击"断开到样式的链接"选项。在文本中应用了此段落样式的内容将直接转换为"无样式"。

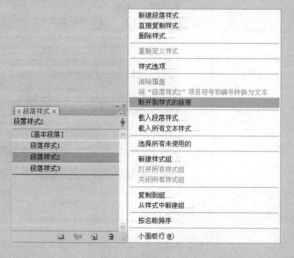
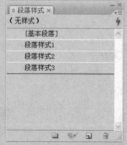

04 对象样式

"对象样式"应用的效果

"对象样式"面板作为三大样式类面板之一，其主要作用是对选择的对象进行相关调整，它主要可以用于设置图形框架、文本框架和基本网格。

在这一节，我们将介绍对象样式的面板和相关操作。通过这一节的学习，能够让大家对"对象样式"有一个比较深的了解。

投影效果

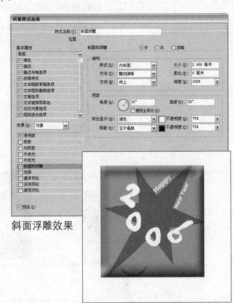

斜面浮雕效果

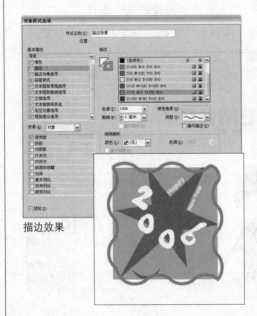

描边效果

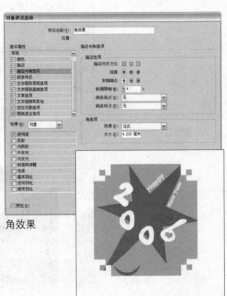

角效果

视频路径

Video\Chapter 4\ 创建杂志封面的对象样式并应用样式 .exe

辅助教学

将经常用到的样式创建为对象样式，可以避免常常创建相似样式的烦琐工序，提高工作效率。

对象样式的作用非常强大，它能够像 Photoshop 一样，使图片或文字运用混合模式和各种效果，使排版效果多种多样。

下面，我们将介绍创建杂志封面的对象样式并应用样式，通过运用对象样式，使版面更加活跃、美观。

1. 打开文件

执行"文件 > 打开"命令，或者按下快捷键 Ctrl+O，打开本书配套光盘中的 chapter4\Complete\ 杂志封面 .indd。

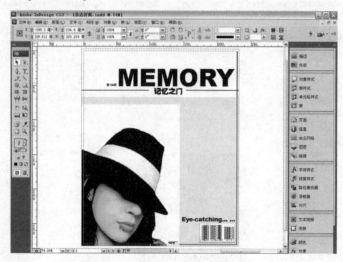

2. 创建对象样式

1 按下快捷键 Ctrl+F7，打开"对象样式"面板。

2 单击"对象样式"面板右下角的"创建新样式"按钮圖，新建"对象样式 1"。

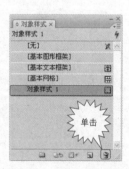

3 双击"对象样式1"打开"对象样式选项"对话框，勾选对话框左下方的"投影"选项，切换到投影设置对话框中，设置"样式名称"为"标题样式"，设置混合"模式"为"正片叠底"，"不透明度"为43％，"距离"为3.492毫米，"角度"为135°，"大小"为1.764毫米，设置完成后单击"确定"按钮。

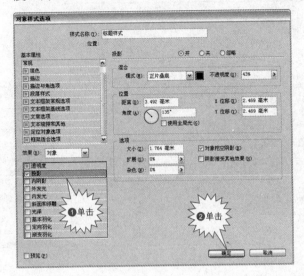
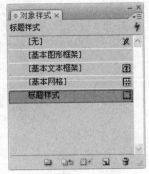

4 按照同样的方法，新建"对象样式1"并双击打开"对象样式选项"对话框，勾选对话框左上方的"描边"选项，切换到描边设置对话框中，设置"样式名称"为"图片样式"，描边色为"黑色"，"类型"为"实底"，"粗细"为7毫米，设置完成后单击"确定"按钮。

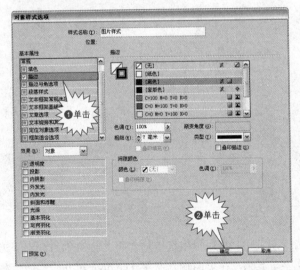
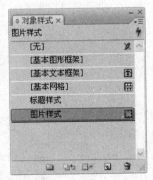

在"对象样式选项"对话框的左下角位置，有预览选项，勾选此选项可以预览到应用选择项目后所产生的效果。

⑤ 最后再新建"对象样式 1"并双击打开"对象样式选项"对话框，勾选对话框左下方的"透明度"选项，切换到透明度设置对话框中，设置"不透明度"为52%，设置完成后单击"确定"按钮。

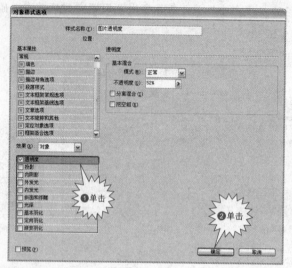

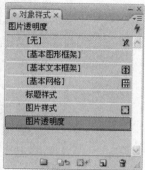

3. 应用对象样式

① 单击矩形工具▣，在页面上绘制一列由大到小的长方形并填充为乳白色。

② 单击选择工具▶，按住 Shift 键不放，将所有的矩形选中，并单击"对象样式"面板中的"图片透明度"样式，刚才绘制的矩形组将应用此样式。

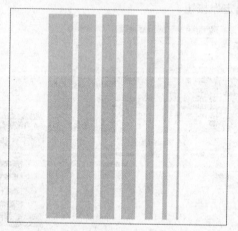

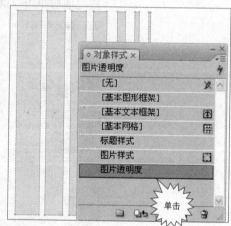

③ 单击选择工具▶，将矩形组选中后，将其拖曳到封面左下方的图片上。

④ 单击文字工具▣，在页面输入文字 The door of the，并设置文字颜色为"白色"，然后按下快捷键 Ctrl+T，打开"字符"面板，设置"字体"为 Arial，"字号"为 36 点，"行距"为 43.2 点，完成后按下 Enter 键确定。

⑤ 单击选择工具▶，将刚才输入的文字选中，设置其文本框的填充色为"黑色"。

⑥ 将文字选中，并单击"对象样式"面板中的"标题样式"，文字将应用此样式。

7 单击选择工具 ▶，选中文字，并将其拖曳到封面标题的左上角位置。

8 最后单击直线工具 ＼，并按住 Shift 键不放，在封面大标题下方绘制一条水平直线。然后单击"对象样式"面板中的"图片样式"，此时直线应用此样式。至此，一个简单的杂志封面就制作完成了。

相│关│知│识 ——了解"对象样式"面板

前面我们已经介绍了有关"对象样式"面板的一些相关操作，下面我们将对"对象样式"面板中的功能和菜单命令进行详细介绍。

"对象样式"面板

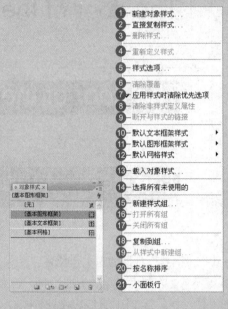

❶ **新建对象样式**：单击此选项可新建一个对象样式。

❷ **直接复制样式**：可直接复制之前已有的对象样式。

❸ **删除样式**：删除已经建好的对象样式。

❹ **重新定义样式**：对已有的对象样式进行修改重定义。

❺ **样式选项**：修改已经创建好的对象样式相关的各项选项。

❻ **清除覆盖**：对进行了覆盖操作的对象样式进行恢复。

❼ **应用样式时清除优先选项**：对设置了优先选项的样式在进行应用时清除优先选项。

❽ **清除非样式定义属性**：对不是样式定义的属性进行清除。

❾ **断开与样式的链接**：使应用了字符样式的文本断开链接，应用字符样式为"[无]"。

❿ **默认文本框架样式**：可切换到其他文本框架默认选项。

⓫ **默认图形框架样式**：可切换到其他图形框架默认选项。

⓬ **默认网格样式**：可切换到其他网格默认选项。

⓭ **载入对象样式**：将其他文件中所创建好的对象样式有选择性地载入到本文件中。

⓮ **选择所有未使用的**：选中所有没有使用过的对象样式。

⓯ **新建样式组**：新建一个样式的组。

⓰ **打开所有组**：将所有组样式打开。

⓱ **关闭所有组**：将所有组样式关闭。

⓲ **复制到组**：将单个对象样式复制到建好的样式组中。

⓳ **从样式中新建组**：在建好的样式中新建样式组。

⓴ **按名称排序**："对象样式"面板中的对象样式按照名称排序。

㉑ **小面板行**："对象样式"面板中的对象样式图标显示为小面板行。

"新建对象样式"对话框

选择"对象样式"面板扩展菜单中的"新建对象样式"选项，将弹出"新建对象样式"对话框。

❶ **基本属性**：包含关于文本框的相关参数设置选项，勾选其中的选项，将切换到选中的选项当中进行具体设置。

❷ **效果**：在此下拉列表中可以选择对象、描边、填色、文本进行调整，效果选项中包含混合模式和图层样式选项。

❸ **基于**：可用当前所创建好的文件作为模板设置其他效果。

❹ **快捷键**：设置应用此对象样式的快捷键，方便操作。

❺ **样式设置**：显示出当前对象样式所设置的效果项目。

对象样式的基本操作方法同段落样式和字符样式的操作基本相似。同样，在已经建好了对象样式后，会有需要将其导入其他文件的情况，这时候需要用到 InDesign CS3 中的导入对象样式功能，下面，我们就来介绍导入对象样式的方法。

选择"对象样式"面板扩展菜单中的"载入对象样式"选项，将弹出"打开文件"对话框，选择要导入的文件位置，单击"确定"按钮，弹出"载入样式"对话框，选择要载入的样式，完成设置后单击"确定"按钮，将载入所选的文件中的对象样式到正在操作的文件中。

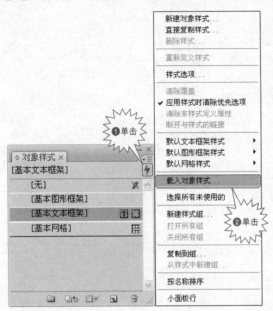

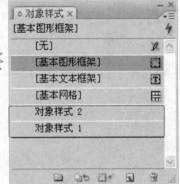

学习笔记：

Chapter 05

图形处理

路径和形状

路径由一个或多个直线段或曲线段组成。线段的起始点和结束点由锚点标记，就像用于固定线的针。通过编辑路径的锚点，可以改变路径的形状。可以通过拖动方向线末尾类似锚点的方向点来控制曲线。

路径可以是开放的，也可以是闭合的。对于开放路径，路径的起始锚点称为端点。在这一节，我们将对路径和形状的相关知识进行介绍。

辅助教学

通过多种方法组合而成的这些路径就叫做形状。

路径和形状的类型

在 InDesign 中，可以创建多个路径并通过多种方法组合这些路径。InDesign 可创建下列类型的路径和形状。

简单路径

简单路径是复合路径和形状的基本构造块。简单路径由一条开放或闭合路径（可能是自交叉的）组成。

复合路径

复合路径由两个或多个相互交叉或相互截断的简单路径组成。复合路径比复合形状更基本，所有符合 PostScript 标准的应用程序均能够识别。组合到复合路径中的各个路径作为一个对象发挥作用并具有相同的属性（例如颜色或描边样式）。

复合形状

复合形状由两个或多个路径、复合路径、组、混合体、文本轮廓、文本框架和彼此相交或截断以创建新的可编辑形状的其他形状组成。有些复合形状虽然显示为复合路径，但它们的复合路径可以逐路径地进行编辑并且不需要共享属性。

3 个简单路径

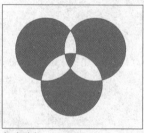

复合路径

复合形状

路径的特点

在绘图时，可以创建称为路径的线条。

路径由一个或多个直线或曲线线段组成。每个段的起点和终点由锚点（类似于固
定导线的销钉）标记。路径可以是闭合的（例如圆圈），也可以是开放的并具有
不同的端点（例如波浪线）。

通过拖动路径的锚点、方向点（位于在锚点处出现的方向线的末尾）或路径线段
本身，可以改变路径的形状。

路径组件

路径可以具有两类锚点：角点和平滑点。在角点，路径突然改变方向。在平滑点，
路径段连接为连续曲线。可以使用角点和平滑点的任意组合绘制路径。如果绘制
的点类型有误，可随时更改。

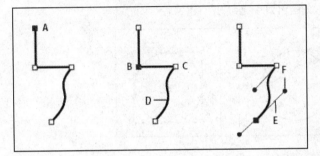

A. 选中的（实心）端点
B. 选中的锚点
C. 未选中的锚点
D. 曲线路径段
E. 方向线
F. 方向点

路径上的点

角点可以连接任何两条直线段或曲线段，而平滑点始终连接两条曲线段。

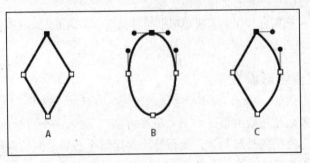

A. 4个角点
B. 4个平滑点
C. 角点和平滑点的组合

角点可以同时连接直线段和曲线段。

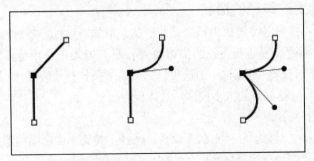

02 绘制形状

在 InDesign 中的绘图主要有钢笔工具、铅笔工具、矩形工具、椭圆工具、多边形工具。InDesign 的绘图功能同排版功能一样强大。

前面，我们已经对钢笔工具有了一定了解，下面我们还要对所有的绘图工具进行深入介绍，使用户使用 InDesign 绘图也能像使用其他绘图软件一样得心应手。

绘制基本形状

1 单击直线工具 或椭圆工具 、矩形工具 、多边形工具 。
2 在文档窗口中拖动以创建路径。

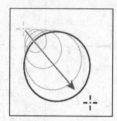 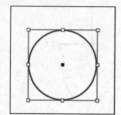

绘制占位符（空）图形框架

绘制占位符图形框架可以准确定位文字和图像所要排列的位置，控制版面。绘制占位符图形框架的具体操作步骤如下。

1 单击椭圆框架工具 或矩形框架工具 、多边形框架工具 。
2 在文档窗口中拖动以创建框架。

指定多边形设置

双击多边形工具 ，弹出"多边形设置"对话框，对于"边数"，键入一个表示所需的多边形边数的值；对于"星形内陷"，键入一个百分比值，凸起的尖部与多边形定界框的外缘相接，此百分比决定每个凸起之间的内陷深度。百分比越高，创建的凸起就越长、越细。

自动更改路径的形状

可以将任何路径转换为预定义的形状。例如，可以将矩形转换为三角形。原始路径的描边设置与新路径的描边设置相同。如果新路径是多边形，则其形状基于"多边形设置"对话框中的选项。如果新路径具有角效果，则它的半径大小基于"角选项"对话框中的大小设置，具体步骤如下。

1 选择路径。
2 执行"对象 > 转换形状"命令，选择下拉菜单中所需的形状。
3 在"路径查找器"面板（"窗口 > 对象和版面 > 路径查找器"）中，单击"转换形状"区域中所需的形状按钮。

辅助教学

要从中心向外绘制图形，按住 Alt 键不放，并拖曳鼠标绘制。要将直线约束到 45°，或将路径或框架的宽度和高度约束到同一比例，在拖曳时按住 Shift 键不放。

辅助教学

多边形设置只应用于所绘制的下一个多边形，无法将它们应用于已经创建的多边形。

视频路径

Video\Chapter 5\ 使用绘图工具绘制标志 .exe

在绘制规则形状时，如椭圆、矩形或多边形等，可以使用矩形工具、椭圆工具和多边形工具，但是如果要绘制不规则的形状，就要用到钢笔工具和铅笔工具了，钢笔工具和铅笔工具可以编辑任何路径，并在任何形状中添加任意线条和形状。下面我们就以使用绘图工具绘制标志为例来介绍绘图工具的用法，具体操作方法如下。

1. 新建文件并绘制背景

1 执行"文件 > 新建 > 文档"命令，或按下快捷键 Ctrl+N，在弹出的"新建文档"对话框中设置"页面方向"为"横向"，其他选项按照默认设置，单击"边距和分栏"按钮，在弹出的对话框中单击"确定"按钮。

2 单击矩形工具，在页面上绘制一个与版心长宽相同的矩形，并将其填充为"黑色"。

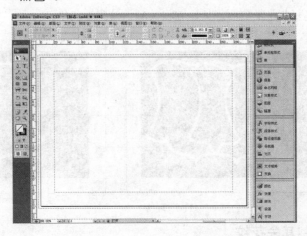

3 单击钢笔工具，在页面上绘制一条封闭路径。

4 然后在刚才绘制的封闭路径内绘制一条和刚才曲线相似的路径。

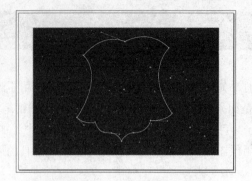 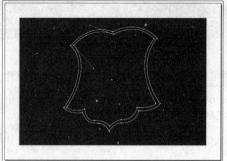

2. 填充颜色

1 单击选择工具 ，将刚才所绘制的两条路径选中，执行"窗口 > 对象和版面 > 路径查找器"命令，打开"路径查找器"面板，单击"路径查找器"面板中的"排除重叠"按钮。

2 设置其填充色为"白色"。

3. 制作阴影效果

1 单击选择工具 ，将刚才填色的两条路径选中，然后按住 Alt 键拖曳两条路径，复制一个填充对象。

2 调整复制路径到阴影处，并将其颜色设置为灰色。

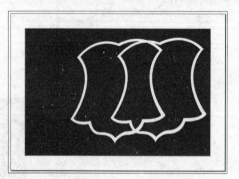 

4. 绘制其余花纹

1 单击钢笔工具 ，在页面上将花纹绘制出来。

2 设置其填充颜色为"白色"。

③ 单击钢笔工具 ，在花纹中绘制一个 T 字，并将其填充为灰色。

④ 按照前面的方法，复制一个 T，将其拖曳为阴影造型，并将其颜色设置为"深灰色"。至此，标志就制作完成了。

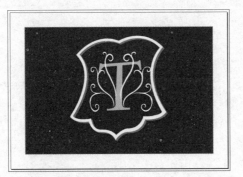 

相｜关｜知｜识 ——铅笔工具的使用方法

在绘图过程中，铅笔工具是除钢笔工具外，另外一个可以编辑任何路径并在任何形状中添加任意线条和形状的工具，下面我们就对铅笔工具的用法进行介绍。

铅笔工具在 Adobe Illustrator 和 InDesign 中的工作方式大致相同。它可用于绘制开放路径和闭合路径，就像用铅笔在纸上绘图一样。这对于快速素描或创建手绘外观最有用。绘制路径后，如有需要可以立刻更改。

当使用"铅笔"工具绘制时锚点已设置，不决定它们所在的位置。但是，当路径完成后可以调整它们。设置的锚点数量由路径的长度和复杂程度以及"铅笔工具首选项"对话框中的容差设置决定。这些设置控制"铅笔"工具对鼠标或画图板光笔移动的敏感程度。

使用铅笔工具绘制自由路径

① 选择铅笔工具 。

② 将工具定位到希望路径开始的地方，然后拖动以绘制路径。铅笔工具将显示一个小 × 以指示绘制任意路径。

拖动时，一条点线将跟随指针出现。锚点出现在路径的两端和路径上的各点。路径采用当前的描边和填色属性，并且默认情况下处于选中状态。

使用铅笔工具绘制闭合路径

1 选择铅笔工具 ✎。

2 将鼠标光标定位到希望路径开始的地方，然后开始拖动绘制路径。

3 开始拖动后，按下 Alt 键，铅笔工具显示一个小圆圈（在 InDesign 中，显示一个实心橡皮擦）以指示正在创建一个闭合路径。

4 当路径达到所需大小和形状时，释放鼠标按钮（不是 Alt 键）。路径闭合后，释放 Alt 键。

> **辅助教学**
>
> 无须将光标放在路径的起始点上方就可以创建闭合路径；如果在某个其他位置释放鼠标按钮，铅笔工具将创建返回原点的最短线条以闭合形状。

使用铅笔工具添加到路径

1 选择现有路径。

2 选择铅笔工具 ✎。

3 将铅笔笔尖定位到路径端点。（当铅笔笔尖旁边的小 × 消失时，即表示已非常靠近端点。）

4 拖动以继续路径。

使用铅笔工具连接两条路径

1 选择两条路径（按住 Shift 键并单击或使用选择工具围绕两条路径拖移）。

2 选择铅笔工具 ✎。

3 将指针定位到希望从一条路径开始的地方，然后开始向另一条路径拖动。

4 开始拖移后，按住 Ctrl 键。铅笔工具会显示一个小的合并符号以指示正添加到现有路径。

5 拖动到另一条路径的端点上，释放鼠标按钮，然后释放 Ctrl 键。

> **辅助教学**
>
> 要获得最佳效果，从一条路径拖动到另一条，就像沿着路径创建的方向继续一样。

使用铅笔工具改变路径形状

1 选择要更改的路径。

2 将铅笔工具定位在要重新绘制的路径上或附近。（当小 × 从工具上消失，即表示与路径非常接近。）

3 拖动工具直到路径达到所需形状。

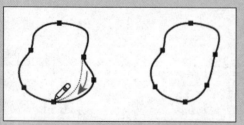

使用"铅笔"工具编辑闭合形状

> **辅助教学**
>
> 根据具体需要重新绘制路径的位置和拖动方向，可能得到意想不到的结果。例如，可能意外将闭合路径更改为开放路径，将开放路径更改为闭合路径，或丢失形状的一部分。

之前，我们对路径有了一定的了解，下面我们来介绍方向线。

当选择连接曲线段的锚点（或选择线段本身）时，连接线段的锚点会显示由方向线（终止于方向点）构成的方向手柄。方向线的角度和长度决定曲线段的形状和大小。移动方向点将改变曲线形状。方向线不会出现在最终的输出效果中。

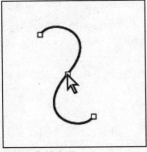

选择一个锚点后

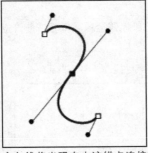

方向线将出现在由该锚点连接的任何曲线段上

平滑点始终有两条方向线，这两条方向线作为一个直线单元一起移动。当在平滑点上移动方向线时，将同时调整该点两侧的曲线段，以保持该锚点处的连续曲线。

相比之下，角点可以有两条、一条或者没有方向线，具体取决于它分别连接两条、一条还是没有连接曲线段。角点方向线通过使用不同角度来保持拐角。当移动角点上的方向线时，只调整与该方向线位于角点同侧的曲线。

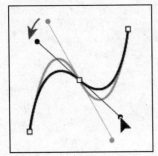

调整平滑点上的方向线

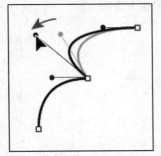

角点上的方向线

方向线始终与锚点处的曲线相切（与半径垂直）。每条方向线的角度决定曲线的斜度，每条方向线的长度决定曲线的高度或深度。

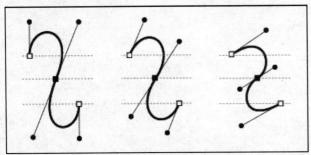

移动方向线并调整方向线的大小将更改曲线的斜度

相|关|知|识——编辑路径的方法

现在已经对钢笔工具 ![pen] 和铅笔工具 ![pencil] 有了一定的了解了，下面我们将介绍编辑路径的一些方法和占位符的绘制方法。通过对这些方法的了解，对大家掌握编辑路径和占位符的绘制有很大帮助。

调整路径段

可以随时编辑路径段，但是编辑现有路径段与绘制路径段之间存在些许差异。必须在编辑路径段时记住以下提示。

1 如果锚点连接两条线段，移动该锚点将同时更改两条线段。

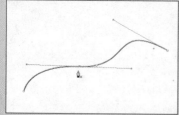 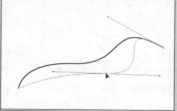

移动连接两条线段的锚点，将同时更改两条线段

2 当使用钢笔工具绘制时，可以临时启用直接选择工具 ![direct]，以便能够调整已绘制的路径段；在绘制时，按住 Ctrl 键，以启用上次使用的选择工具。

3 当最初使用钢笔工具绘制平滑点时，拖动方向点将更改平滑点两侧方向线的长度。但当使用直接选择工具编辑现有平滑点时，将只更改所拖动一侧的方向线的长度。

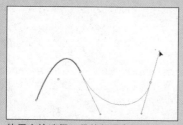 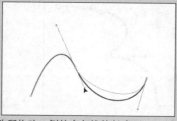

使用直接选择工具编辑现有平滑点，只更改所拖动一侧的方向线的长度

移动直线段

1 使用直接选择工具 ![direct] 选择要调整的直线段。

2 将直线段拖动到新位置。

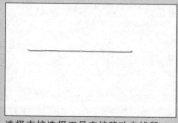 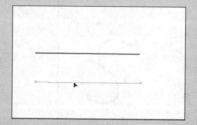

选择直接选择工具直接移动直线段

调整直线段的长度或角度

1 使用直接选择工具▷在要调整的线段上选择一个锚点。

2 将锚点拖动到所需的位置。按住 Shift 键拖动可将调整限制为 45°的倍数。

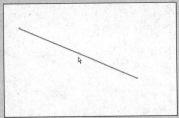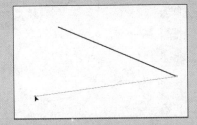

调整直线段的长度和角度

> **辅助教学**
>
> 在 InDesign 中，如果只是尝试将矩形变得更宽或更窄，利用选择工具并使用其定界框周围的手柄调整其大小更加容易。

调整曲线段的位置或形状

1 使用直接选择工具▷，选择一条曲线段或曲线段任一个端点上的一个锚点。如果存在任何方向线，则将显示这些方向线。（某些曲线段只使用一条方向线。）

2 请执行以下任一操作。

要调整曲线段的位置，拖移即可。按住 Shift 键拖动可将调整限制为 45°的倍数。

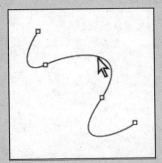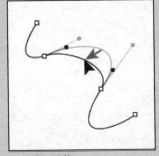

点按以选择此曲线段，然后通过拖移对其进行调整

要调整所选锚点任意一侧线段的形状，拖移此锚点或方向点。按住 Shift 键拖动可将移动约束到 45°的倍数。也可以对线段或锚点应用某种变换，如缩放或旋转。

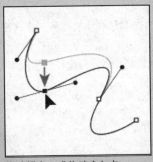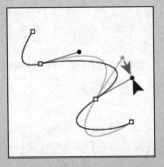

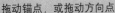

拖动锚点，或拖动方向点

删除段

1 选择直接选择工具图，然后选择要删除的段。

2 按 Delete 键删除所选段。再次按 Delete 键可抹除路径的其余部分。

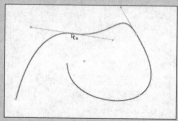 

选中要删除的段，并按下 Delete 键删除所选段

扩展开放路径

1 使用钢笔工具将指针定位到要扩展的开放路径的端点上。当将指针准确地定位到端点上方时，指针将发生变化。

2 单击此端点。

3 执行以下任一操作。

要创建角点，将钢笔工具定位到所需的新段终点，然后单击。如果要扩展一个以平滑点为终点的路径，则新段将被现有方向线创建为曲线。

要创建平滑点，将钢笔工具定位到所需的新曲线段的终点，然后拖动。

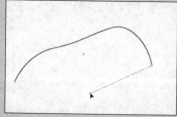 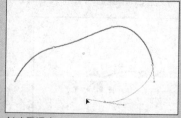

创建角点　　　　　　　　　　创建平滑点

连接两条开放路径

1 使用钢笔工具将指针定位到要连接到另一条路径的开放路径的端点上。当将指针准确定位到端点上方时，指针将发生变化。

2 单击此端点。

3 执行以下任一操作。

要将此路径连接到另一条开放路径，单击另一条路径上的端点。如果将钢笔工具精确地放在另一个路径的端点上，指针旁边将出现小合并符号。。

若要将新路径连接到现有路径，可在现有路径旁绘制新路径，然后将钢笔工具移动到现有路径（未所选）的端点。当看到指针旁边出现小合并符号时，单击该端点。

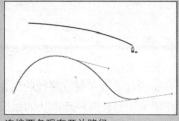

连接两条现有开放路径

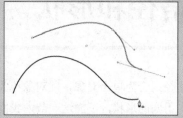

将新路径连接到现有路径上

使用键盘移动或轻移锚点或段

1 选择锚点或路径段。

2 单击或按下键盘上的任一方向键，可向箭头方向一次移动 1 个像素。

在按下方向键的同时按住 Shift 键可一次移动 10 个像素。

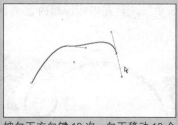

按向下方向键 10 次，向下移动 10 个像素

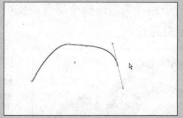

按住 Shift 键不放并按下向下方向键 3 次，向下移动 30 个像素

辅助教学
在 InDesign 中，通过更改"键盘增量"首选项可以更改轻移的距离。当更改默认增量时，按住 Shift 键可轻移指定距离的 10 倍。

03 复合路径和形状

可以将多个路径组合为单个对象，此对象称为复合路径，通过对复合路径的创建可以绘制出许多不同的形状，下面这一节，我们将介绍关于复合路径和形状的知识。

当要执行下列任一操作时，创建复合路径。

1 向路径中添加透明孔。

2 使用"创建轮廓"命令将字符转换为可编辑的字体时，保留某些文本字符中的透明孔，如 o 和 e。使用"创建轮廓"命令所创建的始终是复合路径。

3 应用渐变或添加跨越多个路径的内容。尽管也可以使用"渐变"工具跨多个对象应用渐变，但向复合路径应用渐变通常是一个更好的方法，这是因为以后可以通过选择任何子路径来编辑整个渐变。使用"渐变"工具在以后编辑时需要选择最初选择的所有路径。

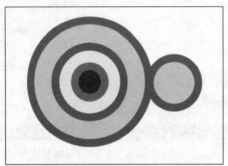
复合路径构成的形状

复合路径构成的水果形状

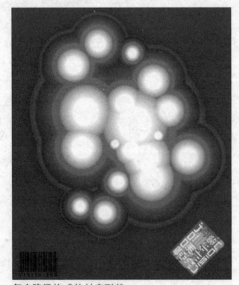
复合路径构成的封底形状

复合路径构成的插画

视频路径

Video\Chapter 5\ 绘制杂志中的元素图像 .exe

在创建路径后，对路径进行编辑，路径在编辑过程中会产生很多折点和不平滑的效果，如果我们要绘制的是一个平滑的对象，可以通过 InDesign 中的平滑工具来进行修正。平滑工具可以让不平滑的路径经过修正变得更平滑。

下面，我们就通过实例绘制杂志中的一个路径，并对其进行修正。具体操作步骤如下。

1. 新建文件

1 执行"文件 > 新建 > 文档"命令，或按下快捷键 Ctrl+N，弹出"新建文档"对话框，设置"页面大小"为 230mm×297mm，"出血"均为 3mm，完成设置后单击"边距和分栏"按钮。

2 弹出"新建边距和分栏"对话框，设置"边距"均为 10mm，"栏数"为 3，完成后单击"确定"按钮，新建一个文件。

2. 绘制花纹

1 单击钢笔工具，在页面绘制一个花纹图案。

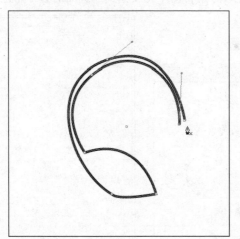

2 将不平滑的路径放大并选中，然后单击平滑工具，在路径处按照路径的方向拖曳，会发现路径变得更平滑了。

3 设置花纹的填充色为绿色，边框色为黑色。

4 单击选择工具，将花纹选中，然后按住 Alt 键并拖曳鼠标，复制一个花纹。

5 单击控制栏中的"水平翻转"和"垂直翻转"按钮，复制的花纹将旋转成与之前的花纹相对的形状。

6 单击选择工具，分别将两个花纹拖曳到页面的右上角位置和左下角位置。

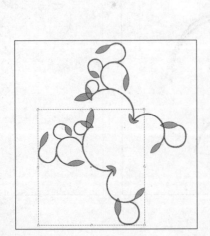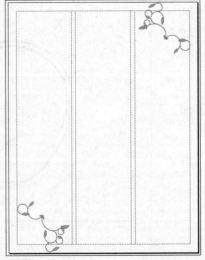

3. 绘制背景图案

1 单击矩形工具 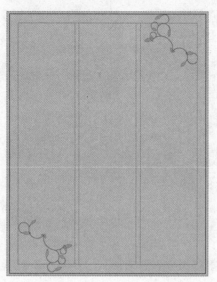，绘制一个包括出血边，长宽相同的矩形，填充颜色为淡红色，并按下快捷键 Ctrl+Shift+[，将背景矩形放到最下层。

2 然后在页面绘制一个矩形，并填充颜色为绿色。

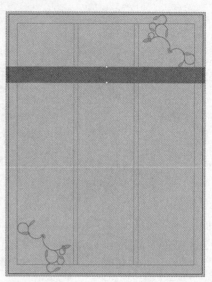

3 单击选择工具 ，将刚才绘制的绿色矩形选中，并在控制栏的"旋转角度"栏中输入 10°，完成设置后按下 Enter 键确定。

4 单击多边形工具 并双击，弹出"多边形设置"对话框，设置"边数"为 5，"星形内陷"为 50%，完成设置后单击"确定"按钮，然后在页面绘制一个星形，并设置填充色和轮廓色均为较深的粉红色。

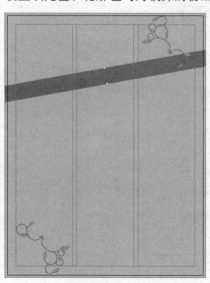

5 单击选择工具，将星形选中，然后按下快捷键 Ctrl+C 和 Ctrl+V 复制和粘贴星形。

6 设置复制星形的填充色为纸色，并按住 Shift 键不放，拖曳其节点，使其等比例缩小。将纸色星形拖曳到大的中心位置。

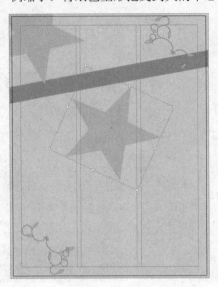
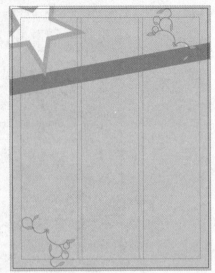

7 单击选择工具，将两个星形选中，按下快捷键 Ctrl+G，群组对象，并执行"对象 > 角效果"命令，弹出"角效果"对话框，设置"效果"为"圆角"，"大小"为 60mm，完成后单击"确定"按钮。

8 选中群组的星形对象，按照前面的方法复制一个群组星形，并等比例缩小，拖曳到绿色矩形的下方。

9 单击椭圆工具◎，按住 Shift 键不放，拖曳鼠标在页面上绘制一个正圆，并设置轮廓色为白色，填充色为黑色，单击选择工具▶，选中正圆，并将其拖曳到绿色矩形的左方位置。

10 按下快捷键 Ctrl+D，置入本书配套光盘中的 chapter5\Media\ 素材 1.JPG 文件。

11 单击选择工具▶，将置入的文件选中，将其拖曳到页面左边位置，并在控制栏的"旋转角度"选项中输入 10°，完成后按 Enter 键确定。

4. 添加文字

1 单击文字工具 T，在页面上输入文字 SITE，然后单击选择工具▶，将文字选中并按下快捷键 Shift+Ctrl+O，创建文字轮廓。

2 设置轮廓文字的轮廓色为黑色，填充色为无，按照上边的方法，将文字轮廓旋转 10°，并拖曳到绿色矩形的上方。

③ 按照上面的方法，置入本书配套光盘中的 chapter5\Media\ 星座 .txt 文件，并调整文字字体、字号、颜色以及旋转角度。

相 | 关 | 知 | 识 ——平滑工具和涂抹工具的用法

在快速编辑路径的过程中，平滑工具和涂抹工具是很常用的两个工具，它们可以根据所绘制的路径的具体情况适当调整路径的平滑度和删除路径。

下面我们就来介绍关于平滑工具和涂抹工具的用法。

平滑工具

使用平滑工具可删除现有路径或路径某一部分中的多余尖角。平滑工具尽可能地保留路径的原始形状。平滑后的路径通常具有较少的点，这使它们更易于编辑、显示和打印。

使用平滑工具之前的路径　　　　使用平滑工具之后的路径

使用平滑路径的步骤。

1 选择路径。

2 选择平滑工具◢。

3 沿要平滑的路径线段长度拖动工具。

4 继续进行平滑处理，直到描边或路径达到所需的平滑度。

辅助教学
如果选择了铅笔工具◢，则按住 Alt 键，可临时将铅笔工具更改为平滑工具◢。

要更改平滑量，双击平滑工具并设置下列选项：

❶ **保真度**：控制在必须对路径进行修改之前可将曲线偏离多大距离。使用较低的保真度值，曲线将紧密匹配指针的移动，从而将生成更尖锐的角度。使用较高的保真度值，路径将忽略指针的微小移动，从而将生成更平滑的曲线。像素值的范围是 0.5 ～ 20 像素。

❷ **平滑度**：控制使用工具时所应用的平滑量。平滑度范围在 0 ～ 100%；值越大，路径越平滑。

❸ **保持选定**：确定在平滑路径之后是否保持路径的所选状态。

涂抹工具

使用涂抹工具可删除现有路径某一部分，使用涂抹工具在一条路径上涂抹，路径将会变为若干条路径。使用涂抹工具可以将闭合路径变为开放路径。

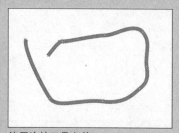 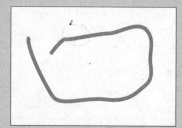 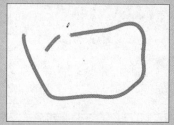

使用涂抹工具之前　　　　使用涂抹工具中　　　　使用涂抹工具之后

路径可以包含两种锚点：角点和平滑点。在角点处，路径突然改变方向。在平滑点处，路径段连接为连续曲线。"转换方向点"工具 使您能够将锚点从角点更改为平滑点，反之亦然。

平滑点和角点之间的转换操作步骤如下。

1 使用"直接选择"工具 选择要修改的路径。

2 切换到"转换方向点"工具 。（如有必要，将指针置于钢笔工具上并拖动以选择"转换方向点"工具。）

3 将"转换方向点"工具置于要转换的锚点上，拖曳或单击。

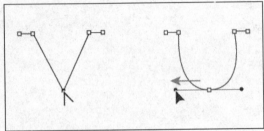 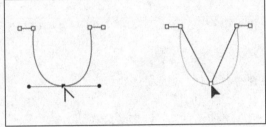

将方向线拖出角点以创建平滑点　　　　　　单击平滑点以创建角点

要在不使用方向线的情况下将角点转换为具有独立方向线的角点，首先将方向线拖出角点（使它成为平滑点）。释放鼠标按钮，然后拖动任一方向线。

要将平滑点转换为具有独立方向线的角点，拖动任一方向线。

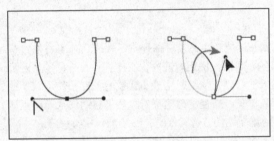

将平滑点转换为角点

视频路径

Video\Chapter 5\ 使用创建复合形状功能绘制 CD 碟 .exe

辅助教学

要绘制一个正圆，在单击了椭圆工具以后，可按住 Shift 键不放拖动鼠标。如果想要调整正圆的直径，可以在选中正圆的情况下在属性栏中更改。

在实际工作中，其实比较少绘制简单的形状，相比之下，复合形状更常用到，下面，我们将对使用创建复合形状的功能绘制 CD 碟进行详细介绍，具体操作步骤如下。

1. 新建文件并绘制 CD 碟外形

1 执行"文件 > 新建 > 文档"命令，或者按下快捷键 Ctrl+N，按照默认设置新建文件。

2 单击椭圆工具，在页面绘制一个 120mm×120mm 的正圆。

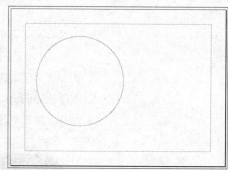

3 单击选择工具，将正圆选中，按下快捷键 Ctrl+C，复制正圆，然后单击右键，弹出快捷菜单，选中"原位粘贴"选项，正圆将原位粘贴。

4 最后在属性栏中将正圆形的直径调整为 115.15mm。

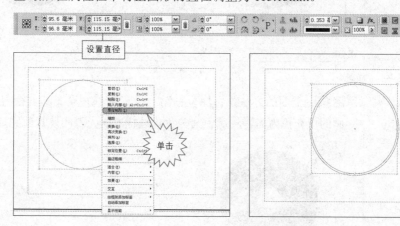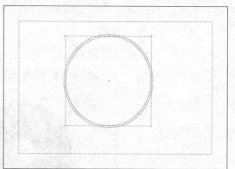

5 按照上面的方法，再原位粘贴一个正圆，并在属性栏中设置其直径为 30mm。

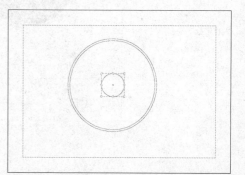

2. 创建复合路径

1 选中从外到内的第 2 个正圆和第 3 个正圆。

2 执行"对象 > 路径 > 建立复合路径"命令，或者按下快捷键 Ctrl+8，第 2 个和第 3 个正圆形将成为复合路径。

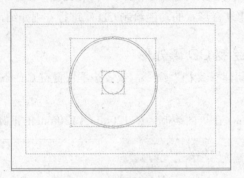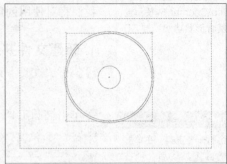

3 单击选择工具，将复合路径选中，然后按下快捷键 Ctrl+D，置入本书配套光盘中的 chapter5\Media\CD 碟面素材 .jpg 文件，图片将直接置入到复合路径中。

4 单击位置工具，将置入的素材调整到合适位置。

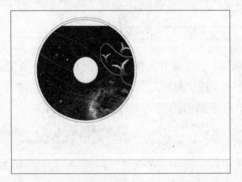

5 按照上面的方法，再原位粘贴一个正圆，并设置其直径为 40mm，设置这个正圆的填充色为无，轮廓色为白色，这样 CD 光碟的碟片就完成了。

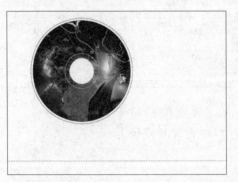

相 | 关 | 知 | 识 ——创建复合路径和复合形状

复合路径

复合路径用于将开放路径或封闭路径复合成一条路径，可以使用这种方法绘制出许多不同的造型，下面我们就来介绍创建复合路径的知识。

可以用两个或更多个开放或封闭路径创建复合路径。创建复合路径时，所有最初选定的路径将成为新复合路径的子路径。选定路径继承排列顺序中最底层的对象的描边和填色设置。

> **辅助教学**
>
> 如果一个或多个选定对象包含内容（如文本或导入的图像），则复合路径的属性和内容由最底层对象的属性和内容决定。选定的不包含内容的较底层对象不会影响复合路径。

可以通过使用直接选择工具选择某个子路径上的锚点来更改复合路径任何部分的形状。

1 使用选择工具选择所有要包含在复合路径中的路径。

2 选择"对象 > 路径 > 建立复合路径"命令。选定路径的重叠之处，都将显示一个孔。可以填充由子路径创建的孔或将子路径转换为孔。使用"直接选择"工具在要更改的子路径上选择一点。然后，选择"对象 > 路径 > 反转路径"命令。

复合形状

可以执行"窗口 > 对象和版面 > 路径查找器"命令，打开"路径查找器"面板，创建复合形状。复合形状可由简单路径或复合路径、文本框架、文本轮廓或其他形状组成。复合形状的外观取决于所选择的路径查找器按钮。

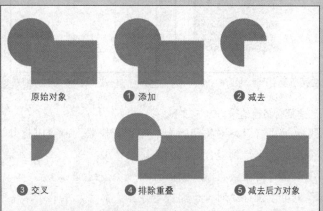

原始对象　❶添加　❷减去

❸交叉　❹排除重叠　❺减去后方对象

❶**添加**：跟踪所有对象的轮廓以创建单个形状。

❷**减去**：前面的对象在最底层的对象上"打孔"。

❸**交叉**：从重叠区域创建一个形状。

❹**排除重叠**：从不重叠的区域创建一个形状。

❺**减去后方对象**：后面的对象在最顶层的对象上"打孔"。

大多数情况下，生成的形状采用最顶层对象的属性（填色、描边、透明度、图层等）。但在减去形状时，将删除前面的对象，生成的形状改用最底层对象的属性。

将文本框架包含在复合形状中时，文本框架的形状将更改，但文本本身保持不变。要改变文本本身，请使用文本轮廓创建一个复合路径。

文本框架的复合形状 　　　　　　　　　　　　从文本轮廓创建的复合形状

创建复合形状

可以将复合形状作为单个单元进行处理，也可以释放它的组件路径以单独处理每个路径。例如，可以将渐变填色应用于复合形状的某一部分，但不填充此形状的其余部分。

 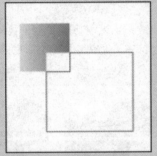

应用于复合形状的渐变 　　　　　应用于复合形状的某一部分的渐变

创建复合路径的操作方法如下。

1 执行"窗口 > 对象和版面 > 路径查找器"命令以打开"路径查找器"面板。

2 选择要组合到复合形状中的对象。

3 单击"路径查找器"面板上的一个按钮。

4 也可以执行"对象 > 路径查找器"命令，从其子菜单中选择一个命令。

释放复合形状中的路径

将复合形状选中，并执行"对象 > 复合路径 > 释放"命令，复合形状随即分解为它的组件路径。

辅助教学

要重组组件路径而不丢失应用于各个路径的更改，执行"对象 > 编组"命令，而不要执行"对象 > 复合路径 > 建立"命令。

在创建好了复合路径后，对其进行编辑是进一步修饰的重要手段，下面我们将对复合路径的编辑方法进行详细介绍。

编辑复合路径时请注意下列准则。

1 对路径属性（如描边和填色）的更改始终改变复合路径中的所有子路径，无论使用哪个选择工具或选择多少个子路径。要保留想要组合的路径的个别描边和填色属性，应改用编组操作。

2 在复合路径中，任何相对于路径的定界框定位的效果（如渐变或内部粘贴的图像）实际上是相对于整个复合路径（即包含所有子路径的路径）的定界框进行定位的。

3 如果生成复合路径，然后更改它的属性并使用"释放"命令释放它，则释放的路径将继承复合路径的属性；它们并不会恢复原始属性。

4 如果文档包含具有许多平滑点的复合路径，则利用某些输出设备在打印时可能出现问题。如果出现问题，简化或消除复合路径，或使用程序（如 Adobe Photoshop）将它们转换为位图图像。

5 如果向复合路径应用填色，孔有时并不在预期的位置显示。对于类似矩形这样的简单路径，很容易识别它的内部（即可以填色的区域），因为其为封闭路径中的区域。但对于复合路径，InDesign 必须确定由复合路径的子路径创建的交集是在内部（填色区域）还是在外部（孔）。每个子路径的方向（创建它的点的顺序）决定它定义的区域是在内部还是在外部。如果需要成为孔的子路径被填充（或反之），则应反转该子路径的方向。

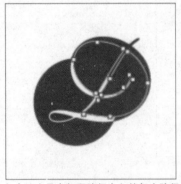

包含两个具有相同路径方向的复合路径　包含两个相反路径方向的子路径的复合路径

更改复合路径中的孔

可以通过反转子路径的方向消除由子路径创建的孔，或填充一个已创建孔的子路径。

1 单击直接选择工具 在要反转的子路径上选择一点，不要选择整个复合路径。

2 执行"对象 > 路径 > 反转路径"命令。

在复合路径中将孔更改为填色

每个子路径的方向（创建它的点的顺序）决定它定义的区域是在内部（填色区域）还是在外部（空白）。如果复合路径中的孔有时不在期望的位置显示，可以反转该子路径的方向。

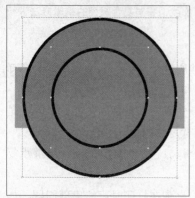
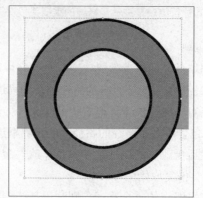

两个单独的封闭路径   同一复合路径的两个子路径

在复合路径中将孔更改为填色的操作方法。

1 单击直接选择工具，选中复合路径中要反转的部分（或者该部分上的一点）。不要选择整个复合路径。

2 执行"对象 > 路径 > 反转路径"命令。

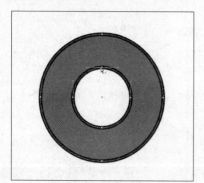
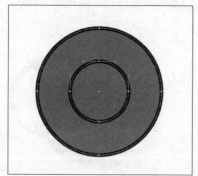

选中要反转路径的一部分   更改孔为填色

⊙04 描边路径

可以将描边或线条设置为应用于路径、形状、文本框架和文本轮廓。通过"描边"面板可以控制描边的粗细和外观，包括段之间的连接方式、起点形状和终点形状以及用于角点的选项。选定路径或框架时，还可以在控制栏中选择描边设置。

辅助教学

使用选择工具▶选择路径时，将激活包含整个对象的定界框。如果要查看实际路径，改用直接选择工具▶选择路径。

应用于文本轮廓的描边

应用于文本框架的描边

应用于圆的描边

辅助教学

在高分辨率输出设备上打印时，粗细小于 0.25 点的描边可能太细而无法显示。要移去描边，输入值为 0。

如果经常使用相同的描边设置，则可以将这些设置存储在对象样式中，然后就可以快速应用于任何对象。

描边的操作方法如下。

1 选择要修改描边的路径。

2 执行"窗口 > 描边"命令，显示"描边"面板。

3 在"描边"面板的"粗细"下拉列表中选择一个描边粗细，或键入一个值并按下 Enter 键确定。

4 如果其他选项不可见，从扩展菜单中选择"显示选项"以显示其他描边属性。

5 根据需要更改其他描边属性。

视频路径

Video\Chapter 5\ 给表格
轮廓设置描边路径 .exe

描边在出版物和印刷品中经常用到，它能起到突出、加深对象层次等的作用，通过对对象的描边，能够让整个页面显得多变。描边功能除了可以应用到图形中，也可以应用到文字和文本框中，使简单的对象透出活泼的气氛。

下面我们就以给表格轮廓设置描边路径为列，介绍给对象描边的具体操作方法。

1. 打开文件并将表格选中

1 执行"文件 > 打开"命令，或者按下快捷键 Ctrl+O，打开本书配套光盘中的 chapter5\Complete\ 表格 .indd。

2 单击选择工具，将所有的表格选中。

2. 给表格设置描边效果

执行"窗口 > 描边"命令，或者按下快捷键 F10，打开"描边"面板，设置"粗细"为 1 毫米，"类型"为"实底"，完成设置后按下 Enter 键确定。这时所有的表格都有了"实底"的描边了。

相|关|知|识 —— 了解"描边"面板

在"描边"面板中可以设置描边的粗细、类型等，了解"描边"面板可以方便我们在实际操作当中熟练应用描边样式，下面我们就来介绍"描边"面板。

"描边"面板

❶ **斜接限制**：指定在斜角连接成为斜面连接之前相对于描边宽度对拐点长度的限制。例如值为 9，则要求在拐点成为斜面之前，拐点长度是描边宽度的 9 倍。键入一个值（1 ~ 500）并按 Enter 键。斜接限制不适用于圆角连接。

❷ **端点**：选择一个端点样式以指定开放路径两端的外观。

平头端点：创建邻接（终止于）端点的方形端点。

圆头端点：创建在端点外扩展半个描边宽度的半圆端点。

投射末端：创建在端点外扩展半个描边宽度的方形端点。此选项使描边粗细沿路径周围的所有方向均匀扩展。

辅助教学

可以为封闭路径设定一个端点选项，但此端点将不可见，除非路径是开放的（例如，通过使用剪刀工具剪开）。此外，端点样式在描边较粗的情况下更易于查看。

---

❸ **连接**：指定角点处描边的外观。

斜接连接：创建当斜接的长度位于斜接限制范围内时扩展至端点之外的尖角。

圆角连接：创建在端点之外扩展半个描边宽度的圆角。

斜面连接：创建与端点邻接的方角。

辅助教学

可以为不使用角点的路径指定斜接选项，但在通过添加角点或通过转换平滑点来创建角点之前，斜接选项将不应用。此外，斜接在描边较粗的情况下更易于查看。

---

❹ **对齐描边**：单击某个图标以指定描边相对于它的路径的位置。

❺ **类型**：在此菜单中选择一个描边类型。如果选择"虚线"，则将显示一组新的选项。

❻ **起点**：选择路径的起点。

❼ **终点**：选择路径的终点。

❽ **间隙颜色**：指定要在应用了图案的描边中的虚线、点线或多条线条之间的间隙中显示的颜色。

❾ **间隙色调**：指定一个色调（当指定了间隙颜色时）。

尽管可以在"描边"面板中定义虚线描边，但使用自定描边样式创建一个虚线描边则更为容易。有关更多信息，请参见定义自定描边样式。

在给对象创建了描边以后，通过在"描边"面板中的设置，我们可以给描边添加起点形状和终点形状，这样可以使线条更加多变。下面，我们就来介绍添加起点形状和终点形状的方法。

处理起点形状和终点形状时请注意下列准则。

1 不能编辑可用的起点形状和终点形状，但如果获取了添加更多选项的增效工具软件，则"描边"面板中的"起点"和"终点"菜单可以包含其他形状。

2 起点形状和终点形状的大小与描边粗细成正比，但添加起点形状或终点形状并不更改路径的长度。

3 起点形状和终点形状自动旋转以匹配端点的方向线的角度。

4 起点形状和终点形状只在开放路径的端点处显示，它们不会在虚线描边的各个虚线段上显示。

5 如果向包含开放子路径的复合路径应用起点形状和终点形状，则每个开放子路径将使用相同的起点形状和终点形状。

6 可以向封闭路径应用起点形状和终点形状，但它们只有在打开路径时才可见。

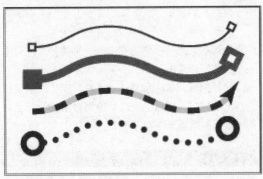

起点形状和终点形状示例

添加起点形状和终点形状

1 使用"描边"面板中的"起点"和"终点"下拉列表将箭头或其他形状添加到开放路径的端点。

使用任何选择工具选择一个开放路径。

2 在"描边"面板的"起点"和"终点"下拉列表中选择一个样式。"起点"下拉列表将形状应用于路径的第一个端点（由绘制路径的点的顺序决定），"终点"下拉列表将形状应用于最后一个端点。

交换路径的起点形状和终点形状

1 单击直接选择工具选择一个锚点。

2 选择"对象 > 路径 > 反转路径"。

相 | 关 | 知 | 识——设置描边样式和角效果

在已经设置好了描边或默认描边的情况下，可以对描边的样式进行更改或设置。另外，在使用文本框或矩形框时，在 InDesign 中可以设置角效果，增加角的美感。

下面，我们就来介绍设置描边样式和角效果的方法。

设置描边样式

可以使用"描边"面板创建自定描边样式。自定描边样式可以是虚线、点线或条纹线；在这种样式中，可以定义描边的图案、端点和角点属性。在将自定描边样式应用于对象后，可以指定其他描边属性，如粗细、间隙颜色以及起点和终点形状。

自定义描边样式

> **辅助教学**
>
> 可以将自定义描边样式存储并载入到其他 InDesign 文档中。

新建描边样式的操作步骤如下。

1 执行"窗口 > 描边"命令，或者按下快捷键 F10，显示"描边"面板。

2 单击"描边"面板右上角的扩展按钮，打开扩展菜单，并选择"描边样式"。

3 弹出"描边样式"对话框，单击"新建"按钮。

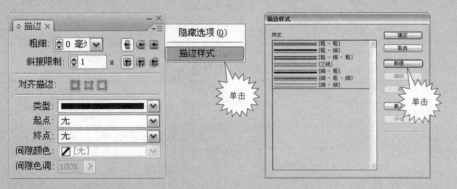

4 弹出"新建描边样式"对话框，输入描边样式的名称，选择描边"类型"，并定义描边图案，完成设置后单击"确定"按钮，在"描边样式"对话框中将显示出新建的描边样式。添加完成后单击"确定"按钮。

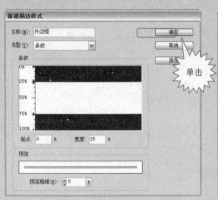

选择描边类型时的下拉菜单中共有 3 种选项，它们分别是虚线、条纹、点线，作用分别如下。

虚线：用于定义一个以固定或变化间隔分隔虚线的样式。

条纹：用于定义一个具有一条或多条平行线的样式。

点线：用于定义一个以固定或变化间隔分隔点的样式。

要定义描边图案，请执行下列操作之一。

1️⃣ 单击标尺以添加一个新虚线、点线或条纹。

2️⃣ 拖动虚线、点线或条纹以移动它。

3️⃣ 要调整虚线的宽度，移动它的标尺标志符。也可以选择虚线，然后输入"起点"（虚线在标尺上的开始位置）和"长度"值。

4️⃣ 要调整点线的位置，移动它的标尺标志符。也可以选择点线，然后输入"中心"（点线的中心所在的位置）值。

5️⃣ 要调整条纹的粗细，移动它的标尺标志符。也可以选择条纹线，然后输入"起点"和"宽度"（两者均用描边粗细的百分比表示）值。

6️⃣ 要删除虚线、点线或条纹线，将它拖出标尺窗口。（但自定描边样式必须至少包含一条虚线、点线或条纹线。）

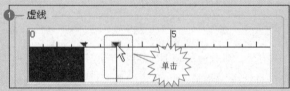

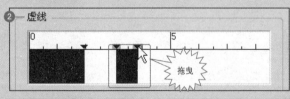

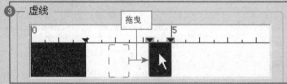

在"新建描边样式"对话框中创建虚线。

❶ 单击以向图案中添加虚线。

❷ 拖动标志符以加宽虚线。

❸ 拖曳虚线以调整虚线之间的空格。

在新建描边样式时，需要注意的问题。

1 要在不同的线条粗细下预览描边，使用"预览粗细"选项指定一个线条粗细。

2 对于虚线和点线图案，使用"角点"选项决定如何处理虚线或点线，使在拐角的周围保持有规则的图案。

3 对于虚线图案，需要为"端点"选择一个样式以决定虚线的形状。此设置覆盖"描边"面板中的"端点"设置。

辅助教学

对于"图形长度"，指定重复图案的长度（只限虚线或点线样式）。标尺将更新以便与指定的长度匹配。

应用角效果

可以使用"角选项"命令快速地将角点样式应用于任何路径。可用的角效果有很多，从简单的圆角到花式装饰，各式各样。

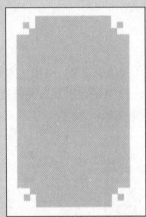
花式角效果，没有进行描边

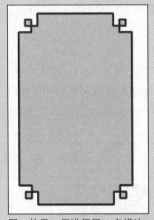
同一效果，但进行了 1 点描边

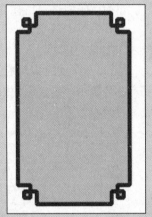
同一效果，但进行了 2 点描边

应用角效果的操作方法如下。

1 使用选择工具选择路径。

2 执行"对象 > 角选项"命令。

3 在"效果"菜单中选择一个角效果。

4 对于"大小"，键入一个值以指定角效果到每个角点的扩展半径。

5 如果在应用效果前要查看效果的结果，则选择"预览"，然后单击"确定"按钮。

辅助教学

如果获取了用于添加更多效果的增效工具软件，则"描边"面板中的"角选项"命令可能包含其他形状。

角效果显示在路径的所有角点上，但从不在平滑点上显示。当移动路径的角点时，这些效果将自动更改角度。

如果角效果显著更改了路径（例如通过创建一个向内凸出或向外凸出），则它可能影响框架与它的内容或与版面的其他部分交互的方式。增加角效果的大小可能使现有的文本绕排或框架内边距远离框架。

如果应用了角效果但却无法看到它们，需要确保路径使用了角点并确保路径应用了描边颜色或渐变。然后在"角选项"对话框中增大"大小"选项，或在"描边"面板中增大描边粗细。

置入本机文件

"置入"命令是将图形导入 InDesign 中的主要方法，因为它可以在分辨率、文件格式、多页面 PDF 和颜色方面提供最高级别的支持。如果所创建文档并不十分注重这些特性，则可以通过复制 / 粘贴操作将图形导入 InDesign 中。但是，粘贴操作是将图形嵌入文档中；指向原始图形文件的链接将断开，因此无法通过原始文件更新图形。

置入图形文件时可以使用哪些选项取决于图形的类型。在"置入"对话框中选择"显示导入选项"后，就会显示这些选项。如果未选择"显示导入选项"，InDesign 将应用默认设置或上次置入该类型的图形文件时使用的设置。

所置入图形的名称将显示在"链接"面板中。

下面，我们将介绍有关置入本机文件的相关知识。

辅助教学

如果是从可移动介质中置入图形，则从系统中移去该介质后，链接将断开。

"链接"面板

"链接"面板能够清楚观察到所置入的每张图片的名称、格式、章节、链接状态等，并且单击"链接"面板中的扩展按钮，打开扩展菜单，里面还有很多有关链接面板的操作方式。

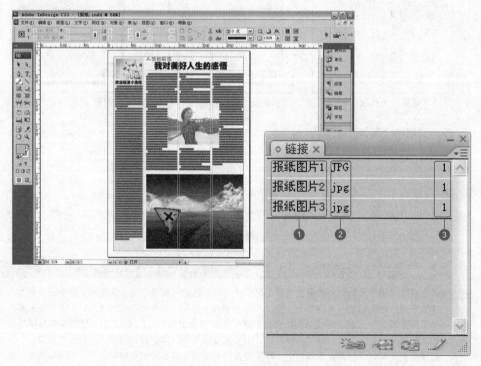

❶ 链接到文件中的图片名称。

❷ 链接到文件中图片的格式。

❸ 链接到文件中每个图片所在的页码。

视频路径

Video\Chapter 5\ 置入图层复合的 Photoshop 文件 .exe

InDesign 可以很方便地将带有多个图层的 Photoshop 文件置入到 InDesign 文件中，同时可以选择我们要显示哪些图层，不需要的图层可以不置入，需要显示的才显示。下面，我们就来对置入图层复合的 Photoshop 文件进行介绍。

1. 新建文件

执行"文件 > 新建 > 文档"命令，或者按下快捷键 Ctrl+N，按照默认新建一个文件。

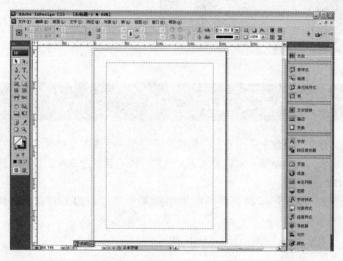

2. 置入 Photoshop 文件

1 执行"文件 > 置入"命令，或者按下快捷键 Ctrl+D，弹出"置入"对话框，置入本书配套光盘中的 chapter5\Media\Photoshop 文件 .PSD，并勾选"显示导入选项"复选框，完成后单击"打开"按钮。

2 弹出"图像导入选项"对话框，单击图层名称前的可视性按钮，可选择置入文件图层是否可见，完成设置后单击"确定"按钮。

3 刚才所设置的可显示的图层就置入到了文件中。

相|关|知|识——置入多个图形

在实际排版的时候，经常需要置入多个图形，如果只是一个一个置入显然很麻烦，这样不仅会降低工作效率，而且还容易出错，如果能够一次性置入到文件中，就不容易造成置入时重复的情况。下面，我们就来介绍置入多个图形的方法。

1 在页面绘制 4 个矩形框架，（如果要向框架中置入一些项目或所有项目，可以为这些图形创建框架）。

2 执行"文件 > 置入"命令，然后选择要置入的文件。

3 勾选"显示导入选项"复选框，单击"打开"按钮，将为每个文件指定导入选项。

4 选中的第 1 个图形的缩略图会显示在载入的图形图标旁边。载入的图形图标旁边的数字说明了已准备就绪可以导入的图形数量，其中最前面的图形旁显示字母 LP，表示"在位置光标处载入"。

辅助教学

按↑↓←→键可以在图形之间循环切换，按 Esc 键可以从载入的图形图标中取消最顶层图形的载入，并且不将该图形置入 InDesign 中。

如果由于显示图形而降低了计算机的性能，可以不让缩略图显示在载入的图形图标中。在"首选项"对话框的"界面"区域取消选择"置入时显示缩览图"。

置入图片的注意事项。

1 要导入到新的框架中，需要在希望显示图形左上角的位置单击载入的图形图标。

2 要创建特定大小的框架并将图形导入该框架中，通过单击鼠标并进行拖动的方式定义框架。

3 要导入到现有的框架中，需要在框架中单击载入的图形图标。

4 要以层叠方式导入所有图形，按住 **Ctrl+Shift** 键不放，并单击鼠标。

辅助教学

在显示了图形图标的情况下可以通过选择"文件 > 置入"来载入多个图形。

InDesign 可以置入的文件类型有很多种，这样方便我们在排版的时候能够更顺利地完成各种不同的效果。下面，我们就来介绍在 InDesign 文件中置入 Illustrator 图形和文件。

置入 Illustrator 图形

如何导入 Illustrator 图形取决于导入之后需要对图形进行多大程度的编辑。可以将 Illustrator 图形以其固有格式（.ai）导入 InDesign 中。

1 如果想要在 InDesign 中调整图层的可视性，需要执行"文件 > 置入"命令置入图形。

2 如果想对其进行编辑，可选择"编辑 > 编辑原稿"在 Illustrator 中打开图形。

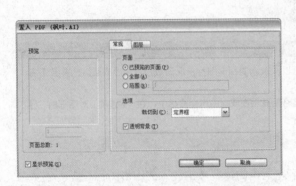
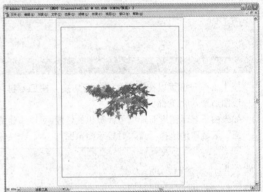

3 如果想要在 InDesign 中编辑对象和路径，从 Illustrator 中复制图片，然后将其粘贴到 InDesign 文档中。这时就可以在 InDesign 中对对象进行编辑了。

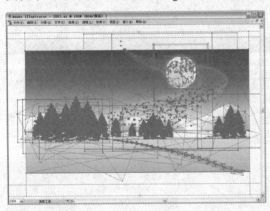

置入 PDF 页面

使用"置入"命令，可以指定要从一个多页面 PDF 文件中导入哪些页面，可以置入单个页面、一定范围的页面或所有页面。利用多页面 PDF 文件，设计者可以将一本出版物中的若干插图组合到一个文件中。

在"置入"对话框中选择"显示导入选项"后，会显示页面范围选项。此对话框包含预览功能，这样就可以在置入页面前查看其缩略图。置入每个页面时，InDesign 会重新载入下一页面的图形图标，以便依次置入相关页面。在置入 PDF 文件时，InDesign 并不导入影片、声音、链接或按钮。

相|关|知|识 ——置入其他格式的图片

InDesign 作为一个主要用于排版的软件，经常需要进行图文混排的工作，所以置入图片是获取图片的一种重要手段，置入的方法前面已经介绍了，下面我们将介绍比较常用的图片格式及其优势。

TIFF（.tif）文件

TIFF 是一种灵活的位图图像格式，几乎所有的绘画、图像编辑和页面布局应用程序都支持它。而且，几乎所有的桌面扫描仪都可以生成 TIFF 图像。

TIFF 格式支持 CMYK、RGB、灰度、Lab、索引颜色以及具有 Alpha 和专色通道的位图文件。可以在置入 TIFF 文件时选择 Alpha 通道。专色通道在 InDesign 的"色板"面板中显示为专色。

可以使用图像编辑程序（如 Photoshop）创建剪切路径，以便为 TIFF 图像创建透明背景。InDesign 支持 TIFF 图像中的剪切路径，并可识别带编码的 OPI 注释。

JPEG（.jpg）文件

联合图像专家组（JPEG）格式通常用于通过 Web 和其他在线媒体显示 HTML 文件中的照片和其他连续色调图像。JPEG 格式支持 CMYK、RGB 和灰度颜色模式。与 GIF 不同，JPEG 保留 RGB 图像中的所有颜色信息。

JPEG 使用可调整的损耗压缩方案，该方案可以识别并丢弃对图像显示无关紧要的多余数据，从而有效地减小文件大小。压缩级别越高，图像品质就越低；压缩级别越低，图像品质就越高，但文件大小也就越大。大多数情况下，使用"最佳品质"选项压缩图像，所得到的图像几可乱真。打开 JPEG 图像便使其自动解压缩。

JPEG 适用于照片，但纯色 JPEG 图像（大面积使用一种颜色的图像）通常会损失锐化程度。InDesign 可以识别并支持在 Photoshop 中创建的 JPEG 文件中的剪切路径。JPEG 可以用于在线文档和商业印刷文档。

> **辅助教学**
>
> 在图像编辑应用程序中可以对 EPS 或 DCS 文件进行的 JPEG 编码操作并不会创建 JPEG 文件。相反，它会使用上述 JPEG 压缩方案压缩该文件。

位图（.bmp）文件

BMP 是 DOS 和 Windows 兼容计算机上的标准 Windows 位图图像格式。BMP 不支持 CMYK，仅支持 1 位、4 位、8 位或 24 位颜色。它不太适于商业印刷文档或在线文档，在某些 Web 浏览器上也不受支持。在低分辨率或非 PostScript 打印机上打印时，BMP 图形的品质尚可接受。

Windows 图元文件格式（.wmf）和增强型图元文件格式（.emf）文件

Windows 图元文件格式（WMF）和 Windows 增强型图元文件格式（EMF）是 Windows 固有格式，主要用于在 Windows 应用程序之间共享的矢量图形（如剪贴图）。图元文件可包含栅格图像信息；InDesign 可以识别矢量信息，并且为栅格操作提供有限支持。颜色支持仅限于 16 位 RGB，且这两种格式都不支持分色。图元文件格式并非商业印刷文档或在线文档的理想选择；只有在使用低分辨率或非 PostScript 打印机打印时，方能提供可接受的品质。

06

编辑图形

在置入图像的过程中，需要对图形进行编辑，在这一小节，我们将对编辑图形的相关知识进行详细介绍。

在图形的置入选项中，根据要导入图像的类型的不同，图形导入选项也会有所不同。

封装 PostScript（.eps）导入选项

置入 EPS 图形（或使用 Illustrator 8.0 或更低版本存储的文件）并在"置入"对话框中选择"显示导入选项"后，将会看到一个包含以下选项的对话框。

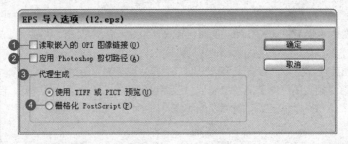

❶ **读取嵌入的 OPI 图像链接**：此选项指示 InDesign 从包含（或嵌入）在图形中的图像的 OPI 注释中读取链接。

❷ **应用 Photoshop 剪切路径**：选择此选项，可应用 PhotoshopEPS 文件中的剪切路径。在置入 EPS 文件时并非所有在 Photoshop 中创建的路径都会显示，而是只显示一个剪切路径，因此要确保在存储为 EPS 文件之前在 Photoshop 中将需要的路径转换为剪切路径。（要保留可编辑的剪切路径，必须将文件另存为 PSD 格式。）

❸ **代理生成**：此选项用于将文件绘制到屏幕上时，创建图像的低分辨率位图代理。使用 TIFF 或 PICT 预览：某些 EPS 图像包含嵌入预览。选择"使用 TIFF 或 PICT 预览"将生成现有预览的代理图像。如果不存在预览，则会通过将 EPS 栅格化成屏外位图来生成代理。

❹ **栅格化 PostScript**：选择此选项将忽略嵌入预览。此选项通常速度较慢，但可以提供最高品质的结果。

位图导入选项设置

在文档中使用颜色管理工具时，可以将颜色管理选项应用于各个导入的图形。还可以导入与在 Photoshop 中创建的图像存储在一起的剪切路径或 Alpha 通道。这样，就可以直接选择图像并修改其路径，而不必更改图形框架。

置入 PSD, TIFF, GIF, JPEG 或 BMP 文件并在"置入"对话框中选择"显示导入选项"后，将会看到一个包含以下选项的对话框。

❶ **应用 Photoshop 剪切路径**：如果此选项不可用，则表示图像在存储时并未包含剪切路径，或文件格式不支持剪切路径。如果位图图像没有剪切路径，可以在 InDesign 中创建一个。

❷ **Alpha 通道**：选择一个 Alpha 通道，以便将图像中存储为 Alpha 通道的区域导入 Photoshop 中。InDesign 使用 Alpha 通道在图像上创建透明蒙版。此选项仅对至少包含一个 Alpha 通道的图像可用。

没有剪切路径的导入图像

具有剪切路径的导入图像

单击"颜色"选项卡，查看下列选项。

❸ **配置文件**：如果选择了"使用文档默认设置"，则使此选项保持不变。否则，选择一个与用于创建图形的设备或软件的色域匹配的颜色源配置文件。此配置文件使 InDesign 能够将其颜色正确地转换为输出设备的色域。

❹ **渲染方法**：选择将图形的颜色范围调整为输出设备的颜色范围时要使用的方法。一般情况下选择"可感知（图像）"，因为它可以精确地表示出照片中的颜色。"饱和度（图形）"、"相对比色"和"绝对比色"选项更适合于纯色区域，但是不能很好地重现照片。"渲染方法"选项对位图、灰度和索引颜色模式的图像不可用。

便携网络图形（.png）导入选项

置入 PNG 图像并在"置入"对话框中选择"显示导入选项"后，将会看到一个包含 3 个导入设置部分的对话框。其中两个部分包含的选项与可用于其他位图图像格式的选项相同。另一个部分"PNG 设置"包含下列设置。

辅助教学

置入 PNG 文件后，"图像导入选项"对话框中的设置将始终以选定文件为基础，而不是以默认设置或上次使用的设置为基础。

❶ **使用透明信息**：默认情况下，当 PNG 图形包含透明度时，将启用此选项。如果导入的 PNG 文件包含透明度，则图形只在背景透明的位置交互。

❷ **白色背景**：默认情况下，如果 PNG 图形不包含文件定义的背景颜色，将选中此选项。但是，只有激活"使用透明信息"才会启用该选项。如果选择了此选项，则在应用透明信息时会以白色作为背景颜色。

❸ **文件定义的背景颜色**：默认情况下，如果使用非白色背景颜色存储 PNG 图形，并选择了"使用透明信息"，则会选择此选项。如果不想使用默认背景颜色，可以单击"白色背景"，导入具有白色背景的图形；或取消选择"使用透明信息"，导入没有任何透明度的图形（显示当前透明的图形区域）。某些图像编辑程序无法为 PNG 图形指定非白色背景颜色。

❹ **应用灰度系数校正**：选择此选项，可以在置入 PNG 图形时调整其灰度系数（中间调）值。使用此选项，可以使图像灰度系数与用于打印或显示图形的设备（如低分辨率或非 PostScript 打印机或计算机显示器）的灰度系数匹配。取消选择此选项，将在不应用任何灰度系数校正的情况下置入图像。默认情况下，如果 PNG 图形存储有灰度系数值，则会选中此选项。

❺ **灰度系数值**：此选项（仅当选择了"应用灰度系数校正"时可用）显示与图形存储在一起的灰度系数值。要更改此值，键入一个介于 0.01 ~ 3.0 之间的正数。

Acrobat（.pdf）导入选项

将保留置入的 PDF 中的版面、图形和排版规则。与置入的其他图形一样，不能在 InDesign 中编辑置入的 PDF 页面。可以控制分层的 PDF 中图层的可视性，还可以置入多页面 PDF 的多个页面。

置入存储有密码的 PDF 时，系统会提示用户输入所需的密码。如果 PDF 文件存储有使用限制（例如，无法编辑或打印），但未存储密码，则可以置入此文件。

置入 PDF（或使用 Illustrator 9.0 或更高版本存储的文件）并在"置入"对话框中选择"显示导入选项"后，将会看到一个包含下列选项的对话框。

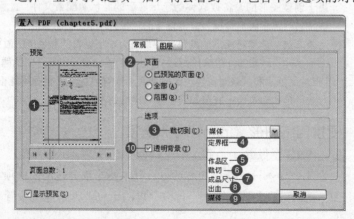

❶ **显示预览**：在置入 PDF 中的页面之前，可以先预览该页面。如果是从包含多个页面的 PDF 置入页面，单击箭头，或在预览图像下键入页码，以便预览特定页面。

❷ **页面**：指定要置入的页面，包括预览中显示的页面、所有页面或一定范围的页面。

❸ **裁切到**：指定 PDF 页面中要置入的范围。

❹ **定界框**：置入 PDF 页面的定界框，或包围页面上的对象（包括页面标记）的最小区域。

❺ **作品区**：仅置入作者作为可置入图形（例如剪贴图）创建的矩形所限定区域中的 PDF 页面。

❻ **裁切**：仅置入 Adobe Acrobat 显示或打印的区域中的 PDF 页面。

❼ **成品尺寸**：识别最终生成的页面上，在生产过程中发生实际剪切操作的位置（如果存在裁切标记）。

❽ **出血**：仅置入表示其中的所有页面内容都应被剪切的区域（如果存在出血区域）。如果在生产环境中输出该页面，则此信息很有用。注意，打印页面可能包含位于出血区域之外的页面标记。

❾ **媒体**：置入代表原始 PDF 文档的实际纸张大小（例如，A4 纸的尺寸）的区域。

❿ **透明背景**：选择此选项，以显示在 InDesign 版面中位于 PDF 页面下方的文本或图形。取消选择此选项，将置入带有白色不透明背景的 PDF 页面。

InDesign （.indd）导入选项

InDesign 会保留置入的 INDD 文件中的版面、图形和排版规则。不过，尽管可以控制图层的可视性并可以选择要导入多页面 INDD 文件中的哪些页面，但文件仍被视为对象，并且无法对其进行编辑。

置入 InDesign 文件并在"置入"对话框中选择"显示导入选项"后，将会看到一个包含以下选项的对话框。

❶ **显示预览**：置入页面之前可以先预览它。要预览多页面文档中的页面，可以键入页码或单击箭头。

❷ **页面**：预览中显示的页面、所有页面或一定范围的页面。

❸ **裁切到**：指定要置入多大页面、页面本身或粘贴板上的出血或辅助信息区域。

视频路径

Video\Chapter 5\ 使用位置工具改变图形元素的显示位置 .exe

当我们排版时，很多时候版式已经安排好了，但是图片却不是刚好合适的，如果使图片全部显示出来，有可能排好的版式就要重新安排，很不方便。

在 InDesign 中，可以使用位置工具来控制图片显示的位置，这样就可以准确排列文字和图片了。

下面，将以使用位置工具改变图形元素的显示位置为例，对位置工具在排版工作中的应用进行介绍。

1. 打开文件并绘制矩形框架

☑ 按下快捷键 Ctrl+O，打开本书配套光盘中的 chapter5\Complete\ 杂志内页 .indd。

☑ 单击矩形框架工具，在页面下方绘制 4 个平行的矩形框。

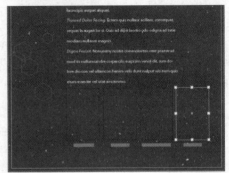

2. 置入图片并调整位置

☑ 按下快捷键 Ctrl+D，置入本书配套光盘中的 chapter 5\Media\ 杂志内页 1.JPG。

☑ 置入到第 1 个矩形框架中，然后拖曳图片四周的节点，使其缩小到矩形框大小。

③ 单击位置工具，拖曳图片到合适位置。

④ 根据上面的方法，将杂志内页 2、杂志内页 3、杂志内页 4 都置入到页面中并调整好，杂志内页的置入图片完成。

相 | 关 | 知 | 识 ——粘贴或拖动图形

向 InDesign 文档中复制、粘贴或拖动图形时，原始对象的某些属性可能会丢失，具体情况取决于以下因素：操作系统的限制、其他应用程序可以传输的数据类型的范围，以及 InDesign 剪贴板首选项。粘贴或拖动 Illustrator 图形可以选择和编辑图形中的路径。

但是，复制、粘贴或拖动操作若发生在两个 InDesign 文档之间，或是在一个 InDesign 文档中，则会保留所导入或应用的全部图形属性。

复制和粘贴图形

将另一个文档中的图形复制并粘贴到一个 InDesign 文档中时，InDesign 并不会在 "链接" 面板中创建指向此图形的链接。在传输过程中图形可能会被系统剪贴板转换，从而导致图像品质和打印品质在 InDesign 中比在图形的原始应用程序中低。

复制和粘贴图形的具体操作步骤如下。

① 在 InDesign 或其他程序中，选中原始图形，然后执行 "编辑 > 复制" 命令，或者按下快捷键 Ctrl+C。

② 切换到 InDesign 文档窗口，然后执行 "编辑 > 粘贴" 命令，或者按下快捷键 Ctrl+V。

拖放图形

拖放图形的具体操作步骤如下。

① 选中原始图形。

② 将此图形拖曳到打开的 InDesign 文档窗口中。

辅助教学

在 Windows 中，如果尝试从不支持拖放操作的应用程序中拖动项目，指针将显示 "禁止" 图标。
要取消拖放图形，须将此图形放到任意面板标题栏或文档标题栏之上。

| 使用旋转工具改变宣传单中图形的旋转角度

视频路径

Video\Chapter 5\ 使用旋转工具改变宣传单中图形的旋转角度 .exe

为了排版时版式的多变和美观，需要将图形中的图形旋转一定角度，下面，我们就来介绍使用旋转工具改变宣传单中图形的旋转角度。

1. 打开文件

执行"文件 > 打开"命令，打开本书配套光盘中的 chapter5\Complete\DM 单 .indd。

辅助教学

如果要精确旋转图形，可以在选中要旋转的对象后，在控制面板的"旋转角度"选项中输入要旋转的角度，完成后按下 Enter 键确定。

2. 旋转图形

1 单击选择工具，将页面左上角位置的气球选中，单击旋转工具，或者按下快捷键 R，然后按住鼠标左键不放拖动旋转，气球将一起转动，转动到合适的位置即可。

2 按照上面的方法，将右下角的小号图案也旋转 -10°左右。DM 单的调整就完成了。

07 图形链接和对象库

InDesign 中的图形有两种置入方式，一种是链接，另一种是嵌入。主要用到的置入方式是链接，因为嵌入方式比较影响软件的运行速度。

对象库的主要作用是管理文件。

在这一小节，我们将对图形链接和对象库的知识进行介绍。

显示链接信息

辅助教学

如果处理的文件来自 Adobe Version Cue 项目，则″链接″面板还将显示其他文件信息。

"链接信息"对话框中列出了有关选定链接文件的信息。"日期"、"时间"和"大小"部分指定链接文件在上次置入或更新时的有关信息。

"需要链接"部分指定是否需要指向文件全分辨率版本的链接。导入时自动嵌入的文件（小于 48KB 的文件和文本文件）不需要链接。

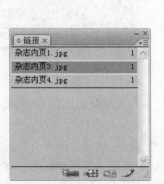

显示链接信息的具体操作步骤如下。

1 双击链接，或选择链接并单击"链接"面板中的扩展按钮，打开扩展菜单，选择"链接信息"选项。

2 要查看文档中链接的文件，单击"转至链接"。

3 要替换或更新当前文件（列在"名称"选项下），单击"重新链接"，找到目标文件然后选择，之后单击"确定"按钮。

4 单击"下一项"或"上一项"，查看"链接"面板中其他链接的信息。

5 单击"完成"按钮。

创建对象库

对象库在磁盘上是以命名文件的形式存在。创建对象库时，指定其存储位置。库在打开后将显示为面板形式，可以与任何其他面板编组；对象库的文件名显示在其面板选项卡中。关闭操作会将对象库从当前会话中删除，但并不删除它的文件。

可以在对象库中添加（或删除）对象、选定页面元素或整页元素。可以将库对象从一个库添加或移动到另一个库。

新建库

执行"文件 > 新建 > 库"命令。

为库指定位置和名称，然后单击"存储"按钮。要记住，所指定名称将成为该库的面板选项卡的名称。

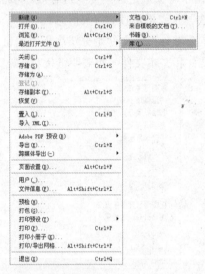 

打开现有库

如果已经在当前会话中打开了一个库（且尚未关闭），须在"窗口"菜单中选择该库文件。

如果尚未打开库，执行"文件 > 打开"命令，然后选择一个或多个库。在 Windows 中，库文件使用 INDL 扩展名。InDesign 将把来自早期版本程序的新打开的库转换为新的库格式，系统会要求用户用新的名称存储这些库。

关闭库

1 单击要关闭的库的选项卡。

2 在"对象库"面板菜单中选择"关闭库"。

3 在"窗口"菜单中选择库文件名。

删除库

在 Explorer（Windows）中将库文件拖到"回收站"(Windows)。在 Windows 中，库文件具有 INDL 扩展名。

可以将文件嵌入（或存储）到文档中，而不是链接到已置入文档的文件上。嵌入
文件时，会断开指向原始文件的链接。

这样在打包文件后，将不会将图形文件链接到打包文件中。

下面将介绍将图形嵌入文档中的具体操作步骤。

1. 打开文件并显示"链接"面板

1 执行"文件 > 打开"命令，或者按下快捷键 Ctrl+O，打开本书配套光盘中的
chapter4\Complete\ 杂志封面 .indd。

2 执行"窗口 > 链接"命令，或者按下快捷键 Shift+Ctrl+D，打开"链接"面板。

2. 将图形嵌入文档中

选中要嵌入的文件，然后单击"链接"面板中的扩展按钮，打开扩展菜单，并
选择"嵌入文件"选项。要嵌入的文件项目的格式后将出现嵌入的图标，说
明此文件已嵌入到文件中。

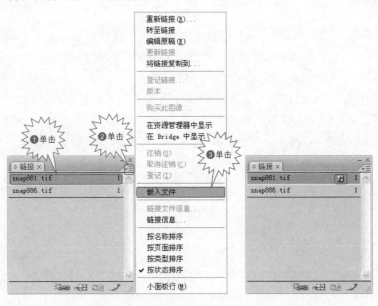

相│关│知│识 ——了解"链接"面板

在"链接"面板中可以查看和管理置入图形,还可以查看当前置入图形的状态,通过对"链接"面板的了解,对管理图形文件有很大帮助。

下面我们来介绍"链接"面板的相关参数。

"链接"面板中列出了文档中置入的所有文件。其中包括本地(位于磁盘上)文件和被服务器管理的资源。但是,从 Internet Explorer 中的某个网站粘贴而来的文件并不显示在此面板中。

"链接"面板

1 链接图形的文件名
2 链接图形所在的页面
3 嵌入的链接图标
4 修改的链接图标
5 缺失的链接图标
6 "图层可视性覆盖"图标
7 "重新链接"按钮
8 "转至链接"按钮
9 "更新链接"按钮
10 "编辑原稿"按钮

使用链接面板

1 要显示"链接"面板,执行"窗口 > 链接"命令,每个链接的文件和自动嵌入的文件都通过名称识别。

2 要选择和查看链接的图形,执行"链接"面板中的链接,然后单击"转至链接"按钮；或单击"链接"面板扩展按钮,打开扩展菜单,选择"转至链接"选项。InDesign 会以选定图形为中心显示内容。

3 要对面板中的链接进行排序,选择"链接"面板菜单或上下文菜单中的"按状态排序"、"按名称排序"、"按页面排序"或"按类型排序"。

4 若要购买链接的 Adobe Stock Photo,选择照片,然后从"链接"面板菜单中选择"购买此图像"。之后按照 Adobe Bridge 中的提示操作。

在排版过程中通常会遇到这样的情况，就是置入的图形由于经常转换地方而发生的对象链接缺失问题，这时就必须对对象进行重新链接。

下面我们就来介绍链接未链接的对象。

1. 打开文件并显示"链接"面板

▊ 执行"文件 > 打开"命令，或者按下快捷键 Ctrl+O，打开本书配套光盘中的 chapter3\ Complete\ 报纸 .indd。

▊ 执行"窗口 > 链接"命令，或者按下快捷键 Shift+Ctrl+D，打开"链接"面板。

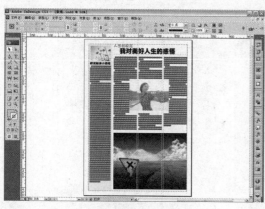
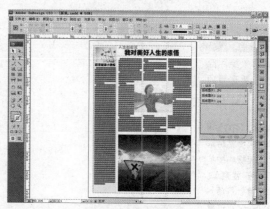

2. 链接未链接的对象

▊ 选中需要重新链接的"报纸图片 1"，单击"链接"面板中的扩展按钮，打开扩展菜单，选择"重新链接"选项。

▊ 在弹出的对话框中找到要重新链接的源文件路径，单击"打开"按钮即可。

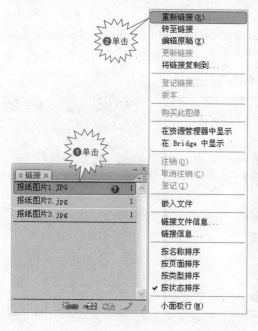

视频路径

Video\Chapter 5\ 新建对象库 .exe

对象库有助于组织最常用的图形、文本和页面，也可以向库中添加标尺参考线、网格、绘制的形状和编组图像，可以根据需要创建任意多个库。

下面我们就来介绍关于对象库的新建方法。

1. 新建对象库

执行"文件 > 新建 > 库"命令，弹出"新建库"对话框，选择好库保存的路径，完成设置后单击"保存"按钮。

辅助教学

添加对象到对象库中除了可以单击"新建库项目"按钮以外，还可以进行以下两种操作。

(1) 在文档窗口中选择一个或多个对象，然后单击"对象库"面板中的扩展按钮，打开扩展菜单，选择"添加项目"选项。

(2) 将一个或多个对象选中，然后将其拖曳到"库"面板中。

2. 将对象添加到库中

▊ 按下快捷键 Ctrl+O，打开本书配套光盘中的 chapter3\Complete\ 报纸 .indd。

▊ 单击选择工具▊，将页面中左上角的图片选中，然后单击"库"面板右下角的"新建库项目"按钮▊，这样选中的图片就添加到库中了。

3 根据上面的方法，将其他图片也添加到对象库中。

相 | 关 | 知 | 识 ——将库中的对象添加到文档中

在前面我们已经知道了怎样将对象添加到库中了，下面我们要介绍怎样将库中的对象添加到文档中。
将库中的对象添加到文档中的具体操作方法如下。

1 将"对象库"面板中的对象拖曳到文档窗口中。

2 在"对象库"面板中选中一个对象，然后在"对象库"面板菜单中选择"置入项目"。此方
法将把对象按其原始的 X, Y 坐标置入到文档窗口中。

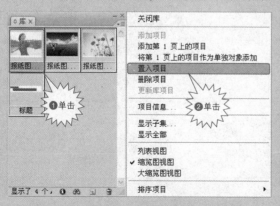
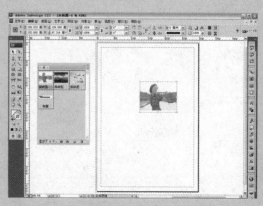

学习笔记：

Chapter 06

图文编排

01 编辑对象

在排版过程中，会对对象进行编辑，以达到预期的效果，在 InDesign 中，可以对对象进行各种各样的编辑。

在这一节将对在 InDesign 中编辑对象的相关知识进行介绍。

在编辑对象的过程中，最常用到的操作是选择，在执行很多操作的时候都要事先选择对象，这样才能有针对性地对对象进行编辑。

选择对象的方法

InDesign 提供了下列选择方法和工具。

❶ 选择工具：允许选择文本和图形框架，并使用对象的外框来处理对象。

❷ 直接选择工具：允许选择框架的内容（例如置入的图形），或者直接处理可编辑对象（例如路径、矩形或已经转换为文本轮廓的文字）。

❸ 文字工具：允许选择文本框架中、路径上或表格中的文本。

❹ 选择子菜单：允许选择对象的容器（或框架）及其内容。使用"选择"子菜单还可以根据对象与其他对象的相对位置来选择对象。要查看"选择"子菜单，执行"对象 > 选择"命令即可。

❺ 控制面板上的选择按钮：可使用"选择内容"按钮选择内容，或使用"选择容器"按钮选择容器。还可以使用"选择下一对象"或"选择上一对象"来选择组中或跨页上的下一个或上一个对象。

❻ 位置工具：允许调整图像大小，在框架内移动图像，将框架和图像移动到文档中的新位置。

❼ 全选和全部取消选择命令：允许选择或取消选择跨页和粘贴板上的所有对象，具体取决于活动工具以及已经选择的内容。执行"编辑 > 全选"命令或执行"编辑 > 全部取消选择"命令。

❽ 双击对象可在选择工具之间切换。双击文本框架可置入插入点并切换到文字工具。

视频路径

Video\Chapter 6\ 编辑杂志内页中的对象 .exe

在对杂志进行排版的过程中，会使用到很多编辑对象的方法，例如变换对象、缩放对象、移动对象等。

下面，我们就以编辑杂志内页中的对象为例，为大家介绍编辑对象的一些常用方法。

1. 打开文件并缩放对象

1 按下快捷键 Ctrl+O，打开本书配套光盘中的 chapter6\Complete\ 杂志内页 .indd。

2 单击选择工具 ，将页面正中的对象选中，并按住 Shift 键不放，拖曳节点，进行等比例缩小。

2. 旋转对象

1 单击选择工具 ，依然选中刚才缩小的对象。

2 在控制栏的"旋转角度"选项中输入 20°，完成设置后按下 Enter 键确定。

3. 对齐对象

1 执行"窗口 > 对象和版面 > 对齐"命令，或者按下快捷键 Shift+F7，打开"对齐"面板。

2 单击选择工具，将黄色背景和旋转的对象同时选中，然后按下"对齐"面板中的"水平居中对齐"按钮，两个对象将水平居中对齐。

4. 切变对象

1 单击选择工具，选中左上角的文字对象。

2 在控制栏的"切变角度"选项中输入 15°，完成设置后按下 Enter 键确定，对象将向右倾斜 15°。

相｜关｜知｜识 ——对齐分布对象

使用"对齐"面板，可以沿选区、边距、页面或跨页水平或垂直地对齐或分布对象。
下面我们就来介绍对齐和分布对象的一些相关知识。

了解"对齐"面板

对齐面板

❶对齐对象按钮

    左对齐⏹：当同时选中两个或两个以上对象后，单击此按钮，可以使所有对象左对齐。

    水平居中对齐⏹：当同时选中两个或两个以上对象后，单击此按钮，可以使所有对象水平居中对齐。

    右对齐⏹：当同时选中两个或两个以上对象后，单击此按钮，可以使所有对象右对齐。

    顶对齐⏹：当同时选中两个或两个以上对象后，单击此按钮，可以使所有对象顶对齐。

    垂直居中对齐⏹：当同时选中两个或两个以上对象后，单击此按钮，可以使所有对象垂直居中对齐。

    底对齐⏹：当同时选中两个或两个以上对象后，单击此按钮，可以使所有对象底对齐。

❷分布对象按钮

    按顶分布⏹：当同时选中两个或两个以上对象后，单击此按钮，可以使所有对象按顶分布。

    垂直居中分布⏹：当同时选中两个或两个以上对象后，单击此按钮，可以使所有对象垂直居中分布。

    按底分布⏹：当同时选中两个或两个以上对象后，单击此按钮，可以使所有对象按底分布。

    按左分布⏹：当同时选中两个或两个以上对象后，单击此按钮，可以使所有对象按左分布。

    水平居中分布⏹：当同时选中两个或两个以上对象后，单击此按钮，可以使所有对象水平居中分布。

    按右分布⏹：当同时选中两个或两个以上对象后，单击此按钮，可以使所有对象按右分布。

❸使用间距分布：在此输入相应距离，分布对象将按此间距分布。

❹对齐位置选项：以所选选项中的对象为参照物，对齐对象。

左对齐⏹　　水平居中对齐⏹　　右对齐⏹　　顶对齐⏹　　垂直居中对齐⏹　　底对齐⏹

辅助教学

使用"对齐"面板时，要注意以下事项。

"对齐"面板不会影响已经应用"锁定位置"命令的对象，而且不会改变文本段落在其框架内的对齐方式。

文本对齐方式不受"对齐对象"选项的影响。

可以使用"键盘快捷键"对话框（执行"编辑 > 键盘快捷键"命令）来创建自定义对齐和分布快捷键。（在"产品区域"下选择"对象编辑"）。

对齐或分布对象

可以使用"对齐"面板将选定对象水平或垂直地对齐到选区、边距、页面或跨页，或者分布一定间距。

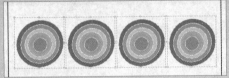
水平分布到选区的对象

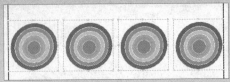
水平分布到边距的对象

对齐对象的具体操作方法如下。

1. 选择要对齐或分布的对象。

2. 执行"窗口>对象和版面>对齐"命令，打开"对齐"面板。

3. 在面板底部的菜单中，指定是要基于选区、边距、页面还是跨页来对齐或分布对象。

4. 要对齐对象，单击所需类型的对齐按钮。

5. 要分布对象，单击所需类型的分布按钮。例如，如果在打开"对齐选区"时单击"按左分布"按钮，则 InDesign 确保每个选定对象的左边缘到左边缘的间距相等。

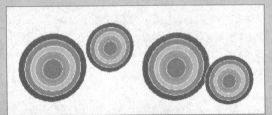
使用"水平居中分布"选项获取均匀间距

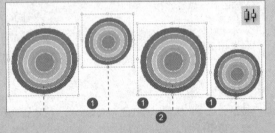

1. 在每个对象的中心之间创建均匀间距。

2. 保持整体宽度与变换前相同。

要在对象间设置间距（对边到对边），在"分布间距"下选择"使用间距"并键入对象间所需的间距量即可。（如果"分布间距"不可见，需要选择"对齐"面板菜单中的"显示选项"。）然后，单击"分布间距"按钮以沿着对象的水平轴或垂直轴分布对象。

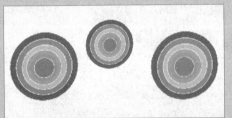
使用"水平分布间距"选项并添加"使用间距"值

1. 在每个对象之间创建指定的间距值。

2. 总体上改变了对象的整体宽度。

辅助教学

当使用垂直间距分布时，从最上面的对象开始自上而下分布选定对象的间距。当使用水平间距分布时，从最左边的对象开始自左而右分布选定对象的间距。

视频路径

Video\Chapter 6\ 对杂志
中的文字进行附注 .exe

出版一本书、发行一类杂志，往往要经过很多工序，其中较重要的要数校对了，那么在杂志中如何标注呢？在 InDesign 中提供了附注功能，能够将错误的地方清楚地标注出来。

下面，我们就对在杂志中标注出错误的图像和文字进行详细介绍。

1. 打开文件

按下快捷键 Ctrl+O，打开本书配套光盘 中 的 chapter6\Complete\ 杂 志 内 页 2.indd。

2. 对段落文字进行附注

1 单击附注工具 📝，在标题 Flower 前单击鼠标，将出现一正一倒两个三角形的标记，并弹出"附注"面板，这时在"附注"面板的文本框中输入要附注的内容就可以了。

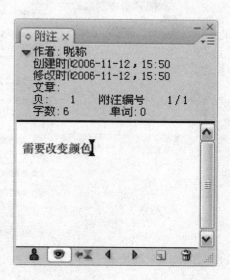

2 当关闭了"附注"面板再单击附注工具 后，单击刚才标注过附注的地方，将
会看到附注的内容。

相 | 关 | 知 | 识 ——了解"附注"面板

添加附注在修改 InDesign 文件的时候起着重要的作用，用附注功能能够将有问题或错误的地方准确地标
注出来，方便改正。

下面我们就对"附注"面板进行介绍，了解它的一些主要功能。

"附注"面板

"附注"面板中包含了关于附注的所有功能，除新建附注、打开附注、删除附注这些基本的功能外，还有
转换为文本、移去所有附注等功能。了解"附注"面板能够在使用附注功能时更得心应手。

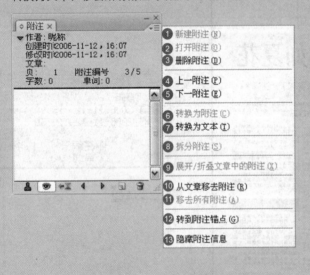

1. **新建附注**：新建一个附注。
2. **打开附注**：打开已经创建好的附注。
3. **删除附注**：将选中的附注删除。
4. **上一附注**：切换到上一个附注内容。
5. **下一附注**：切换到下一个附注内容。
6. **转换为附注**：将内容转换为附注。
7. **转换为文本**：将内容转换为文本。
8. **拆分附注**：将附注拆分为一个或两个。
9. **展开 / 折叠文章中的附注**：可以将文章中的
   附注全部显示或者全部折叠起来。
10. **从文章中移去附注**：选择文章中的附注并移
    去。
11. **移去所有附注**：将文章中的所有附注全部移
    去。
12. **转到附注锚点**：转换到附注的锚点位置。
13. **隐藏附注信息**：将附注的信息隐藏。

02 框架与对象

在 InDesign 的排版过程中，每个对象都有各自的框架，可以说在 InDesign 中的排版就是由一个个框架所构成的，所以要对框架有所了解。

在这一小节，我们将对框架和对象间的关系和框架的作用以及相关知识进行详细介绍。

设置框架适合选项

在 InDesign 中可以将适合选项与占位符框相关联，以便新内容置入该框架时，都会应用适合命令。

设置框架适合选项的具体操作步骤如下。

1 单击选择工具，选中一个框架。

2 选择"对象 > 适合 > 框架适合选项"命令。

3 指定下列选项，然后单击"确定"按钮。

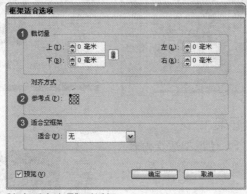

"框架适合选项"对话框

❶ **裁切量**：指定图像外框相对于框架的位置。使用正值可裁剪图像，例如，当希望排除围绕置入图像的边框。使用负值可在图像的外框和框架之间添加间距，例如，当希望在图像和框架之间出现空白区。如果输入导致图像不可见的裁剪值，则这些值将被忽略，但是仍然实施适合选项。

❷ **参考点**：指定一个用于裁剪和适合操作的参考点。例如，如果选择右上角作为参考点并选择"按比例适合内容"，则图像可能在左侧或底边（远离参考点）进行裁剪。

❸ **适合空框架**：指定是希望内容适合框架（可能导致图像倾斜）、按比例适合内容（可能生成某些空白区）还是按比例适合框架（可能裁剪一个或多个边）。

范例操作　编辑杂志框架

辅助教学

要使框架快速适合其内容，须双击框架上的任一角手柄。框架将向远离单击点的方向调整大小。如果单击边上的手柄，则框架仅在该空间调整大小。

视频路径

Video\Chapter 6\ 编辑杂志框架 .exe

由于每个对象都有自己的框架，所以掌握如何编辑框架对实际操作是十分重要的。

在没有将内容适合框架的时候，当对象多了以后，框架会重叠在一起，这样选择对象时很不方便，应用内容适合框架功能可以轻易解决这个问题。也有可能需要将对象粘贴到框架内和删除框架内容等。

下面，我们就来介绍编辑杂志框架的具体操作步骤。

1. 打开文件并使其框架显示

1 按下快捷键 Ctrl+O，打开本书配套光盘中的 chapter6\Complete\ 杂志内页 3.indd。

2 单击选择工具，按下快捷键 Ctrl+A，将页面内容全部选中，这时可以看到有很多文本都没有将内容适合框架，这样看起来页面很乱。

2. 使内容适合框架

执行"对象 > 适合 > 使框架适合内容"命令，框架将自动收缩到刚好适应文本的大小。

3. 将对象粘贴到框架内

1 按下快捷键 Ctrl+D，置入本书配套光盘中的 chapter6\Media\ 背景 .tif。

2 单击选择工具，将置入的文件选中，然后按下快捷键 Ctrl+X，剪切置入的图片。

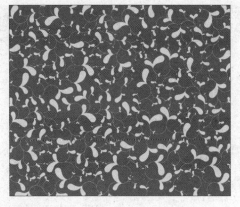

③ 然后单击页面下部的绿色区域，并单击右键，打开快捷菜单，选择"贴入内部"选项，或者按下快捷键 Alt+Ctrl+V，将背景图片贴入框架内部。

4. 删除不需要的内容

单击选择工具 ⬚，选中左上方的图片下方的文字，然后按下 Delete 键，将文字删除。

相│关│知│识——框架的其他编辑知识

除了刚才所介绍的编辑框架的内容外，直接复制对象和使用图像框架修改对象也是经常用到的。
下面我们就对这两种常用的编辑框架的方法进行介绍。

直接复制对象

可以使用以下几种不同的方法来直接复制对象。

1 使用"直接复制"命令直接复制选定对象。新副本出现在版面上，稍微偏移到原稿的下方。
选择一个或多个对象，然后选择"编辑 > 直接复制"命令。

置入一张图片

对图片进行直接复制操作

2 可以在每次更改对象的位置、页面方向或比例时直接复制该对象。例如，通过绘制一个花瓣，
以该花瓣为基础设置其参考点，按递增的角度重复旋转，同时在每个角度的位置复制以生成该
花瓣的一个新副本，可以创建一朵花。

在变换的过程中，请执行下列操作之一。

如果要拖动选择工具、旋转工具、缩放工具或切变工具，需要先开始拖动，然后在开始拖动后按住 Alt 键。

要约束副本的变换，按住 Alt+Shift 拖动。

如果要在"变换"或"控制"面板中指定一个值，在键入该值后，按 Alt+Enter 键确定。

如果要通过按箭头键来移动对象，在按这些键时按住 Alt 键。

将对象成行或成列直接复制

使用"多重复制"命令可直接创建成行或成列的副本。例如，可以将一张设计好的名片等间距地直接复制，充满整个页面。

将对象成行或成列直接复制的具体操作步骤如下。

1 选择要直接复制的一个或多个对象。

2 选择"编辑 > 多重复制"命令。

3 对于"重复次数"，指定要生成副本的数量（不包括原稿）。

4 对于"水平位移"和"垂直位移"，分别指定在 X 和 Y 轴上每个新副本位置与原副本的偏移量，然后单击"确定"按钮。

要创建填满副本的页面，首先使用"多重复制"将"垂直位移"设置为 0（零）；这将创建一行副本。然后选择整行，并使用"多重复制"将"水平位移"设置为 0；这将沿着该页面重复该行。

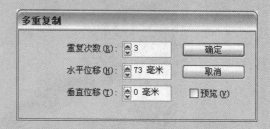

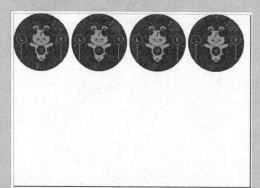

03 剪切路径

剪切路径会裁剪掉部分图片，以便只有图片的一部分透过创建的形状显示出来。通过创建图像的路径和图形的框架，可以创建剪切路径来隐藏图像中不需要的部分。通过保持剪切路径和图形框架彼此分离，可以使用直接选择工具和工具箱中的其他绘制工具自由地修改剪切路径，而不会影响图形框架。

在这一节，我们介绍关于剪切路径的相关知识。

通过下列方法创建剪切路径。

1 使用路径或 Alpha（蒙版）通道（InDesign 可以自动使用）置入已存储的图形。可以使用如 Adobe Photoshop 之类的程序将路径和 Alpha 通道添加到图形中。

2 使用"剪切路径"命令中的"检测边缘"选项为已经存储但没有剪切路径的图形生成一个剪切路径。

3 使用钢笔工具在所需的形状中绘制一条路径，然后使用"粘贴到"命令将图形粘贴到该路径中。

当使用 InDesign 的自动方法之一来生成剪切路径时，剪切路径将连接到图像，从而导致一个被路径剪切且被框架裁剪的图像。

在 InDesign 中创建路径

在 Photoshop 中创建路径到 InDesign 中

视频路径

Video\Chapter 6\ 使用图形路径进行剪裁 .exe

InDesign 可以使用与文件一起存储的剪切路径或 Alpha 通道，裁剪导入的 EPS,
TIFF 或 Photoshop 图形。当导入图形包含多个路径或 Alpha 通道时，可以选择将
哪个路径或 Alpha 通道用于剪切路径。通过这种方法裁剪图形通道，能够制作出
许多不同的效果。

下面我们就来介绍使用图形路径或 Alpha 通道进行裁剪的具体操作方法。

1. 新建文件

☑ 执行 "文件 > 新建 > 文档" 命令，或者按下快捷键 Ctrl+N，弹出 "新建文档"
对话框，设置 "页面大小" 为 105mm×297mm，"出血" 均为 3mm，完成设置后
单击 "边距和分栏" 按钮。

☑ 弹出 "新建边距和分栏" 对话框，设置 "边距" 均为 0mm，完成后单击 "确定"
按钮，新建文件。

辅助教学

Alpha 通道是定义图形透明区域的不可见通道。它存储在具有 RGB 或 CMYK 通道的图形中。Alpha 通道通常用于具有视频效果的应用程序中。InDesign 自动将 Photoshop 的默认透明度（灰白格背景）识别为 Alpha 通道。如果图形具有不透明背景，则必须使用 Photoshop 删除该背景，或者创建一个或多个 Alpha 通道并将其与图形一起存储。

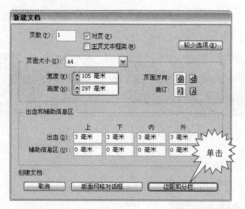

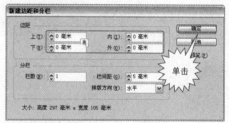

2. 绘制背景和花纹

☑ 单击矩形工具，在页面的上方绘制一个矩形，并将其填充为黄色。

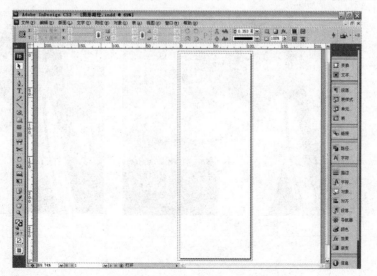

② 单击钢笔工具，在页面上绘制一个心形形状，并将其填充为浅黄色。

③ 单击选择工具，将刚才所绘制的心形形状选中，然后按下快捷键 Alt+Shift+Ctrl+D，复制一个心形形状，并为其填充稍微深的黄色。

④ 然后单击控制栏中的"水平翻转"按钮，复制的心形形状将水平翻转一个。

⑤ 最后将两个心形形状一上一下调整到右上角位置。

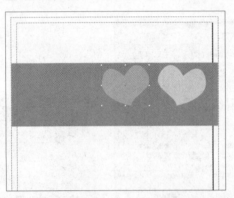 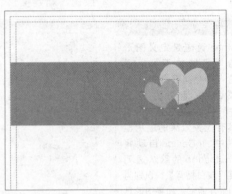

3. 使用图形路径进行裁剪

① 在 Photoshop 中打开本书配套光盘中的 chapter6\Media\ 图形路径 .tif 文件。

② 单击钢笔工具，将图中的人物的轮廓路径绘制出来。

③ 执行"窗口＞路径"命令，打开"路径"面板，选中"工作路径"，并单击"路径"面板中的扩展按钮，打开扩展菜单，选择"存储路径"选项。

④ 弹出"存储路径"对话框，按照默认设置，单击"确定"按钮，"路径"面板中的路径将成为"路径1"。

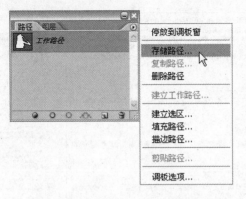
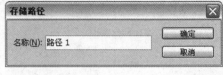

⑤ 选中"路径"面板中的"路径1"，并单击扩展按钮，打开扩展菜单，并选择"剪贴路径"选项。

⑥ 弹出"剪贴路径"对话框，按照默认设置单击"确定"按钮，最后将文件保存一次。

4. 置入文件

① 按下快捷键 Ctrl+D，置入刚才保存的图片。

② 单击选择工具，选中置入的图片，并将文件拖曳到黄色矩形框的上面。

5. 置入文本文件

▊ 按下快捷键 Ctrl+D，置入本书配套光盘中的 chapter6\Media\1.txt。

▊ 将文字调整好字体和大小，并将第一排文字颜色设置为黄色，标题文字设置为粉红色。

6. 复制对象

▊ 单击选择工具，选中页面上方的黄色矩形和两个心形形状，并按下快捷键 Ctrl+G，将 3 个对象群组。

▊ 按住 Alt 键不放，拖曳鼠标，复制一个群组对象，并将其拖曳到页面底部位置。

▊ 然后再一次单击控制栏中的"水平翻转"按钮，并将其调整到合适位置。使用图片路径进行裁剪完成。

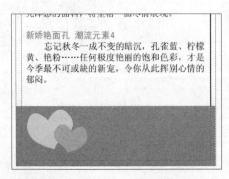

相｜关｜知｜识——自动创建剪切路径

如果要从没有存储剪切路径的图形中删除背景，则可以使用"剪切路径"对话框中的"检测边缘"选项自动完成此操作。"检测边缘"选项将隐藏图形中颜色最亮或最暗的区域，因此当主体设置为非纯白或纯黑的背景时，其效果最佳。

下面我们就来介绍自动创建剪切路径的相关知识。

原图

使用了自动剪切路径合适的候选对象

自动创建剪切路径的具体步骤。

1 单击选择工具，选中导入图形，然后执行"对象 > 剪切路径"命令，或者按下快捷键 Shift+Alt+Ctrl+K，弹出"剪切路径"对话框。

2 在"剪切路径"对话框中，选择"类型"下拉列表中的"检测边缘"。默认情况下，会排除最亮的色调；要排除最暗的色调，还需选择"反转"选项。

3 指定剪切路径选项，然后单击"确定"按钮。

剪切路径选项

❶**阈值**：指定将定义生成的剪切路径的最暗的像素值。通过扩大添加到隐藏区域的亮度值的范围，从 0（白色）开始增大像素值使得更多的像素变得透明。

❷**容差**：指定在像素被剪切路径隐藏以前，像素的亮度值与"阈值"的接近程度。

❸**内陷框**：相对于由"阈值"和"容差"值定义的剪切路径收缩生成的剪切路径。与"阈值"和"容差"不同，"内陷框"值不考虑亮度值；而是均一地收缩剪切路径的形状。

❹**反转**：通过将最暗色调作为剪切路径的开始，切换可见和隐藏区域。

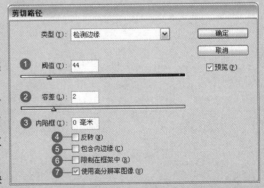

❺**包含内边缘**：使存在于原始剪切路径内部的区域变得透明（如果其亮度值在"阈值"和"容差"范围内）。默认情况下，"剪切路径"命令只使外面的区域变为透明。

❻**限制在框架中**：创建终止于图形可见边缘的剪切路径。

❼**使用高分辨率图像**：为了获得最大的精度，应使用实际文件计算透明区域。取消选择该选项将根据屏幕显示分辨率来计算透明度，这样会更快，但精确度较低。

学习笔记：

Chapter 07

应用颜色

01　颜色的基本概念

02　应用颜色

01 颜色的基本概念

在设计和输出时，很容易低估处理彩色图像的问题。在完成印刷前的硬件和软件的投资后，很多人以为昂贵的设备理应可以自动处理彩色，但是，精确地在印刷机上复制颜色一直是印刷行业中最复杂、要求最多的任务。数字技术的进步在很大程度上只是使这一过程更加复杂而已。成功的颜色编辑需要有敏锐的眼睛、大量实践练习以及一种只能从经验中得到的判断能力。

下面，我们就对颜色的知识进行介绍。

光和颜色的种类

光分为 3 种形式。

❶ **直射光**：光源发出的色光直接进入人眼，产生视觉，像霓虹灯、饰灯、烛灯等光线都可以直接进入人眼。

❷ **透射光**：光源光穿过透明或半透明物体后再进入人眼的光线，称为透射光。透射光的亮度和颜色取决于入射光穿过被透射物体之后所达到的光透射率及波长特征。

❸ **反射光**：反射光是光进入眼睛的最普遍的形式。在有光线照射的情况下，眼睛能看到的任何物体都是该物体的反射光进入人眼所致。

颜色的种类主要分为光源色和物体色。会发光的太阳、荧光灯、白炽灯等发出的光都属于光源色，从内部发出颜色的电视机、显示器等也属于光源色。光照射到某个物体后经过反射或穿透显示出的效果就是物体色。草莓会显示出红色是因为草莓只反射红色光波长的光线。但总体来说，人们所能见到的可见光占能量光谱的一小部分。

三原色

原色是指无法通过其他颜色混合得到的颜色。根据颜色为光源色或物体色，原色的种类和利用原色的配色原理是不相同的。光源色的三原色是红色、绿色、蓝色，而物体色的三原色是洋红、黄色和青色。

光源色的三原色

物体色的三原色

测度光线

如何测度光线对摄影家、艺术家和颜色专家等是必须了解的，所以如果对颜色的了解仅限于感觉光创建的氛围，对测度光的质量却知之甚少是不行的。

首先需要测度的是光源色温，也称为色度。色彩学家采用开尔文标度，它是从绝对零度（-273°C）开始计算。在这个温度下任何分子都停止运动。将光线和温度配对的想法一开始让人觉得怪异，但却具有一定意义。设想加热一根铁棍，随着温度的增加，它先是变成红色，然后是白色，最后是蓝色。如果可以描述相应温度下的每个颜色段，这种联系就会一目了然。

在自然界，光的温度范围是从微弱烛光的1900K（这里的K是开尔文温度）到明亮日光的7500K。生产环境中以观察颜色为目的的情况下，一直是以5000K作为行业标准。理想情况下，这表明每个参与颜色决定人应该能在相同的光线条件下进行评估。多个环境拥有相同的光源时，输出中心的校色人员和在创作室中的设计人员可以在几乎没有其他影响因素的条件下检查相同的样张。

因为每个环境很难做到统一，所以给颜色的校正带来很大的麻烦，常见的影响因素有如下3种。

1 环境的影响

即使在同一个光源下，也会受到其他环境因素的影响，如一个浅蓝色板子放在棕色的台子上和挂在亮绿色的墙上看起来感觉会不同，这些因素使校色任务更复杂。

2 眼睛的影响

影响颜色感受的最后一个物理变量不能使用任何校正来克服，这就是视网膜上的锥状体，人眼的光接收器，其对红、绿、蓝的识别比对其他颜色的识别更为敏感。就大脑而言，颜色是一种神经反应，锥状体受到光的刺激而激发。这些显微细胞上的微小基因变异解释了两个人在相同的条件下看待同一物体会有所差别的事实。由此看来色彩的发生是对人的视觉和大脑发生作用的结果，是一种视知觉。必须经过光——眼睛——神经的过程才能见到色彩。

3 心理的影响

人眼感知颜色是生理与心理学双方面影响的事件。色彩很能反映我们的情绪，由此联系思想和下意识。与颜色相关的抽象价值不仅决定着对它的反应方式，而且在眼睛和脑子中诱发产生实体形象。社会环境甚至也会影响对颜色的感知。

范例操作　创建色板制作海报彩色效果

视频路径

Video\Chapter 7\ 创建色板制作海报彩色效果 .exe

颜色在印刷品中的运用是必不可少的，通过对颜色的准确表达，可以让印刷品表现出特殊的魅力。下面，我们就利用设置颜色属性来创建海报的颜色。

1. 新建文件

按下快捷键 Ctrl+N，保持默认设置，单击"边距和分栏"按钮，弹出"新建边距和分栏"对话框，设置"边距"均为 10mm，完成后单击"确定"按钮，新建一个文件。

辅助教学

当创建了轮廓之后，就不能对文字的字体、字号等属性进行调整了，所以建议最好在创建轮廓之前先备份一次文件。

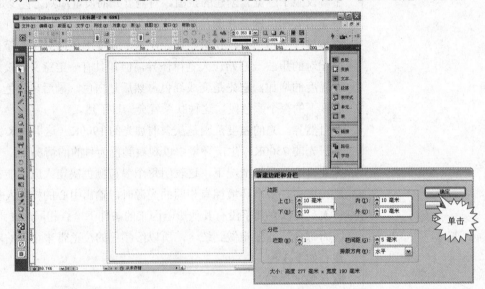

2. 创建颜色

1 执行"窗口 > 色板"命令，或者按下快捷键 F5，打开"色板"面板。

2 选中其中一种颜色，然后单击"色板"面板右下角的"新建色板"按钮，将复制刚才选中的颜色。

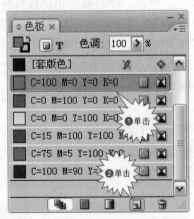 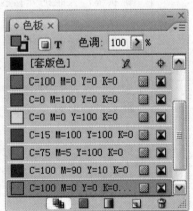

③ 双击刚才复制的颜色，弹出"色板选项"对话框，取消"以颜色值命名"复选框的勾选，然后在"色板名称"中输入名称为"粉红色"，设置"颜色模式"为 CMYK，C0,M92,Y50,K0，完成设置后单击"确定"按钮。

④ "色板"面板中刚才的复制的颜色就变成了我们设置的"粉红色"。

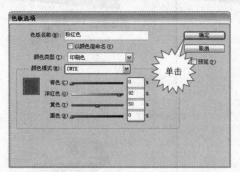

⑤ 按照上面的方法，分别再创建 4 种颜色，它们的 CMYK 值分别为 C11, M92, Y4, K0；C2, M93, Y73, K0；C53, M95, Y70, K22；C76, M24, Y13, K0；名称依次分别为紫红色、红色、灰色、蓝色，创建好后"色板"面板中将出现这几种颜色。

3. 绘制背景图形

① 单击钢笔工具，绘制一个封闭的不规则多边形路径。

② 单击"色板"面板中的"粉红色"颜色，刚才所绘制的封闭路径将填充为选择的"粉红色"。

网格的形式复杂多样，所
以，编排设计要素的空间
也很大，各种设计编排的
可能性也很大。由于应用
网格可以保持版式设计
的一致性，所以可以使设
计师有效地应用时间，并
集中精力来获得成功的
设计。

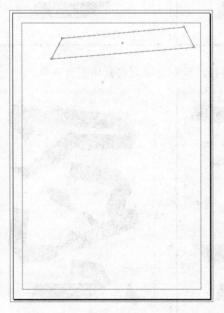

3 按照上面的方法，使用钢笔工具 ⬇ 绘制填充紫红色的路径。

4 单击"色板"面板中的"紫红色"颜色，刚才所绘制的路径将全部填充为紫红色。

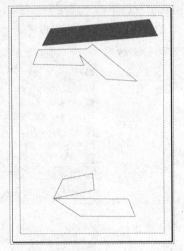
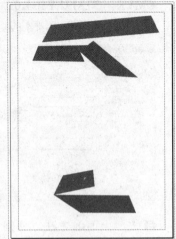

5 绘制填充红色的路径，绘制完成后将其填充为红色。

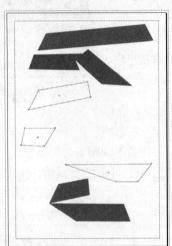
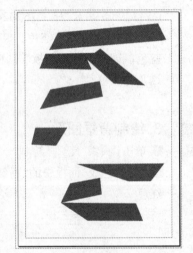

6 绘制填充灰色的路径，绘制完成后将其填充为灰色。

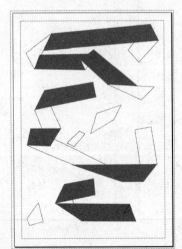

⑦ 最后绘制填充蓝色的路径，绘制完成后将其填充为蓝色，背景绘制完成。

4.添加文字

单击文字工具 T，在页面输入合适的文字，并调整其字体、字号及其颜色，拖曳到刚才绘制的彩条上，海报的绘制就完成了。

相|关|知|识——了解"色板"面板

"色板"面板是创建颜色的主要手段之一。通过对"色板"面板的了解，能够方便地创建和命名颜色、渐变或色调，并将它们快速应用于文档。色板类似于段落样式和字符样式，对色板所做的任何更改将影响应用该色板的所有对象。使用色板无须定位和调节每个单独的对象，从而使修改颜色方案变得更加容易。下面我们就对"色板"面板进行详细介绍。

默认的"色板"面板中显示 6 种用 CMYK 定义的颜色：青色、洋红色、黄色、红色、绿色和蓝色。

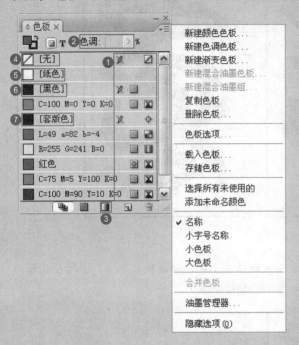

1. **颜色**："色板"面板上的图标标识了专色◎和印刷色▧颜色类型，以及 LAB ▣、RGB ▣、CMYK ▣和混合油墨◎颜色模式。
2. **色调**："色板"面板中显示在色板旁边的百分比值，用以指示专色或印刷色的色调。
3. **渐变**："色板"面板上的图标，用以指示渐变是径向▣还是线性▣。
4. **无**："无"色板可以移去对象中的描边或填色。不能编辑或移去此色板。
5. **纸色**：纸色是一种内建色板，用于模拟印刷纸张的颜色。纸色对象后面的对象不会印刷纸色对象与其重叠的部分。相反，将显示所印刷纸张的颜色。可以通过双击"色板"面板中的"纸色"对其进行编辑，使其与纸张类型相匹配。纸色仅用于预览，它不会在复合打印机上打印，也不会通过分色用来印刷。不能移去此色板。不要应用"纸色"色板来清除对象中的颜色，而应使用"无"色板。
6. **黑色**：黑色是内建的、使用 CMYK 颜色模型定义的 100% 印刷黑色。不能编辑或移去此色板。默认情况下，所有黑色实例都将在下层油墨（包括任意大小的文本字符）上叠印（打印在最上面）。可以停用此行为。
7. **套版色**：套版色◈是使对象可在 PostScript 打印机的每个分色中进行打印的内建色板。例如，套准标记使用套版色，以便不同的印版在印刷机上精确对齐。不能编辑或移去此色板。

还可以将任意颜色库中的颜色添加到"色板"面板中，以将其与文档一起存储。

> **辅助教学**
>
> 当印刷的书籍在不同章节包含冲突色板时，可以通过 InDesign 与文档进行设置同步。

在"色板"面板中创建好了颜色后，可以根据需要对颜色进行删除，这样可以有效地控制颜色，把没有用到的颜色删除。

下面我们就来介绍关于删除色板的相关知识。

删除一个已应用于文档中对象的色板时，InDesign 会提示用户提供一个替代色板。可以指定一个现有色板或未命名色板。如果删除一个用作色调或混和油墨基准的色板，InDesign 将提示用户选择一个替代色板。不能删除文档中的置入图形所使用的专色。要删除这些颜色，必须首先删除图形。

删除单个颜色

1 单击"色板"面板中的一个或多个颜色，并将其选中。

2 单击"色板"面板中的扩展按钮，打开扩展菜单，选择"删除色板"选项，或者单击"色板"面板底部的"删除色板"按钮。

3 InDesign 将弹出询问对话框，要用另一个色板替换该色板的所有实例，选择"已定义色板"选项，然后在列表中选择一个色板。

4 要用一个等效的未命名颜色替换该色板的所有实例，选择"未命名色板"选项。

辅助教学
不能删除文档中的置入图形所使用的专色。要删除这些颜色，必须首先删除图形。

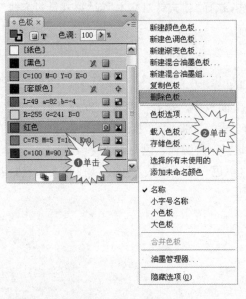 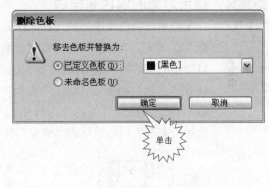

删除所有未使用的色板

1 在"色板"扩展菜单中选择"选择所有未使用的"，这将仅选择现有文件中当前未使用的色板。

2 单击"删除色板"图标。

02 应用颜色

辅助教学

若要更改虚线、点线或条纹描边中的间隙颜色，应使用"描边"面板。

InDesign 提供了大量用于应用颜色的工具，包括工具箱、"色板"面板、"颜色"面板和"拾色器"。

通过这些方法可以运用多种方法应用颜色，在这一小节，我们将介绍关于应用颜色的相关知识。

选择要着色的对象

选择要着色的的几种方法如下。

❶ 对于路径或框架，根据需要使用选择工具或直接选择工具。

❷ 对于灰度图像或单色（1 位）图像，使用直接选择工具。对于一个灰度图像或单色图像，只能应用两种颜色。

❸ 对于文本字符，使用"文字"工具更改单个单词或框架内整个文本的文本颜色。

选择颜色应用对象

在工具箱、"颜色"面板或"色板"面板中，选择"格式针对文本"或"格式针对容器"，以确定将颜色应用于文本还是文本框架。

辅助教学

只要灰度图像中不含 Alpha 通道或专色通道，即可对其应用颜色。如果导入一个带剪切路径的图像，使用"直接选择"工具选择该剪切路径，以便只将颜色应用于剪切区域。

指定对象的填色或描边

指定对象的填色或描边的几种方法如下。

❶ 在工具箱、"颜色"面板或"色板"面板中，选择"填色"框或"描边"框，以指定对象的填色或描边。（如果选择的是一个图像，"描边"框将不起作用。）

❷ 在"色板"面板或"渐变"面板中选择一种颜色、色调或渐变。

❸ 双击工具箱或"颜色"面板中的"填色"或"描边"框，以打开"拾色器"。选择所需颜色，然后单击"确定"按钮。

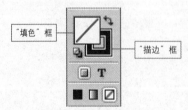

工具箱的填色和描边区域

范例操作　　载入其他文件的色板到本文件

视频路径

Video\Chapter 7\ 载入其他文件的色板到本文件.exe

如果在一个文件中已经建好了所需要的所有或部分颜色，那么在新文件中还必须再重新创建所有的颜色，显然相对麻烦，在 InDesign 中可以直接载入其他文件的色板到本文件中。

下面我们就来介绍关于载入其他文件的色板到本文件的具体操作方法。

1. 新建文件

① 按下快捷键 Ctrl+N，弹出"新建文档"对话框，设置"页面大小"为 A3，完成设置后单击"边距和分栏"按钮。

② 弹出"新建边距和分栏"对话框，设置"边距"均为 10mm，完成设置后单击"确定"按钮，新建文件。

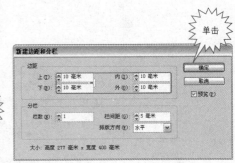

2. 拖曳参考线并显示"色板"面板

① 按下快捷键 Ctrl+R，显示标尺，并从垂直标尺中拖曳出一条垂直参考线到 210mm 位置处。

② 按下快捷键 F5，打开"色板"面板。

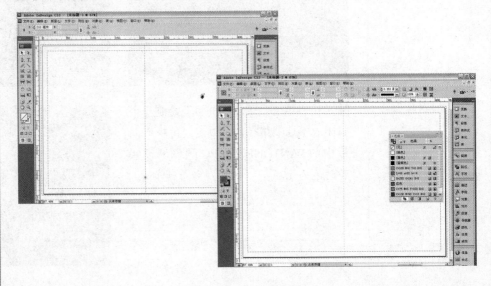

3. 载入色板

① 单击"色板"面板中的扩展按钮，打开扩展菜单，选择"载入色板"选项。

② 弹出"打开文件"对话框，打开本书配套光盘中的 chapter7\Complete\ 载入色板 .indd，"载入色板"文件中的颜色将载入到正在操作的文件中。

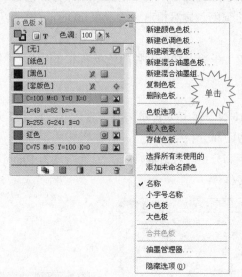

4. 绘制背景

① 单击矩形工具，在页面上绘制一个与出血边长宽相等的矩形，然后单击"色板"面板中的 PANTONE 224 PC 颜色，并设置轮廓色为无。

② 按照上面的方法，在页面的右边绘制一个矩形，并设置其填充色为 PANTONE 254 EC，轮廓色为无。

③ 单击钢笔工具，在页面上绘制一个封闭的不规则路径，并单击"色板"面板中的 PANTONE 230 PC 颜色，设置轮廓色为无。

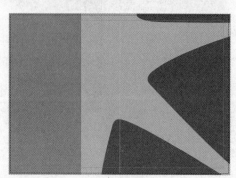

4 按照上面的方法，再绘制一个不规则封闭路径，并单击"色板"面板中的"PANTONE 240 PC 颜色，设置轮廓色为无，再按下快捷键 Ctrl+[，将路径下移一层。

5 按照上面的方法，再绘制一条封闭路径，并设置填充色为纸色，轮廓色为无。

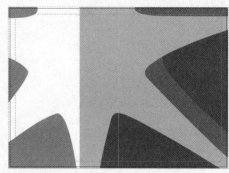

5. 添加文字

1 按下快捷键 Ctrl+D，置入本书配套光盘中的 chapter7\Media\ 寻找，张爱玲 .txt 文件。

2 单击文字工具，选中第一段文字，按下快捷键 Ctrl+C 和 Ctrl+V，复制并粘贴文字。

3 单击选择工具，选中刚才复制的段落文字，然后按下快捷键 Ctrl+M，打开"段落"面板，在首字下沉行数选项中输入 3，首字下沉一个或多个字符选项中输入 1，完成后按下 Enter 键确定，最后将文字颜色设置为纸色，并将其文字拖曳到页面右边位置。

4 将剩余文字按照从左到右的顺序排列在页面上，并调整其字体、字号以及颜色。

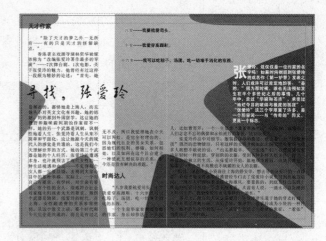

6. 置入图片

单击椭圆工具 ，在页面绘制一个正圆，然后单击选择工具 ，选中椭圆，然后按下快捷键 Ctrl+D，置入本书配套光盘中的 chapter7\Media\ 素材 1.jpg 文件，调整好图片大小和位置，杂志制作完成。

相 | 关 | 知 | 识 ——使用拾色器选择颜色

前面介绍了在"色板"面板中创建并填充颜色的方法,下面我们要介绍另一种使用拾色器选择颜色的方法。因为如果知道颜色已经确定,可以在"色板"面板中创建或者载入色板,如果想更随意地观察颜色的应用情况,使用"拾色器"更为方便。

使用"拾色器"可以从颜色色谱中选择颜色,或以数字方式指定颜色。可以使用 RGB、Lab 或 CMYK 颜色模型来定义颜色。

使用"拾色器"的方法如下。

❶ 双击工具箱或"颜色"面板中的"填色"或"描边"框,以打开"拾色器"。

❷ 更改"拾色器"中显示的颜色色谱,单击字母: R (红色)、G (绿色)、B (蓝色);或 L (亮度)、a (绿色 - 红色轴)、b (蓝色 - 黄色轴)。

"拾色器" 对话框

拖曳"拾色器"对话框中的颜色滑动条上的颜色滑块，可以调整颜色色谱的区域。另外还可以单击"添加 RGB 色板"按钮来存储色板。

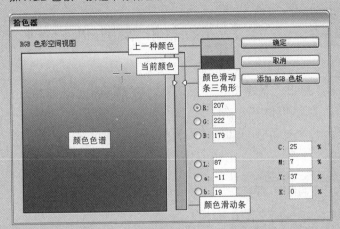

定义颜色

1️⃣ 在颜色色谱内单击或拖动。十字准线指示颜色在色谱中的位置。

2️⃣ 沿着颜色滑动条拖动滑块或在颜色滑动条内单击。

3️⃣ 在任意文本框中输入值。

4️⃣ 要将该颜色存储为色板，单击"添加 CMYK 色板"、"添加 RGB 色板"或"添加 Lab 色板"。InDesign 将该颜色添加到"色板"面板中，并使用颜色值作为其名称。

5️⃣ 单击"确定"按钮。

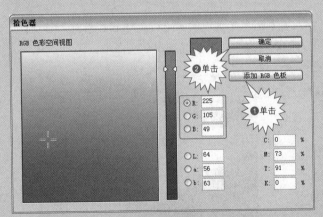

辅助教学

当设置的颜色值是 RGB 模式的时候，"拾色器"面板中显示的是"添加 RGB 色板"按钮；当设置的颜色值是 Lab 模式的时候，"拾色器"面板中显示的是"添加 Lab 色板"按钮；同样，当设置的颜色值是 CMYK 模式的时候，"拾色器"面板中显示的是"添加 CMYK 色板"按钮。

视频路径

Video\Chapter 7\ 制作杂志封面的渐变效果 .exe

渐变是两种或多种颜色之间或同一颜色的两个色调之间的逐渐混和。使用的输出设备将影响渐变的分色方式。

使用渐变能够使颜色更多变、丰富，下面就来介绍制作杂志封面的渐变效果。

1. 新建文件

1 按下快捷键 Ctrl+N，弹出"新建文档"对话框，设置页面大小为 230mm×297mm，完成后单击"边距和分栏"按钮。

2 弹出"新建边距和分栏"对话框，设置边距均为 10mm，完成设置后单击"确定"按钮，新建文件。

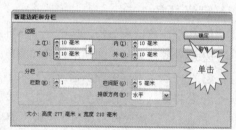

2. 置入背景图片

1 按下快捷键 Ctrl+D，置入本书配套光盘中的 chapter7\Media\ 素材 2.tif 文件。

2 单击选择工具，将置入的图片选中，并将其拖曳到页面中。

3. 绘制路径背景并填充渐变

1 单击钢笔工具T，在页面绘制一个女性轮廓的图案。

2 由于刚才绘制的图案是由 3 条封闭路径组成的，想要填充为镂空的效果，就需要创建复合路径。单击选择工具，选中最外面的路径和内部路径，执行"对象 > 路径查找器 > 减去"命令，路径将合并为一条路径。

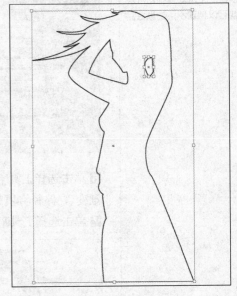

3 按照上面的方法，选中刚才已经创建为复合路径的路径和内部的另外一条路径，执行"对象 > 路径查找器 > 减去"命令。

4 按下快捷键 F5，打开"色板"面板，单击"色板"面板中的扩展按钮，打开扩展菜单，选择"新建渐变色板"选项。

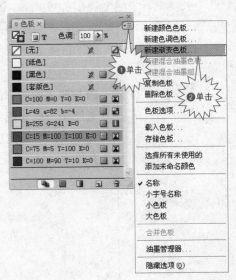

根据不同的情况，可以在创建渐变的时候，创建多种颜色的渐变，只要单击"新建渐变色板"对话框中的色带空白处，将自动创建一个滑块，拖动滑块就可以创建不同的颜色。

[5] 弹出"新建渐变色板"对话框，设置"色板名称"为"背景渐变"，"类型"为"线性"，"停止点颜色"为 CMYK，然后分别在对话框下方的色带处，创建 3 个颜色，它们依次是 C3,M90,Y33,K0；C0,M53,Y90,K0；C60,M20,Y100,K0，完成设置后单击"确定"按钮，"色板"面板中将出现刚才创建的"背景渐变"。

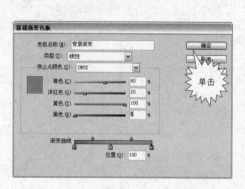
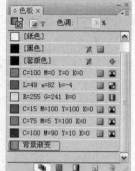

[6] 单击选择工具，将绘制的女性路径选中，然后单击"色板"面板中的"背景渐变"，路径将填充为渐变，并设置轮廓色为无。

[7] 单击选择工具，选中填充渐变的图案，并将其拖曳到页面的右下角位置。

[8] 按照上面的方法，再用钢笔工具绘制一些其他元素，并对其填充渐变，将其拖曳到页面的左上角位置。

4. 添加文字

1 单击文字工具 T，单击页面，在页面上输入文字 CONSCIOUS PARES WOLL，并设置其字体为 Snickers，字体大小为 72 点，填充色为黑色，轮廓色为白色，然后单击选择工具 ，将文字选中，将文字拖曳到页面正中位置。

2 按照上面的方法，在页面输入 Be from Asia to Africa from Northern Hemisphere go to Southern Hemisphere the footprint walk world，设置其字体为 Arial Black，字体大小为 18 点，填充色为白色，轮廓色为黑色，然后单击选择工具 ，将文字选中，将文字拖曳到刚才文字的下方。

3 最后再输入文字 PRAHA，设置合适的字体、字号和颜色，并将其拖曳到刚才的文字下方，至此，封面制作完成。

在 InDesign 中，渐变不仅可以应用于路径、描边、文本框内，还可以应用于文本中，这样大大丰富了文字的样式，下面，我们就来介绍将渐变应用于文本的方法。

在单个文本框架中，可以在默认的黑色文本和彩色文本旁边创建多个渐变文本范围。

渐变的端点始终根据渐变路径或文本框架的定界框定位。各个文本字符显示它们所在位置的渐变部分。如果调整文本框架的大小或进行其他可导致文本字符重排的更改，则会在渐变中重新分配字符，并且各个字符的颜色也会相应更改。

使用渐变填色的文本字符

❶基本渐变填色。

❷应用了渐变的文本字符。

❸添加文本后，文本相对于渐变填色的位置偏移。

如果要调整渐变以使其整个颜色范围跨越特定范围的文本字符，有两种选择。

▮ 使用"渐变"工具重置渐变的端点，以便在应用渐变时它们仅跨越选定字符。

▮ 选择文本并将其转换为轮廓（可编辑的路径），然后将渐变应用于生成的轮廓。这是文字在本身的文本框架中快速显示的最佳选择。渐变将随轮廓（而非文本框架）固定，且轮廓将继续随其余文本进行排布。不过，轮廓将作为文本框架中的单个随文图形，因此无法再编辑文本。此外，将无法继续应用排版选项；例如，转换为轮廓的文本将不会参加连字。

默认情况下，位置偏移的文字将相对于其渐变进行更改

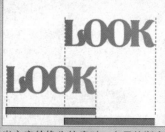

当文字转换为轮廓时，应用的渐变将随文字移动

Chapter 08

制作表格

⊙1 创建表格

辅助教学

先确认文本框架的排版
方向，再创建表。

表是由单元格的行和列组成的。单元格类似于文本框架，可在其中添加文本、随文图或其他表。创建一个表时，新建表的宽度会与作为容器的文本框的宽度一致。插入点位于行首时，表插在同一行上；插入点位于行中间时，表插在下一行上。表随周围的文本一起流动，就像随文图一样。例如，当表上方文本的点大小改变或者添加、删除文本时，表会在串接的框架之间移动。但是，表不能在路径文本框架上显示。

在这一节，我们将对创建表格的相关知识进行介绍。

直排表

表的排版方向取决于用来创建该表的文本框架的排版方向；文本框架的排版方向改变时，表的排版方向会随之改变。在框架网格内创建的表也是如此。但是，表中单元格的排版方向是可以改变的，与表的排版方向无关，直排表经常使用于纵向页面的表格排版。

直排表

横排表

在默认情况下，新建的表格均为横排表，横排表通常在项目较多和横向页面中使用。

横排表

视频路径

Video\Chapter 8\ 创建表
格 .exe

当需要对数据进行统计和归类时，使用表格是个不错的选择。使用表格可以把数据清楚地归类，方便统计。在 InDesign 中，可以利用创建表格功能轻松地将数据等归类。

下面，我们就将对创建表格的方法和步骤进行详细介绍。

1. 新建文件

■1 按下快捷键 Ctrl+N，弹出"新建文档"对话框，按照默认设置，单击"边距和分栏"按钮。

■2 弹出"新建边距和分栏"对话框，设置"出血"均为 10mm，完成设置后单击"确定"按钮，新建一个文件。

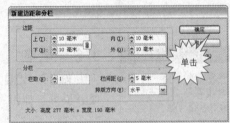

2. 绘制背景图案

■1 单击椭圆工具，在页面上绘制几个圆，并将其重叠在一起，填充合适的颜色，设置不透明度。

■2 单击选择工具，将刚才所绘制的所有圆选中，按下快捷键 Ctrl+G，群组所有圆，并将其拖曳到页面的左下角位置。

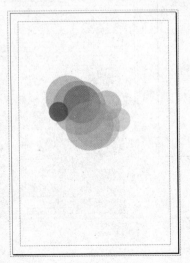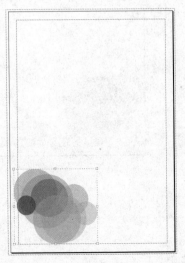

③ 单击选择工具，将刚才所绘制的背景图案选中，然后按住 Alt 键不放，并拖曳鼠标，复制背景图案。

④ 单击控制面板中的"水平翻转"按钮和"垂直翻转"按钮，将复制的背景图案调整为与右下角的背景图案相对的位置，然后将复制的背景图案拖曳到右上角位置，并将其等比例缩小。

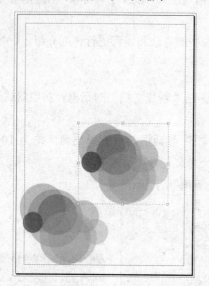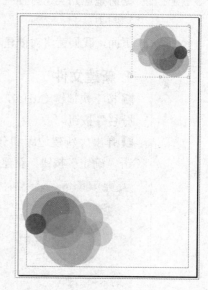

3. 创建表格

单击文字工具，并在页面拖曳出一个文本框，然后执行"表 > 插入表"命令，或者按下快捷键 Alt+Shift+Ctrl+T，弹出"插入表"对话框，设置"正文行"为23，"列"为5，"表头行"和"表尾行"均为0，完成设置后单击"确定"按钮。

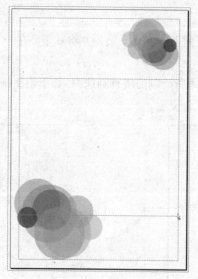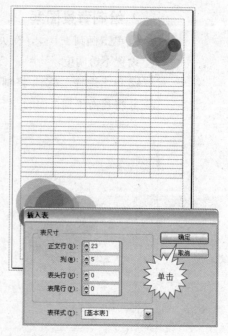

辅助教学

如果要从表中移去描边和填色，执行"视图 > 显示框架边线"以显示表的单元格边界。

4.填充表格颜色

1 单击文字工具Ｔ，将鼠标光标移动到表格第一排位置，当光标变为朝右的黑色箭头后，单击鼠标，将选中第一排的表格。

2 设置表格的填充色为绿色，轮廓色为无，表格的第一排将填充为绿色。

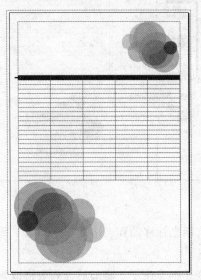
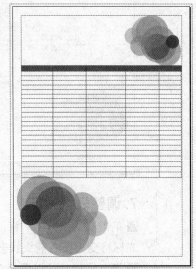

5.设置表格轮廓色

1 单击文字工具Ｔ，从右下角到左上角拖曳鼠标，将表格全部选中。

2 设置表格的轮廓色为深绿色，表格的轮廓色将全部为深绿色。

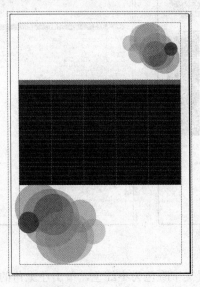
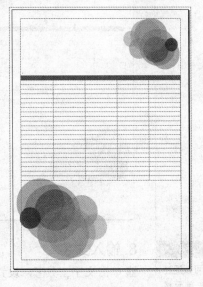

辅助教学

要在选择单元格中的所有文本与选择单元格之间进行切换，按下 Esc 键。

6.合并单元格

单击文字工具Ｔ，将除第一排表格的其他最后一列表格选中，然后单击鼠标右键，在弹出的快捷菜单中选择"合并单元格"选项，选中的单元格将合并为一个单元格。

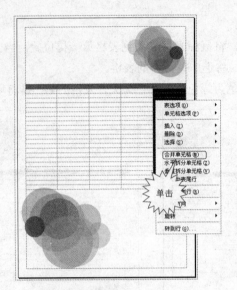
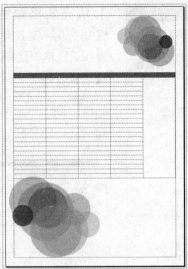

7. 调整表格宽度

1 单击文字工具T,将鼠标光标移动到表格第一列和第二列的交界处位置,鼠标光标将变为左右箭头状态。

2 拖曳鼠标就可以调整表格的宽度了,将最后一列表格调整宽些,其他表格依次调整窄些。

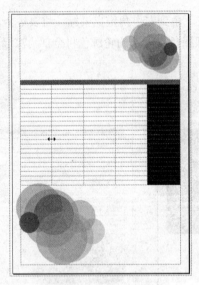
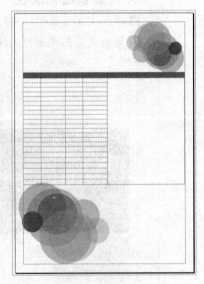

8. 输入文字

1 单击文字工具T,设置文字颜色为枣红色,单击左上角的表格,将出现输入的光标,在第一行表格中分别输入文字"服装编号、销售数量(件)、销售金额(元)、利润、备注:"。

2 按照上面的方法,在第一列的表格中分别输入产品编号。

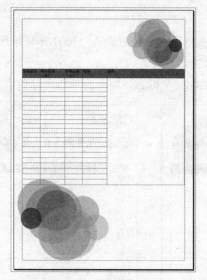
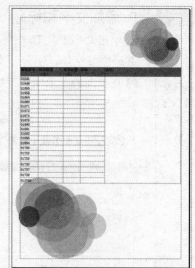

③ 将除最后一列外的所有表格选中，在控制面板中单击"居中对齐"按钮▤，所有的文字将居中对齐。

④ 按照上面创建表格和编辑表格的方法，在页面右下角创建一个"正文行"为2，"列"为2，"表头行"和"表尾行"均为0的表格，并设置填充色和轮廓色同上面的表格一样。

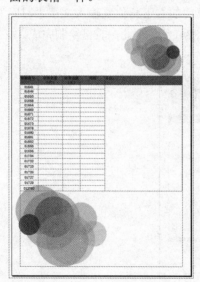
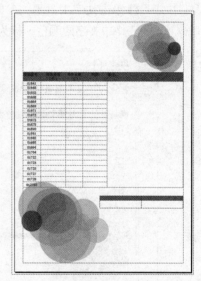

⑤ 在新建的表格的第一行分别输入"负责人、签字"文字，然后单击居中对齐▤按钮，使文字居中对齐。

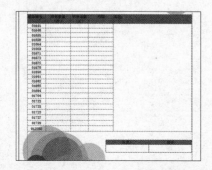

文字和图片是设计最主要的元素，而版面设计就是组织这两种元素的方式，从而使读者能有效地与设计作品产生交流。一件设计作品的信息传达功能受到文字图片以及其他元素的影响。

9. 添加文字和标题

1 单击文字工具 T，在页面的正上方位置输入"2007 年夏季服装（女装）销售表"，并调整好字体、字号、文字颜色等。

2 在页面的左上角位置绘制一个标志，填充为绿色，与整个页面协调。

3 单击文字工具 T，在页面的右下角位置输入文字"时间"，并设置文字颜色与表格中文字的颜色一样为枣红色，至此，表格绘制完成。

相｜关｜知｜识 ——从其他应用程序导入表

在 InDesign 中，除了可以直接创建表格以外，还可以从其他应用程序中导入表格，简化了在 InDesign 中的操作，并且导入的表格依然可以在 InDesign 中进行编辑。

下面我们就来介绍从其他应用程序导入表的具体方法。

导入表

执行"文件 > 置入"命令，或按下快捷键 Ctrl+D，弹出"置入"对话框，选中要置入的 Word 文件或 Excel 文件的路径，单击"确定"按钮，置入 Word 或 Excel 中的表格。

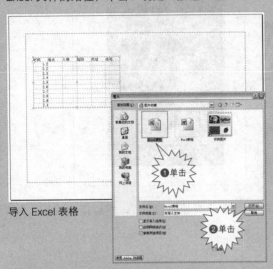

导入 Excel 表格

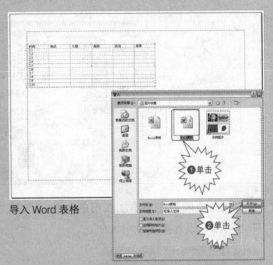

导入 Word 表格

> **辅助教学**
>
> 要控制置入的 Excel 和 Word 表格的格式，可以勾选"置入"对话框下方的"显示导入选项"，打开"导入选项"对话框进行控制。

复制、粘贴表

除了可以直接导入表以外，也可以将 Excel 电子表格或 Word 表中的数据粘贴到 InDesign 文档中。"剪贴板处理"首选项设置决定如何为从另一个应用程序粘贴的文本设置格式。如果选中的是"纯文本"，则粘贴的信息显示为无格式制表符分隔文本，之后可以将该文本转换为表。如果选中"所有信息"，则粘贴的文本显示在带格式的表中。

插入表

要将另一个应用程序中的文本粘贴到现有的表中，需要插入足够容纳所粘贴文本的行和列，在"剪贴板处理"首选项中选择"纯文本"，并确保至少选中一个单元格（除非想将粘贴的表嵌入一个单元格中）。

为了让表格更加生动、形象,经常需要在表格中添加图形。下面我们就来介绍在表格中添加图形的具体方法,请执行下列操作之一。

1 将插入点放置在要添加图形的位置,执行"文件 > 置入"命令,或者按下快捷键 Ctrl+D, 在打开的"置入"对话框中选择文件,然后单击"打开"按钮。

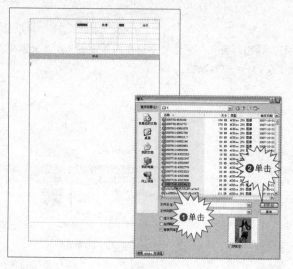

2 将插入点放置在要添加图形的位置,选择"对象 > 定位对象 > 插入",然后指定设置,随后即可将图形添加到定位对象中。

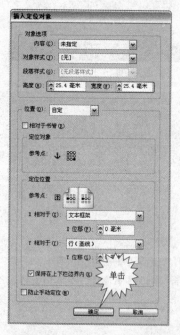
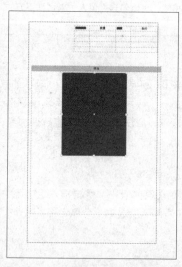

辅助教学

为避免单元格溢流,最好先将图像放置在表格外,调整图像的大小后再将图像粘贴到表单元格中。

02 编辑表格

辅助教学

文字和图片周围的空间大小和编排的紧密度是版式设计的主要考虑点。许多设计师时常觉得自己好像一直在为"填满"这些空间而工作，而不是合理地应用这些页面的空间来完成出优秀的设计作品。如果各设计要素间编排得过于紧凑，会让人有一种窒息感。但同时，如果能够合理地应用空间，其效果就会截然不同。

在前一小节，已经介绍了关于创建表格的相关知识，如果单是会创建表格远远不够，想要制作出美观、实用的表格还必须对表格进行编辑。下面，我们就对编辑表格的方法进行介绍。

移动或复制表

1 要选择整个表，需要将插入点放置在表中，然后选择"表 > 选择 > 表"命令。

2 选择"编辑 > 剪切"或"复制"命令，将插入点移至要显示表的位置，然后选择"编辑 > 粘贴"命令。

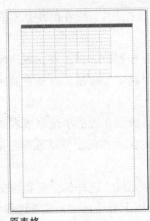
原表格

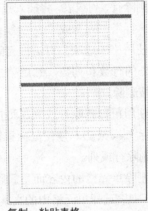
复制、粘贴表格

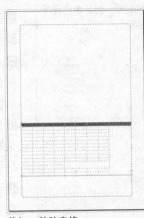
剪切、粘贴表格

剪切、复制和粘贴表内容

对于在单元格内选择的文本，剪切、复制和粘贴操作和在表外选择的文本一样。还可以剪切、复制并粘贴单元格及其内容。如果粘贴时插入点位于表中，则多个粘贴的单元格会显示为表中表。还可以移动或复制整个表。

选择要剪切或复制的单元格，然后选择"编辑 > 剪切"或"复制"命令。请执行下列操作之一。

1 要向表中再嵌入表，将插入点放置在要显示嵌入表的单元格中，然后选择"编辑 > 粘贴"命令。

2 要替换现有单元格，在表中选择一个或多个单元格（确保选定单元格的下方和右边有足够的单元格），然后选择"编辑 > 粘贴"命令。

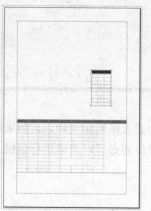
原表格

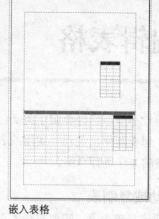
嵌入表格

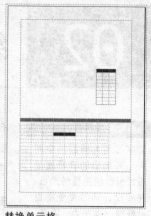
替换单元格

删除行、列或表

要删除行、列或表可以使用以下方法。

1 要删除行、列或表，将插入点放置在表中，或者在表中选择文本，然后执行"表 > 删除 > 行"、"列"或"表"命令。

2 要使用"表选项"对话框删除行和列，选择"表 > 表选项 > 表设置"命令。指定另外的行数和列数，然后单击"确定"按钮。行从表的底部被删除，列从表的右侧被删除。

3 要使用鼠标删除行或列，将指针放置在表的下边框或右边框上，以便显示双箭头图标（↔或↕）。按住鼠标按钮，然后在向上拖动或向左拖动时按住 Alt 键，以分别删除行或列。

4 要删除单元格的内容而不删除单元格，选择包含要删除文本的单元格，或使用文字工具 T 选择单元格中的文本。按下 Delete 键，或者选择"编辑 > 清除"命令。

原表格　　　　　　　　　　删除一行单元格

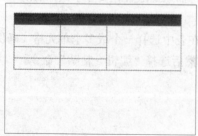
删除五行单元格

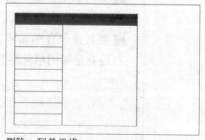
删除一列单元格

视频路径

Video\Chapter 8\ 绘制公交时刻表 .exe

在绘制表格时，经常需要对表格进行进一步的编辑，因为在新建表格时，往往会因为估计不足或其他原因，需要在原来表格的基础上插入行或列。下面，我们将以绘制公交时刻表为例，介绍关于编辑表格的知识。

1. 新建文件

1 按下快捷键 Ctrl+N，弹出"新建文档"对话框，设置"页面大小"为 A5，"页面方向"为横向，完成设置后单击"边距和分栏"按钮。

2 弹出"新建边距和分栏"对话框，设置"边距"均为 5mm，设置完成后单击"确定"按钮，新建一个文件。

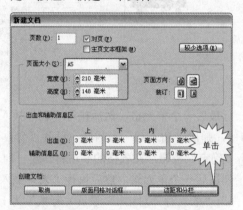
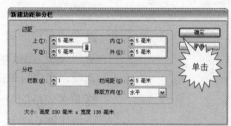

2. 绘制背景

1 单击钢笔工具，在页面绘制一个公交车的造型，然后将其创建为复合路径，使绘制的几个路径成为一个路径。

2 设置公交车的填充色和轮廓色均为黑色，然后单击选择工具，将复合路径选中，并拖曳到页面的右下角位置。

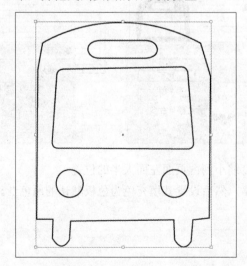
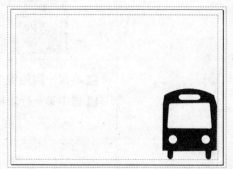

3. 创建表格并编辑

1 单击钢笔工具 ，从左上角拖曳出一个矩形框，然后执行"表 > 插入表"命令，或者按下快捷键 Alt+Shift+Ctrl+T。

2 弹出"插入表"对话框，设置"正文行"为 24，"列"为 3，表头行和表尾行均为 0，完成设置后单击"确定"按钮，插入一个表格。

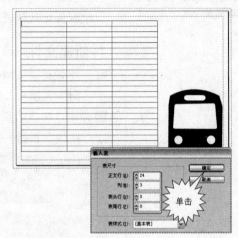

3 单击表格的第一行最后一个单元格，然后执行"表 > 插入 > 列"命令，或者按下快捷键 Alt+Ctrl+9，弹出"插入列"对话框，设置"列数"为 1，并选择"右"选项，完成后单击"确定"按钮，在表格的右边将新建一列表格。

4 单击表格的第一列最后一个单元格，然后执行"表 > 插入 > 行"命令，或者按下快捷键 Ctrl+9，弹出"插入行"对话框，设置"行数"为 1，并选择"下"选项，完成后单击"确定"按钮，在表格的下边将新建一行表格。

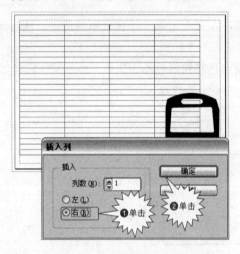
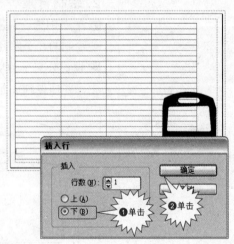

5 将每一列的宽度缩小到占页面左面大半的位置。

6 选中第一行表格，然后设置其填充色为色板默认的原色红。

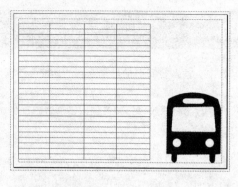 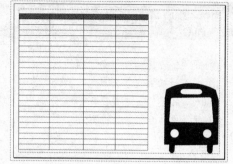

7 将表格全部选中，并设置其轮廓色为色板默认的蓝色。

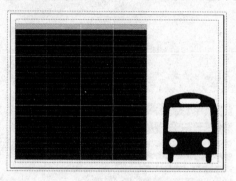 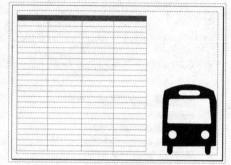

8 选中第一列除第一行外的单元格，并将其填充色设置为绿色。

9 按照上面的方法，设置第三列除第一行外的单元格的填充色也为绿色。

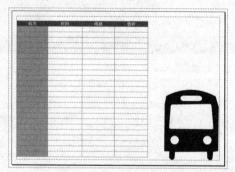 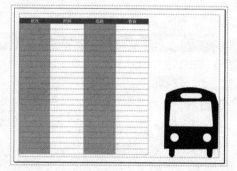

4. 添加文字

单击文字工具 T，在页面右上角从上到下输入文字"公交时刻表 & 公交线路"、"Schedule"和"为您的出行带来真正的方便与快捷"，并调整字体、字号、颜色，然后在表格第一行分别输入"班次"、"时间"、"线路"、"售价"，并将文字居中对齐。至此，公交时刻表绘制完成。

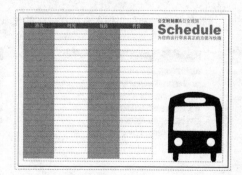

相｜关｜知｜识 —— 插入行和列

前面我们已经介绍了关于编辑表格的方法，其中，插入行和列是最常用到的功能，下面，我们就详细介绍插入行和列的方法。

插入行和列的方法主要有 4 种，分别为：插入行、插入列、插入多行和多列以及通过拖动的方式插入行和列，下面来具体介绍这几种方法。

插入行

1 将插入点放置在希望新行出现的位置的下面一行或上面一行。

2 执行"表 > 插入 > 行"命令。

3 指定所需的行数。

4 指定新行应该显示在当前行的前面还是后面，然后单击"确定"按钮。

新的单元格将具有与插入点放置行中的文本相同的格式。

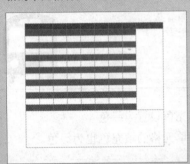 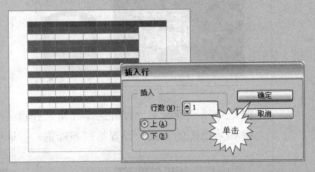

辅助教学

还可以通过在插入点位于最后一个单元格中时按 Tab 键的方法创建一个新行。

插入列

1 将插入点放置在希望新列出现的位置旁的列中。

2 执行"表 > 插入 > 列"命令。

3 指定所需的列数。

4 指定新列应该显示在当前列的前面还是后面，然后单击"确定"按钮。

新的单元格将具有与插入点放置列中的文本相同的格式。

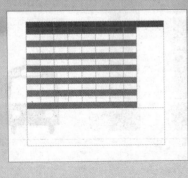 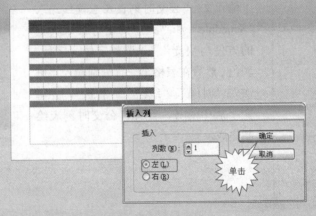

插入多行和多列

① 将插入点放置在表中，然后执行"表 > 表选项 > 表设置"命令。

② 指定另外的行数和列数，然后单击"确定"按钮。

新行将添加到表的底部；新列则添加到表的右侧。

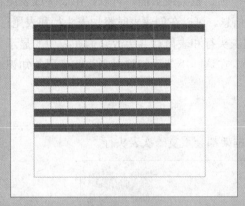 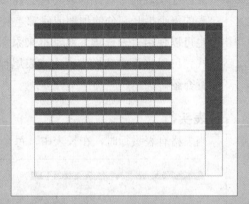

通过拖动的方式插入行或列

添加列时，如果拖动的距离超过了被拖动列宽度的 1.5 倍，就会添加与原始列等宽的新列。如果通过拖动来插入仅一个列，则该列可以比被拖动的列窄或宽。除非被拖动行的"行高"设置为"至少"，否则行也会出现这一情况。在这种情况下，如果通过拖动来创建仅一个行，则 InDesign 就会根据需要使新行"长高"，以便它达到可以包含文本的高度。

① 将文字工具[T]放置在列或行的边框上，以便显示双箭头图标（↔或↕）。

② 按住鼠标左键，然后在向下拖动或向右拖动时按住 Alt 键，即可分别创建新行或新列。（如果在按鼠标左键之前按下 Alt 键，则会显示抓手工具，因此，一定要在按 Alt 键之前开始拖动。）

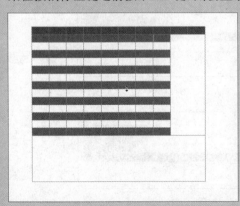 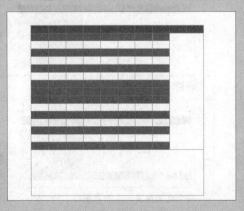

03

表头和表尾

如果创建的单个表跨越某个跨页的两个页面，则需要在该表的中间添加一个空列，以便创建内边距。

在创建长表的时候，该表可能会跨多个栏、框架或页面。可以使用表头或表尾在表的每个拆开部分的顶部或底部重复信息。可以在创建表时添加表头行和表尾行。也可以使用"表选项"对话框来添加表头行和表尾行并更改它们在表中的显示方式。可以将正文转换为表头或表尾行。在这一小节我们将对表头和表尾的知识进行介绍。

表头行

当表格有表头行时，在长表中，每个框架都会重复一次表头行。

表格没有表头行

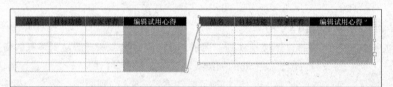

每个框架重复一次的表头行

表尾行

当表格有表尾行时，在长表中，每个框架都会重复一次表尾行。

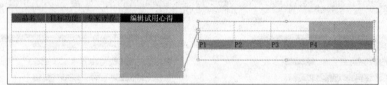

表格没有表尾行

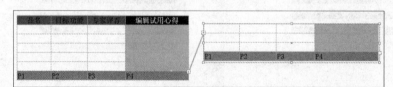

每个框架重复一次的表尾行

视频路径

Video\Chapter 8\ 制作杂
志中的表格 .exe

1. 新建文件

1 执行"文件 > 新建 > 文档"命令，或按下快捷键 Ctrl+N，弹出"新建文档"对话框，
设置"页面大小"为 A3，"页面方向"为"横向"，完成设置后单击"边距和分栏"
按钮。

2 弹出"新建边距和分栏"对话框，设置"出血"均为 10mm，完成后单击"确定"
按钮，新建一个文件。

 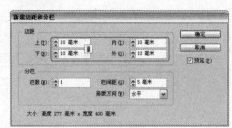

2. 创建表格

1 在垂直标尺处拖曳出一条参考线，并将其拖曳到页面 210mm 处。

2 单击文字工具，在页面左边拖曳出一个文本框。

3 执行"表 > 插入表"命令，或者按下快捷键 Alt+Shift+Ctrl+T，弹出"插入表"
对话框，设置"正文行"为 13，"列"为 5，"表头行"和"表尾行"均为 0，完
成后单击"确定"按钮。

4 选中第一行表格，然后将其填充色设置为红色。

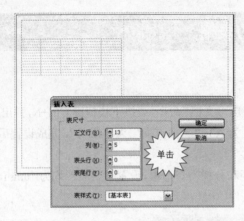
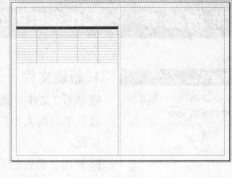

[5] 按照上面的方法，选中最后一行表格，并设置其填充色为黄色。

[6] 设置第二列表格的填充色为黑色。

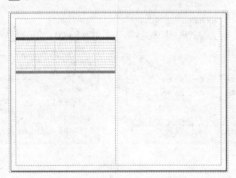
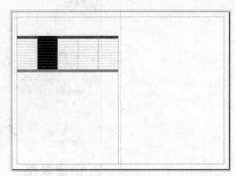

[7] 设置除第一行和最后一行表格的第四列表格的填充色为淡黄色，并在"色板"面板中右上角的色调文本框中输入 30%，设置填充色的色调为 30%。

[8] 单击文字工具，将表格全部选中，然后在"色板"面板中设置表格的轮廓色的色调为 30%，完成设置后按下 Enter 键确定。

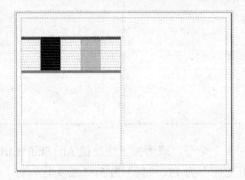
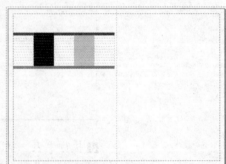

3. 编辑表格

[1] 单击文字工具，然后将表格第二列和第三列缩小，将第四列表格放大。

[2] 按照上面的方法，将除第一行和最后一行外的其他单元格等距离增宽到两个页面。

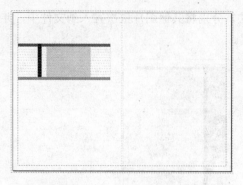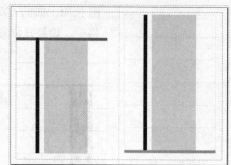

辅助教学

将内容转换成表头行或
表尾行，在每个串接表格
中都将显示出表头行和
表尾行。

4. 转换表头行和表尾行

1 单击文字工具▣，将表格第一行选中，然后单击鼠标右键，打开快捷菜单，选择"转换为表头行"选项，第一行将转换为表头行。

2 按照上面的方法，选中最后一行表格，然后单击鼠标右键，打开快捷菜单，选择"转换为表尾行"选项，第一行将转换为表尾行。

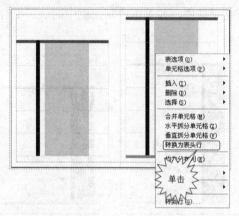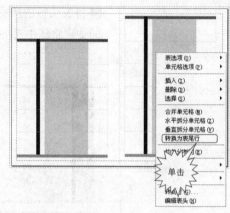

5. 添加图片

1 按下快捷键 Ctrl+D，置入本书配套光盘中的 chapter8\Media\ 白羊座 .GIF 文件。

2 单击选择工具▣，将置入的图片选中，并按下快捷键 Ctrl+X，剪切图片。然后单击文字工具▣，在表格除表头行外的第一行的第一个单元格中单击，当光标出现后，按下快捷键 Ctrl+V，将图片粘贴到表格中，并进行位置调整。

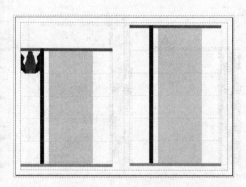

3 按照上面的方法，分别将其他图片依次置入到文件中，并将其依次粘贴到单元格中，调整好位置。

6. 添加文字

1 单击文字工具 T，在表头行分别输入文字"星座"、"本月恋爱运"、"星座性格"，并将文字的颜色设置为纸色。

2 将表头行的所有文字选中，并单击控制面板中的"居中对齐"按钮，表头行中的文字将居中对齐。

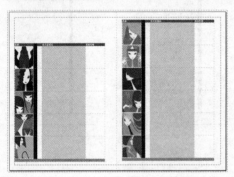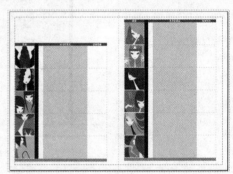

3 单击文字工具 T，在表尾行分别输入文字 N1,N2,N3,N4,N5，将其文字颜色设置为黑色。

4 按下快捷键 Ctrl+D，置入本书配套光盘中的 chapter8\Media\ 星座 .txt 文件。

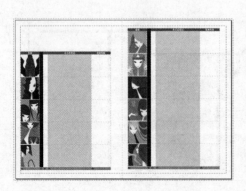

⑤ 单击文字工具⊤，将刚才所置入的文本中的第一行文字中的月份文字和英文名称复制到第二列表格中，并设置文字填充色为白色，将第二行文字复制到第三列表格中，并设置文字填充色为红色。

⑥ 按照上面的方法，将所有星座排好。

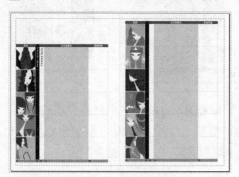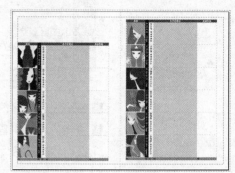

⑦ 将白羊座的第一段文字复制并粘贴到第四列表格中。

⑧ 将白羊座的第二段文字复制并粘贴到第五列表格中。

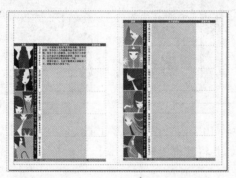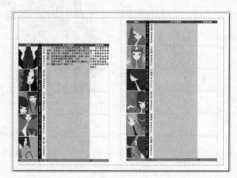

⑨ 按照上面的方法，将所有的星座的文字都复制到第四列和第五列表格中。

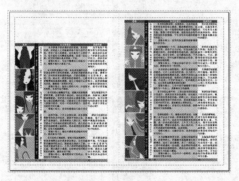

7. 添加标题和元素图形

① 单击钢笔工具⊤，在页面左上角位置绘制一条曲线路径。

② 单击路径文字工具，单击路径节点，当光标闪动时，将置入文本文件中的最后一段文字复制到路径中。

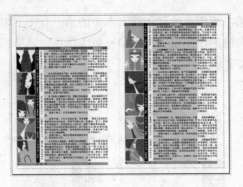

③ 将路径的轮廓色设置为无，并将文字调整到合适的字体、字号、颜色。

④ 单击矩形工具□，绘制一个矩形，将矩形制作成圆角矩形，并设置填充色为红色，然后复制一个矩形并将其颜色设置为灰色。

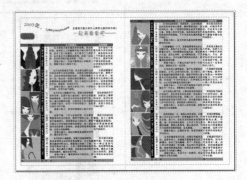

⑤ 将两个矩形均旋转10°，并单击文字工具Ⅱ，在矩形上输入文字"星座"，设置文字颜色为纸色，并将其也旋转10°，至此，杂志表格就制作完成了。

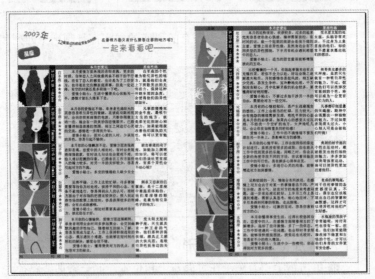

相 | 关 | 知 | 识——删除行、列或表并将表头行和表尾行转换为正文

当在对表格进行排版时，可以对表格随时进行修改，删除行、列或表以及将表格的表头行和表尾行转换为正文，下面我们就对删除行、列或表以及将表头行和表尾行转换成正文的方法进行介绍。

删除行、列或表的几种方法如下。

1 要删除行、列或表，将插入点放置在表中，或者在表中选择文本，然后选择"表 > 删除 > 行"、"列"或"表"命令。

2 要使用"表选项"对话框删除行和列，选择"表 > 表选项 > 表设置"。指定另外的行数和列数，然后单击"确定"按钮。行从表的底部被删除，列从表的右侧被删除。

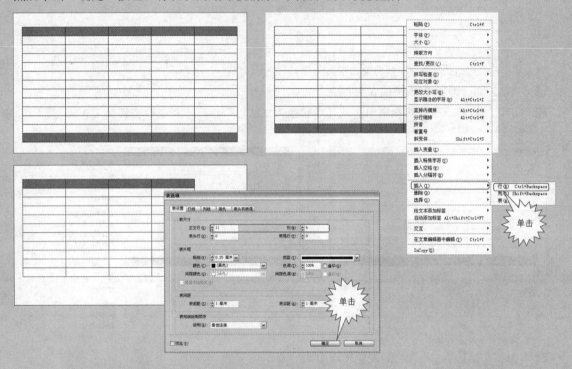

辅助教学

在直排表中，行从表的左侧被删除；列从表的底部被删除。

3 要使用鼠标删除行或列，将指针放置在表的下边框或右边框上，以便显示双箭头图标（←┃→或↕）。按住鼠标左键，然后在向上拖动或向左拖动时按住 Alt 键，以分别删除行或列。

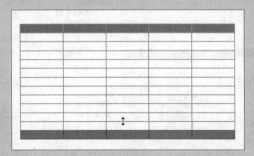
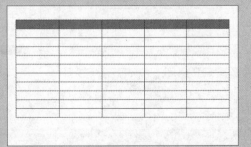

4 要删除单元格的内容而不删除单元格，选择包含要删除文本的单元格，或使用文字工具 T 选择单元格中的文本。按下 Delete 键，或者执行"编辑 > 清除"命令。

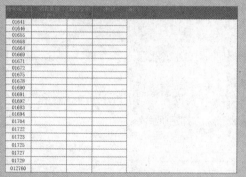
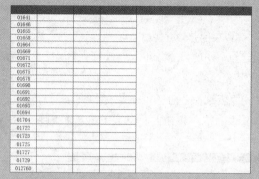

将表头行和表尾行转换成正文的方法如下。

1 单击文字工具 T ，将表格的表头行选中。

2 单击鼠标右键，打开快捷菜单，选择"转换为正文行"选项，表头行将转换为正文行。

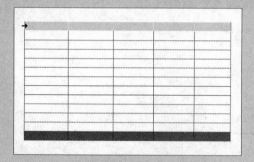
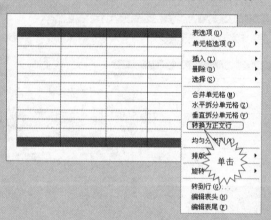

3 单击文字工具 T ，将表格的表尾行选中。

4 单击鼠标右键，打开快捷菜单，选择"转换为正文行"选项，表头行将转换为正文行。

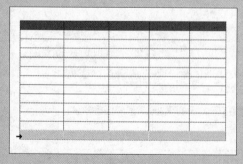
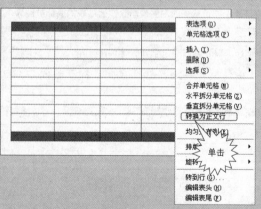

04 修饰表格

为了让表格的样式更加丰富，我们经常需要对表格进行修饰，最常用的手段就是通过多种方式将描边（即表格线）和填色添加到表中。

在这一小节，我们将对修饰表格的相关知识进行介绍，读者通过学习，能够熟练掌握修饰表格的技巧和知识。

使用"表选项"对话框可以更改表边框的描边，并向列和行中添加交替描边和填色。要更改个别单元格或表头/表尾单元格的描边和填色，使用"单元格选项"对话框，或者使用"色板"、"描边"和"颜色"面板。

默认情况下，使用"表选项"对话框选择的格式将覆盖以前应用于表单元格的任何相应格式。但是，如果在"表选项"对话框中选择"保留本地格式"选项，则不会覆盖应用于个别单元格的描边和填色。

如果要对表或单元格重复使用相同的格式，最好创建并应用表样式或单元格样式。

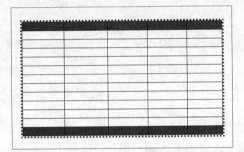

点线描边

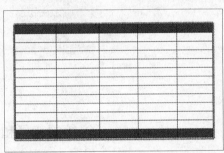

左斜线描边

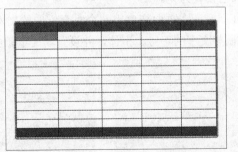

填充渐变

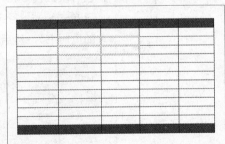

单元格描边

视频路径

Video\Chapter 8\ 制作 DM
单中的表格 .exe

在绘制表格中，可以通过设置表格的描边来添加表格的样式，在很多印刷品中，为了引人注目，常常会使用较为醒目的样式来设置表格。下面我们就来介绍绘制DM 单中的表格。

1. 新建文件

1 按下快捷键 Ctrl+N，弹出"新建文档"对话框，设置"页面大小"为 A3，"页面方向"为横向，完成后单击"边距和分栏"按钮。

2 弹出"新建边距和分栏"对话框，设置"出血"均为 5mm，完成后单击"确定"按钮，新建一个文件。

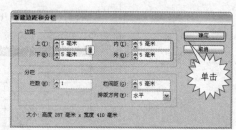

2. 绘制背景和标题

1 单击矩形工具，在页面上绘制一个和出血线大小一样的矩形，并设置其填充色为淡红色，轮廓色设置为无。

2 单击直排文字工具，在页面拖曳出一个垂直方向的文本框，输入文字"时髦的说明书"，然后调整文字的字号、字体，并设置其文字颜色为紫红色。

时髦的说明书

③ 单击文字工具■，然后在刚才所输入的文字的"的"字后面单击，当出现光标后，按下 4 次空格键。

④ 单击矩形工具■，在页面上绘制一个矩形，并设置其填充色和轮廓色均为灰绿色，然后单击文字工具■，在矩形中输入文字"美容"，并设置其文字颜色为白色，然后将其旋转 20°，单击选择工具■，选中矩形，将其拖曳到标题的中间部分。

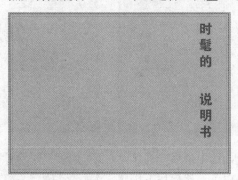

⑤ 按照上面的方法，绘制一个矩形，设置其填充色为灰绿色，并在其中输入"面面观"，然后将其旋转 -20°，并将其拖曳到"说明书"的上方。

⑥ 单击文字工具■，在刚才所制作的两个矩形的中间输入符号"&"。

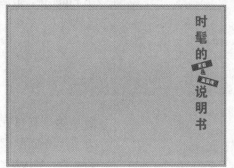

3. 绘制表格

单击文字工具■，在页面上拖曳出一个文本框，然后按下快捷键 Alt+Shift+Ctrl+T，弹出"插入表"对话框，设置其"正文行"为 10，"列"为 2，"表头行"和"表尾行"均为 0，完成设置后单击"确定"按钮。

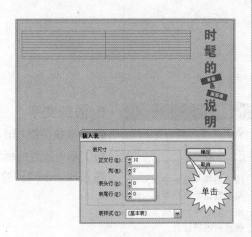

辅助教学

多数情况下，增加单元格内边距将增加行高。如果将行高设置为固定值，请确保为内边距留出足够的空间，以避免导致溢流文本。

4. 编辑表格

1 单击文字工具T，将表格的宽度拖曳成左边宽，右边窄。

2 选中最后一列单元格，并设置其填充色为粉红色。

 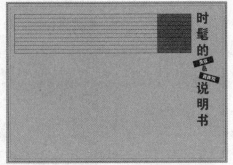

3 单击文字工具T，选中最后一列单元格，设置填充色为白色，然后按下快捷键 F10，打开"描边"对话框，设置最后一列单元格的"粗细"为 1mm，"类型"为"粗 - 细"，"间隙颜色"为淡红色，"间隙色调"为 100%，完成设置后按下 Enter 键，最后一列将应用描边效果。

4 将第一列单元格选中，按照上面的方法，设置第一列单元格的描边颜色为粉红色，描边粗细为 1mm，类型为"实底"。

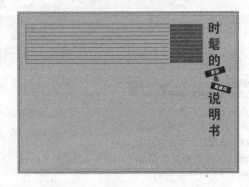

5. 添加文字

1 按下快捷键 Ctrl+D，置入本书配套光盘中的 chapter8\Media\DM 单文字 .txt 文件，将文章中所有的标题部分分别复制到第二列单元格中，并设置其文字颜色为纸色。

2 按照上面同样的方法，将每一段的内容部分分别复制到第一列单元格中。

辅助教学

要更改单元格内文本的水平对齐方式，使用"段落"面板中的对齐方式选项。要将单元格中的文本与小数点制表符对齐，使用"制表符"面板添加小数点制表符设置。

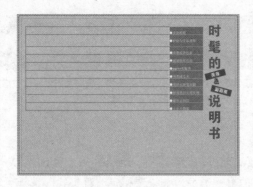 

③ 单击文字工具 T，将表格中的所有内容选中。

④ 单击控制栏上的"居中对齐"按钮 ，所有内容文字将居中显示。至此，DM单中的表格绘制完成。

相｜关｜知｜识 ——交替描边和填色

在表格的描边和填色中，除了可以一次性对一列或一行单元格进行描边和填色以外，在 InDesign 中还可以对表格进行交替描边和填色，使用交替描边和填色可以提高可读性或改善表的外观，并且，向表行中添加交替描边和填色不会影响表的表头行和表尾行的外观，但是，向列中添加交替描边和填色确实会影响表头行和表尾行。除非在"表选项"对话框中选择"保留本地格式"选项，否则，交替描边和填色设置会覆盖单元格描边格式。

下面我们就来介绍关于交替描边和填色的知识和方法。

在表中交替填色之前　　　　　　　　　　　在表中交替填色之后

添加交替描边

1 将插入点放置在表中，然后选择"表 > 表选项 > 交替行线"或"交替列线"命令。

2 对于"交替模式"，选择要使用的模式类型。如果要指定一种模式，选择"自定"选项。

3 在"交替"下，为第一种模式和后续模式都指定描边或填色选项。

4 需要以前应用于表的格式描边保持有效，则选择"保留本地格式"选项。

5 在"跳过第一个"和"跳过最后一个"处，可指定表的开始和结束处不希望其中显示描边属性的行数或列数，然后单击"确定"按钮。

原表格

添加交替描边

添加交替填色

1 将插入点放置在表中，然后选择"表 > 表选项 > 交替填色"命令。

2 对于"交替模式"，选择要使用的模式类型。如果要指定一种模式，选择"自定"选项。

3 在"交替"下，为第一种模式和后续模式都指定描边或填色选项。

4 要使以前应用于表的格式填色保持有效，则选择"保留本地格式"选项。

5 在"跳过第一个"和"跳过最后一个"处，可指定表的开始和结束处不希望其中显示填色属性的行数或列数，然后单击"确定"按钮。

Chapter 09

图层和透明度

图层

每个文档都至少包含一个已命名的图层。通过使用多个图层，可以创建和编辑文档中的特定区域或各种内容，而不会影响其他区域或其他种类的内容。在这一节我们将对图层的知识和应用进行介绍。

当文档因包含了许多大型图形而打印速度缓慢时，可以为文档中的文本单独使用一个图层；这样，在需要对文本进行校对时，就可以隐藏所有其他图层，而快速地仅将文本图层打印出来。还可以使用图层在同一个版面中显示不同的设计思路，或者为不同的区域显示不同版本的广告。

关于图层

可以将图层想像为层层叠加在一起的透明纸。如果图层上没有对象，就可以透过它看到后面的图层上的任何对象。

1 主页上的对象显示在各个图层的底，如果主页项目位于较高的图层上，则主页对象可以显示在文档页面对象之前。

2 图层涉及到文档的所有页面，包括主页在内。

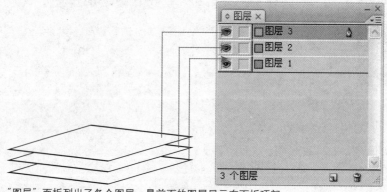

"图层"面板列出了各个图层，最前面的图层显示在面板顶部

创建图层

可以随时使用"图层"面板菜单中的"新建图层"命令或"图层"面板底部的"创建新图层"按钮来添加图层。文档可以具有的图层数仅受 InDesign 可以支配的内存的限制。

创建图层的具体操作步骤如下。

1 执行"窗口 > 图层"命令。

2 要使用默认设置创建新图层，请执行以下操作之一。

● 要在"图层"面板列表的顶部创建一个新图层，单击"创建新图层"按钮。

● 要在选定图层上方创建一个新图层，按住 Ctrl 键不放，并单击"创建新图层"按钮。

视频路径

Video\Chapter 9\ 绘制画
册页面 .exe

图层存在于每个文档中，它的主要作用是创建和编辑文档中的特定区域或各种内容，而不影响其他区域或其他种类的内容。因此在很多印刷品中，都需要创建几个或更多的图层，以满足不同时候的需要。

下面，我们就对绘制画册页面进行详细介绍，以此学习图层的创建、编辑等相关知识。

1. 新建文件

1 执行"文件 > 新建"命令，或按下快捷键 Ctrl+N，弹出"新建文档"对话框，设置页面大小为 177.8mm×215.9mm，完成设置后单击"边距和分栏"按钮。

2 弹出"新建边距和分栏"对话框，设置"出血"均为 5mm，完成后单击"确定"按钮，新建一个文件。

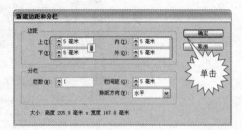

2. 新建图层

1 执行"窗口 > 图层"命令，或者按下快捷键 F7，打开"图层"面板，双击"图层 1"，弹出"图层选项"对话框，设置"名称"为"背景色"，完成设置后单击"确定"按钮，"图层"面板中的"图层 1"就更改为了"背景色"。

2 单击两次"图层"面板右下角的"创建新图层"按钮，创建两个图层，并按照上面的方法，分别将其命名为"背景图案"和"文字"。

单击

3. 新建颜色并绘制背景色

1 按下快捷键 F5，打开"色板"面板，分别新建 4 个新颜色，它们的 RGB 值分别为：R255,G140,B83，R255,G126,B105，R249,G117,B130，R245,G89,B126，名称分别为"色块 1"、"色块 2"、"色块 3"、"色块 4"。

2 然后再新建一个渐变色，设置其渐变的名称为"标题渐变"，渐变 RGB 为 R240,G97,B159 ～ R249,G171,B97。

3 单击"图层"面板中的"背景色"，切换到该图层，然后单击矩形工具，在页面绘制一个和出血线相同长宽的矩形。

4 并设置其填充色为"色块 1"，色调为 9%。

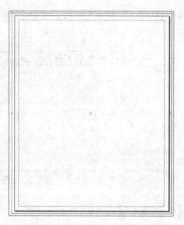
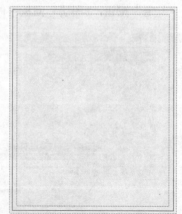

在"图层"面板中单击某
一图层以选择其作为目
标时，单击的图层上将显
示钢笔图标，并且还将突
出显示该图层，表示它已
经被选择为目标。

4. 绘制其他图层

1 单击"图层"面板中的"背景图案"，切换到该图层上，然后单击矩形工具▣，
在页面上绘制一个横向的矩形，并设置其角效果为圆角。

2 单击选择工具▶，将刚才所绘制的圆角矩形选中，并单击"色板"面板中的"标
题渐变"，矩形将应用其渐变。

3 按照上面的方法，绘制其他色块，在页面正上方绘制一个矩形，并设置其填充
色为紫红色。

4 在页面上填充"标题渐变"的矩形的下方绘制一个圆角矩形，并设置其填充色
为"色块 4"。

5 按照上面的方法，绘制其他色块，
并将其分别填充颜色为"色块 1"、"色
块 2"、"色块 3"、"色块 4"。

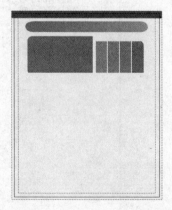

6 绘制一个圆角矩形，设置其填充色为无，轮廓色为"色块1"。

7 最后在页面的左边中部绘制两个并排的矩形，并将其分别填充颜色为"色块4"和"色块3"。

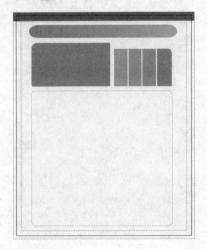 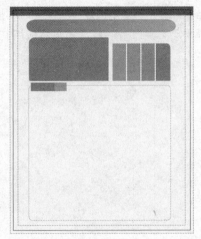

5. 添加文字

1 单击"图层"面板中的"文字"，切换到该图层，然后按下快捷键 Ctrl+D，置入本书配套光盘中的 chapter9\Media\ 画册文字 .txt 文件。

2 分别复制文字粘贴到页面中，并设置其字体、字号、颜色。至此，画册绘制完成。

相 | 关 | 知 | 识 ——指定图层选项

为了方便在排版时更容易地控制每个图层中的对象,可以在"图层选项"对话框中设置图层中的显示方式。下面我们就来介绍指定图层选项的方法。

打开"图层选项",对话框的操作步骤如下。

1️⃣ 选择"图层"面板菜单中的"新建图层",或双击现有的图层。

2️⃣ 指定图层选项,然后单击"确定"按钮。

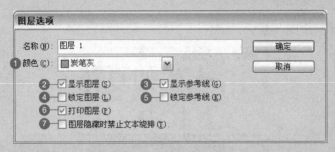

❶**颜色**:指定颜色以标识该图层上的对象。

❷**显示图层**:选择此选项以使图层可见,选择此选项与在"图层"面板中使眼睛图标可见的效果相同。

❸**显示参考线**:选择此选项可以使图层上的参考线可见。如果没有为图层选择此选项,即使选择"视图 > 显示参考线"命令,参考线也不可见。

❹**锁定图层**:选择此选项可以防止对图层上的任何对象进行更改,选择此选项与在"图层"面板中使交叉铅笔图标可见的效果相同。

❺**锁定参考线**:选择此选项可以防止对图层上的所有标尺参考线进行更改。

❻**打印图层**:选择此选项可允许图层被打印。当打印或导出至 PDF 时,可以决定是否打印隐藏图层和非打印图层。

❼**图层隐藏时禁止文本绕排**:在图层处于隐藏状态并且该图层包含应用了文本绕排的文本时,如果要使其他图层上的文本正常排列,选择此选项。

设置"图层选项"中颜色为"粉红"的对象

勾选"图层选项"中"显示参考线"的对象

取消勾选"图层选项"中"显示参考线"的对象

任何新对象都将被置于目标图层上，即"图层"面板中当前显示了钢笔图标的图层。选择图层作为目标也会同时选择它。如果选择了多个图层，选择其中一个作为目标不会更改所选图层；但选择所选图层之外的图层作为目标将取消选择其他图层。

下面我们就介绍向图层中添加对象的具体操作方法。

可以使用下列方法之一向目标图层添加对象。

1 单击文字工具T或绘图工具创建新对象。

2 导入、粘贴文本或图形。

3 选择其他图层上的对象，然后将其移动到新图层。

原图

调整"图层3"中对象

调整"图层1"中对象

调整"图层2"中对象

辅助教学

无法在隐藏或锁定的图层上绘制或置入新对象时，在目标图层处于隐藏或锁定状态时选择绘制工具或文字工具T，置入文件时，则指针定位在文档窗口上时将变为交叉的铅笔图标。显示或解锁目录图层，或者选择可见、解锁的图层作为目标。当目标图层处于隐藏或锁定状态时，如果选择"编辑 > 粘贴"，将显示一条警告消息，需要对显示还是解锁该目标图层进行选择。

透明度

利用改变透明度可以制作出能显示下层对象形象的效果。默认情况下，创建对象或描边、应用填色或输入文本时，这些项目显示为实底状态，即不透明度为100%，可以通过多种方式使项目透明化。例如，可以将不透明度从100%（完全不透明）改变到0%（完全透明）。降低不透明度后，就可以透过对象、描边、填色或文本看见下方的图片。

可以使用"效果"面板为对象及其描边、填色或文本指定不透明度，并可以决定对象本身及其描边、填色或文本与下方对象的混合方式。就对象而言，可以选择对特定对象执行分离混合，以便组中仅部分对象与其下面的对象混合，或者可以挖空对象而不是与组中的对象混合。

透明效果

❶**混合模式**：指定透明对象中的颜色如何与其下面的对象相互作用。

❷**不透明度**：确定对象、描边、填色或文本的不透明度。

❸**级别**：告知关于对象的"对象"、"描边"、"填色"和"文本"的不透明度设置，以及是否应用了透明度效果。单击对象（组或图形）左侧的三角形，可以隐藏或显示这些级别设置。在为某级别应用透明度设置后，该级别上会显示 FX 图标，可以双击该图标编辑这些设置。

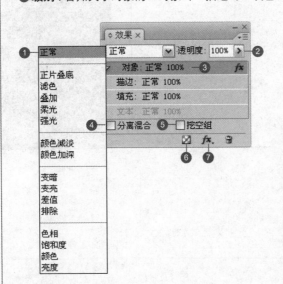

❹**分离混合**：将混合模式应用于选定的对象组。

❺**挖空组**：使组中每个对象的不透明度和混合属性挖空，或遮蔽组中的底层对象。

❻**清除全部按钮**：清除对象（描边、填色或文本）的效果，将混合模式设置为"正常"，并将整个对象的"不透明度"设置更改为100%。

❼**FX 按钮**：显示透明度效果列表。

视频路径

Video\Chapter 9\ 制作书籍内页 .exe

在书籍的排版中，经常会用透明度的效果，通过改变对象的透明度，可以使整个页面产生飘渺的效果，使几种颜色重复搭配产生更多的颜色搭配，下面，我们就以制作书籍内页为例，介绍透明度在书籍中的运用和效果。

1. 新建文件

1 执行"文件 > 新建 > 文档"命令，或按下快捷键 Ctrl+N，弹出"新建文档"对话框，设置"页面大小"为 A3，完成设置后单击"边距和分栏"按钮。

2 弹出"新建边距和分栏"对话框，设置"出血"均为 10mm,完成后单击"确定"按钮，新建一个文件。

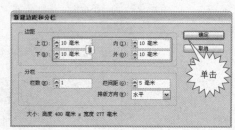

2. 绘制背景

1 在垂直标尺位置拖曳出一条垂直参考线，然后将其拖曳到 210mm 位置。

2 单击矩形工具，绘制一个和出血线长宽相同的矩形，并将其填充为红色。

辅助教学

不同设计要素的排列组成了一个设计作品，其主要的两个元素为文字和图片。设计师可以将它们单独地排放在页面上，并根据特点的不同进行编排，使文字和图片看起来变得更加清晰明了。

3 单击选择工具▣，将刚才绘制的矩形选中，执行"窗口 > 效果"命令，或者按下快捷键 Ctrl+Shift+F10，打开"效果"面板，在右上角的"不透明度"选项中设置不透明度为 10%。

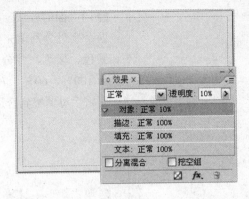

3. 制作透明效果文字

1 单击文字工具▣，在页面上输入文字 Winter，并将其字体设置为 Arial black。

2 按下快捷键 Ctrl+Alt+Shift+O，为文字创建轮廓。

3 按下快捷键 Ctrl+C 和 Ctrl+V，将文字复制并粘贴，然后单击直接选择工具▣，将除字母 W 以外的文字选中，并按下 Delete 键将其他文字删除。

4 设置文字颜色为黑色，并在"效果"面板右上角的不透明度选项中设置不透明度为 30%。

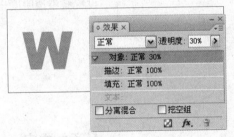

5 单击选择工具▣，选中字母 W，并将其拖曳到页面左侧。

6 按照上面的方法，设置字母 i 的填充色为紫色，并将其不透明度调整为 70%，然后将其拖曳到页面中 W 的上方。

7 同上面的方法一样，将剩余的 n,t,e,r 四个字母分别填充颜色为黄色、蓝色、紫色、黑色，并分别设置其不透明度为 100%、60%、70%、70%，最后分别将字母调整到合适的位置。

8 单击矩形工具，在页面文字下方绘制一个矩形，设置其填充色和轮廓色均为纸色，并设置其不透明度为 48%。

9 按照上面的方法，再绘制一个矩形，设置其填充色和轮廓色均为纸色，并设置其不透明度也为 48%。

4. 添加文字

1 单击矩形工具，在页面右上角绘制一个矩形，设置其填充色为黑色，并调整其不透明度为 20%。

2 单击文字工具，在页面上添加文字，并适当调整文字的字体、字号、大小，至此，书籍内页制作完成。

相│关│知│识——应用透明度效果

将对象应用透明度可以增加颜色的多样性，下面我们就来介绍应用透明度效果的方法和相关知识。

应用透明度效果

要应用透明度效果的操作步骤如下。

1 选择一个对象。要将效果应用于图形，先用直接选择工具 选择图形。

2 执行"窗口 > 效果"命令，显示"效果"面板。

3 选择一个级别以指定要更改对象的哪些部分。

对象： 影响整个对象。

图形： 仅影响用直接选择工具选择的图形。将此图形粘贴到其他框架时，应用于此图形的效果将与其一同保留。

组： 影响组中的所有对象和文本。

描边： 仅影响对象的描边。

填色： 仅影响对象的填色。

文本： 仅影响对象中的文本而不影响文本框架。应用于文本的效果将影响对象中的所有文本；不能将效果应用于个别单词或字母。

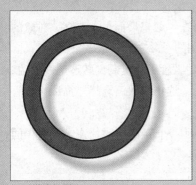

设置描边投影

设置填充投影

设置组投影

母亲原本是一个书香人家的女儿，她家的祖上，一直是以教书为业受人尊敬的私塾先生，我外公的弟弟还是当时三、四十年代暨南大学里的教书先生。可这一切都在解放后的遍布中国的"浮夸风"。

设置文本投影

> **辅助教学**
>
> 还可以在控制栏中选择级别设置：单击"应用效果到'对象'"按钮 并选择"对象"、"描边"、"填色"或"文本。"

要打开"效果"对话框，执行下列操作之一。

1 在"效果"面板或控制栏中，单击 FX 按钮 *fx.*，然后从菜单中选择一种效果。

2 在"效果"面板菜单中单击"效果"选项，然后选择一个效果名称。

3 从菜单栏中选择"效果"，然后选择一个效果名称。

4 执行"对象 > 效果"命令，然后选择一个效果名称。

> **辅助教学**
>
> 如果有必要，在"效果"面板中单击三角形按钮▽以显示级别设置，然后在"效果"面板中双击一个级别设置。可以打开"效果"对话框并选择一个级别设置。

编辑透明度效果

要编辑效果，执行下列操作之一。

1 在"效果"面板上，双击 FX 图标。

2 选择要编辑的效果的级别，在"效果"面板中单击 FX 按钮 *fx.*，选择一个效果名称，编辑效果。

复制透明度效果

要复制透明度效果，执行下列操作之一。

1 要在对象之间复制效果，选择具有要复制的效果的对象，再在"效果"面板中选择该对象的 FX 图标 *fx.*，然后将 FX 图标拖动到其他对象。只能在同一级别的对象之间拖放效果。

2 要有选择地在对象之间复制效果，使用吸管工具 ✐。要控制用吸管工具复制哪些透明度描边、填色和对象设置，双击该工具打开"吸管选项"对话框。然后，选择或取消选择"描边设置"、"填色设置"和"对象设置"区域中的选项。

3 要在同一对象中将一个级别的效果复制到另一个级别，在按住 Alt 键的同时，在"效果"面板上将一个级别的 FX 图标拖动到另一个级别（"描边"、"填色"或"文本"）。

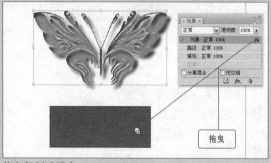

拖曳复制透明度

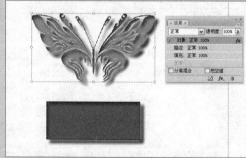

应用透明度

> **辅助教学**
>
> 可以通过拖曳 FX 图标将同一个对象中一个级别的效果移动到另一个级别。

清除对象的透明度效果

清除对象的透明度效果，执行下列操作之一。

1 要清除某对象的全部效果、将混合模式更改为"正常"，以及将"不透明度"设置更改为100%，在"效果"面板中单击"清除全部效果并使图像变为不透明"按钮，或者在"效果"面板菜单中选择"清除全部透明度"命令。

2 要清除全部效果但保留混合和不透明度设置，选择一个级别并在"效果"面板菜单中选择"清除效果"命令，或者将FX图标从"效果"面板中的"描边"、"填色"或"文本"级别拖动到"从选定的目标中移去效果"图标。

3 要删除某对象的个别效果，打开"效果"对话框并取消选择一个透明度效果。

应用透明效果

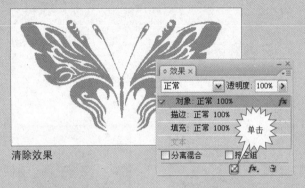

清除效果

应用透明效果

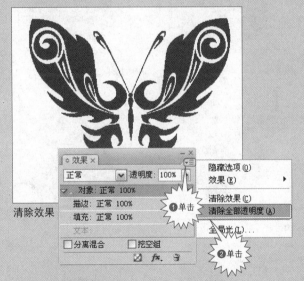

清除效果

在 InDesign 中提供了 9 种透明度效果，用于创建不同的图形效果，下面我们就来介绍透明度效果的相关知识。

双击"效果"面板中的 FX 图标 *fx.*，可以打开"效果"对话框，在"效果"对话框中可以设置包括投影、内阴影、外发光在内的 9 种透明度效果。

① **投影**：在对象、描边、填色或文本的后面添加阴影。

② **内阴影**：紧贴在对象、描边、填色或文本的边缘内添加阴影，使其具有凹陷外观。

③ **外发光和内发光**：添加从对象、描边、填色或文本的边缘外或内发射出来的光。

④ **斜面和浮雕**：添加各种高亮和阴影的组合以使文本和图像具有三维外观。

⑤ **光泽**：添加形成光滑光泽的内部阴影。

⑥ **基本羽化、定向羽化和渐变羽化**：通过使对象的边缘渐隐为透明，实现边缘柔化。

投影

内阴影

外发光

内发光

斜面和浮雕

光泽

基本羽化

定向羽化

渐变羽化

03 拼合透明图片

包含透明度的文档或作品进行输出时，通常需要进行"拼合"处理。拼合将透明作品分割为基于矢量区域和光栅化的区域。作品比较复杂时（混合有图像、矢量、文字、专色、叠印等），拼合及其结果也会比较复杂。

当打印或保存或导出为其他不支持透明的格式时，需要进行拼合。要在创建 PDF 文件时保留透明度而不进行拼合，将文件保存为 Adobe PDF 1.4 (Acrobat 5.0) 或更高版本的格式。

可以指定拼合设置然后保存并应用为透明度拼合器预设。透明对象会依据所选拼合器预设中的设置进行拼合。

在这一节我们将对拼合透明图片的知识和方法进行介绍。

未进行拼合

拼合时重叠的对象将被分割

关于透明度拼合器预设

如果定期打印或导出包含透明度的文档，可以在"透明度拼合器预设"中保存拼合设置，以实现拼合过程的自动化。然后，为打印输出应用这些设置，以及保存文件并将其导出为 PDF 1.3 (Acrobat 4.0)、EPS 和 PostScript 格式。

当把图稿导出为不支持透明度的格式时，这些设置还可控制拼合出现的方式。

可以在"打印"对话框或初始化"导出"后或"另存为"对话框出现的指定格式对话框的"高级"面板中选择拼合预设。

可以创建自己的拼合预设，或从软件提供的默认选项选择。默认的每个设置根据文档的预期用途，使拼合的质量及速度与栅格化透明区域的适当分辨率相匹配。

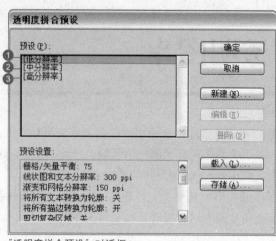

"透明度拼合预设"对话框

❶ **低分辨率**：用于要在黑白桌面打印机上打印的快速校样，以及要在网页发布的文档或要导出为 SVG 的文档。

❷ **中分辨率**：用于桌面校样，以及要在 PostScript 彩色打印机上打印的打印文档。

❸ **高分辨率**：用于最终印刷输出和高品质校样（例如基于分色的彩色校样）。

为输出应用拼合预设

既可以在"打印"对话框中选择拼合预设，也可以在第一个"导出"对话框后出现的特定格式的对话框中选择拼合预设。

如果需要定期导出或打印包含透明度的文档，可以将拼合设置存储在透明度拼合预设中，使拼合过程自动化。此后，当打印或导出至 PDF 1.3 (Acrobat 4.0)、SVG 或 EPS 格式时，就可以应用这些设置。

在"打印"、"导出 EPS"或"导出 Adobe PDF"对话框的"高级"面板中，或在"SVG 选项"对话框中，选择自定预设或以下默认预设之一。

低分辨率：用于要在黑白桌面打印机上打印的快速校样，以及要在 Web 发布的文档或要导出为 SVG 的文档。

中分辨率：用于桌面校样，以及要在 PostScript 彩色打印机上打印的按需打印文档。

高分辨率：用于最终印刷输出，以及高品质校样（例如基于分色的彩色校样）。

辅助教学

仅当图片包含透明度，或者在"导出 Adobe PDF"对话框的"输出"区域中选择"模拟叠印"时，才会使用拼合设置。

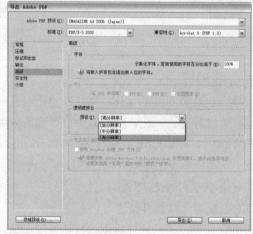

"导出 Adobe PDF"对话框

视频路径

Video\Chapter 9\ 应用拼
合预设功能拼合海报 .exe

可以将透明度拼合预设存储在单独的文件中，这样不仅便于备份，也可以使服务
提供商、客户或工作组中的其他成员能够更方便地使用这些预设。在 InDesign 中，
透明度拼合预设文件的扩展名为 .flst。

下面我们就来介绍应用拼合预设功能拼合海报的方法。

1. 打开文件

执行"文件 > 打开"命令，
或者按下快捷键 Ctrl+O，打
开本书配套光盘中的 chapter9\
Complete\ 海报 .indd。

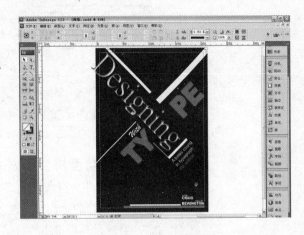

辅助教学

对于默认的透明度拼合
预设是无法对其进行任
何更改的，要设置拼合预
设必须新建透明度拼合
预设。

2. 新建拼合预设

1 执行"编辑 > 透明度拼合预设"命令，弹出"透明度拼合预设"对话框，单击"新
建"按钮，打开"透明度拼合预设选项"对话框，设置名称为"海报"，并勾选"将
所有文本转换为轮廓"选项，设置完成后单击"确定"按钮。

2 切换到"透明度拼合预设"对话框，对话框中新建了一个预设选项，完成设置
后单击"确定"按钮。

图文结合能够有效地控制设计的节奏。出版物通常都有明确和自然的断点，比如新的章节页。然而，一些看起来不同的内容只要通过合理的设计方式也可以编排在一起，而且会很自然。

3. 存储拼合预设

执行"编辑 > 透明度拼合预设"命令，弹出"透明度拼合预设"对话框，单击"海报"选项，将此预设选中，然后单击"存储"按钮，打开"存储透明度拼合预设"对话框，选择要将其存储的位置，完成设置后单击"保存"按钮。

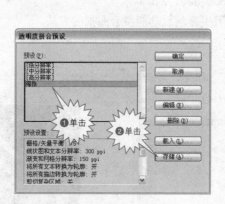

4. 应用透明度拼合预设

1 执行"文件 > 打印"命令，或者按下快捷键 Ctrl+P，弹出"打印"对话框，单击对话框左边的"高级"选项，切换到"高级"选项，设置透明度拼合预设为"海报"，完成设置后单击"存储"按钮。

2 弹出"存储 PostScript 文件"对话框，选择要将其保存的位置，完成设置后单击"保存"按钮，将 PostScript 文件保存，方便以后打印时使用。

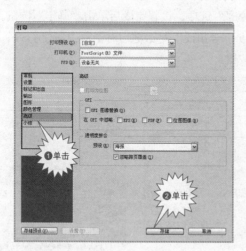

相|关|知|识 ——预览将拼合的作品区域

使用"拼合器预览"中的预览选项，以高亮显示拼合影响的区域。可以根据着色提供的信息调整拼合选项并预览将拼合的作品区域，下面我们将对预览拼合的作品区域的方法进行介绍。

预览将拼合的作品区域的具体方法。

1 执行"窗口 > 输出 > 拼合器预览"命令，打开"拼合预览"面板。

2 从"高亮显示"菜单中选择要高亮显示的区域类型。可用的选项取决于作品内容。

3 选择要使用的拼合设置，如果可用，选择预设或设置指定选项。随时单击"刷新"按钮根据当时的设置显示新的预览版本。预览图像出现可能要花费几秒钟的时间，这取决于作品的复杂程度。在 InDesign 中，也可以选择"自动刷新突出显示"。

无突出显示　　　　　栅格化复杂区域　　　　透明对象　　　　　　所有受影响的对象

受影响的图形　　　　转为轮廓的描边　　　　转为轮廓的文本　　　栅格式填色的文本和描边

学习笔记：

Chapter 10

书籍和目录

01 书籍文件

书籍文件是一个可以共享样式、色板、主页及其他项目的文档集。可以按顺序为编入书籍的文档中的页面编号、打印书籍中选定的文档或者将它们导出为 PDF。一个文档可以隶属于多个书籍文件。

在这一小节，我们将对书籍文件的相关知识进行详细介绍。

添加到书籍文件中的其中一个文档便是样式源。默认情况下，样式源是书籍中的第一个文档，但可以随时选择新的样式源。在对书籍中的文档进行同步时，样式源中指定的样式和色板会替换其他编入书籍的文档中的样式和色板。

创建书籍文件的具体方法如下。

1 选择"文件 > 新建 > 书籍"命令。

2 为该书籍键入一个名称，指定位置然后单击"保存"按钮，将会出现"书籍"面板。存储的书籍文件文件扩展名为 .indb。

3 向书籍文件中添加文档。

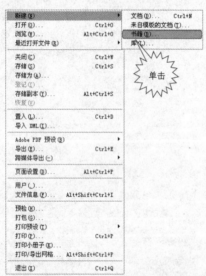

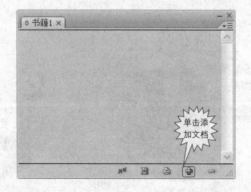

　向书籍文件中添加文档并编辑

视频路径

Video\Chapter 10\ 向 书籍文件中添加文档并编辑 .exe

创建书籍文件后，便可以在"书籍"面板中打开它。"书籍"面板是书籍文件的工作区域，可以在此添加、删除或重排文档。下面我们就来介绍向书籍文件中添加文档的具体方法。

1. 打开书籍文件

执行"文件 > 打开"命令，或者按下快捷键 Ctrl+O，打开本书配套光盘中的 chapter10\Complete\ 书籍 .indb 文件，打开"书籍"面板。

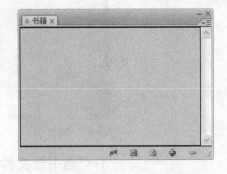

辅助教学

在 InDesign 中可以将 PageMaker 或 QuarkXPress 文档添加到书籍文档中，但是在添加到书籍文档中之前，必须对它们进行转换。

2. 添加文档

1 单击"书籍"面板右下角的"添加文档"按钮，弹出"添加文档"对话框，添加本书配套光盘中的 chapter10\Complete\ 第一章 .indd，完成添加后单击"打开"按钮，将在"书籍"面板中添加第一章。

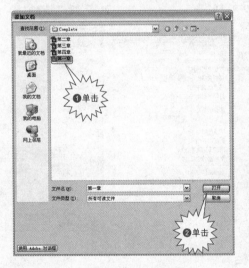

2 按照上面的方法，分别将"第二章"、"第三章"、"第四章"添加到"书籍"面板中。

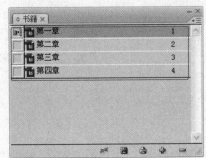

可以将文件从资源管理
器窗口拖曳到"书籍"面
板中。还可以将某文档从
一个书籍拖动到另一个
书籍中。按住 Alt 键不放
拖动文档可以复制文档。

3 双击"书籍"面板中的"第一章",在第一章项目的后面将出现打开图标,打开第一章。

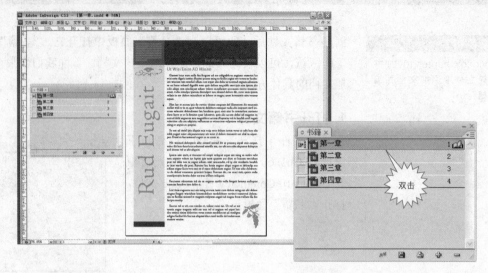

3.存储书籍文件

单击"书籍"面板中的扩展按钮,弹出扩展菜单,选择"将书籍存储为"选项,弹出"将书籍存储为"对话框,选择书籍要存储的位置,并将书籍的名称设置为"公司年鉴",完成设置后单击"保存"按钮,书籍文件保存完成。

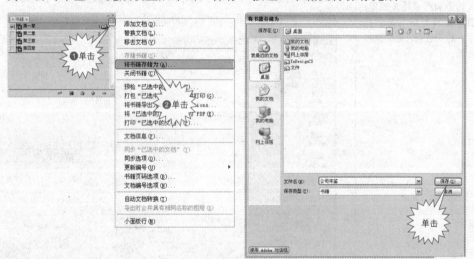

4.替换书籍文档

单击"书籍"面板中的扩展按钮,弹出扩展菜单,选择"替换文档"选项,弹出"替换文档"对话框,选择要替换的"第五章",完成设置后单击"打开"按钮,"书籍"面板中的"第一章"将替换为"第五章"。

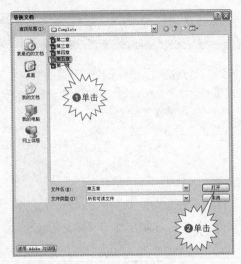

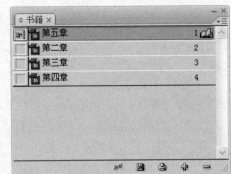

辅助教学

要关闭一起停放在同一
面板中的所有打开的书
籍，单击"书籍"面板标
题栏上的关闭按钮。

5. 关闭书籍文档

1 单击"书籍"面板中的"第二章"和"第三章"，将"第二章"和"第三章"打开。

2 单击"书籍"面板中"第五章"，然后再单击扩展按钮，弹出扩展菜单，选择"关
闭书籍"选项，关闭"第五章"。

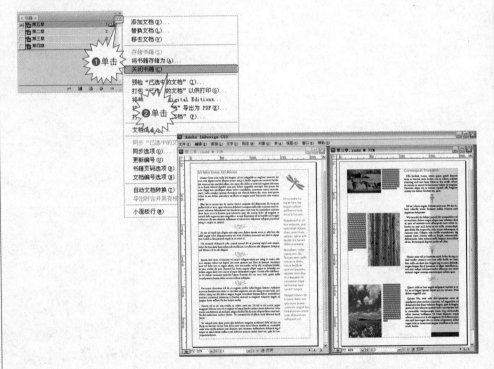

相│关│知│识 ——转换以前InDesign版本中的书籍文件

对于在 InDesign 早期版本中创建的书籍文件，可以通过在 InDesign CS3 中打开然后存储该文件以实现转换。在同步、更新编号、打印、打包或导出已转换的书籍时，其中所包含的文档也会转换为 InDesign CS3 格式。可以决定是覆盖原始文档文件还是保留原始文档文件。

下面我们就来介绍关于转换以前 InDesign 版本中的书籍文件的知识。

转换书籍文件

转换书籍文件以方便在 InDesign CS3 中使用，其操作步骤如下。

1 运行 InDesign CS3，然后执行"文件 > 打开"命令。

2 弹出"打开"对话框，选择在 InDesign 早期版本中创建的书籍文件，然后单击"确定"按钮。如果该书籍文件中包含采用以前 InDesign 版本格式存储的文档，则会显示一条警告。

3 单击"书籍"面板中的扩展按钮，弹出扩展菜单，选择菜单中的"将书籍存储为"选项，为转换的书籍文件指定一个新名称，然后单击"存储"按钮。

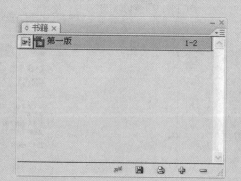

转换书籍文件中的文档

转换书籍文件中的文档的具体方法如下。

1 在 InDesign CS3 中打开书籍文件。

2 在"书籍"面板菜单中进行以下操作。

● 要在转换期间覆盖原始文档，则选择"自动文档转换"。

● 要保留原始文档并用新的名称存储转换后的文档，则取消选择"自动文档转换"。（书籍列表将得到更新，其中包括转换后的文件，而不包括原始文件。）

3 执行下列操作之一来转换文档。

● 选择"书籍"面板菜单中的"同步书籍"。

● 选择"书籍"面板菜单中的"更新编号 > 更新所有编号"命令。

4 如果没有选择"自动文档转换"，则 InDesign 会提示使用新名称存储每个已转换的文档。

可以决定如何在书籍中编排页码、章节和段落。在书籍文件中，页面和章节的编号样式和起始编号由"页码和章节选项"对话框中各文档的设置确定。对于编号的段落（如插图列表），编号样式和起始编号由段落样式中包含的编号列表样式定义确定。

下面我们就对在书籍中编排页码、章节和段落的相关知识进行介绍。

页面范围显示在"书籍"面板中每个文档名称的旁边。默认情况下，当在输入书籍的文档中添加或删除页面，或对书籍文件进行更改（如重新排序、添加或删除文档）时，InDesign 会更新"书籍"面板中的页码和章节编号。可以关闭这个自动更新页码和章节编号的设置，以便手动更新书籍中的编号。

如果文档处于"缺失"状态或无法打开，则页面范围会显示为"？"，从缺失文档应处位置到书籍结尾均显示：不知道准确的页面范围。更新编号前，应删除或替换缺失的文档。如果显示"正在使用"图标🔒，则表明有其他人正使用另外的计算机打开了该文档。这个人必须关闭该文档，才可以更新编号。

更改各文档的页码和章节编号选项

更改各文档的页码和章节编号选项的具体操作方法如下。

1 单击"书籍"面板中的文档，将其选中。

2 选择"书籍"面板扩展菜单中的"文档编号选项"，或在"书籍"面板中双击该文档的页码。

3 指定页码和章节编号选项。

4 单击"确定"按钮。

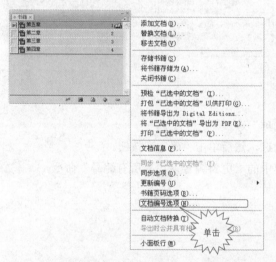
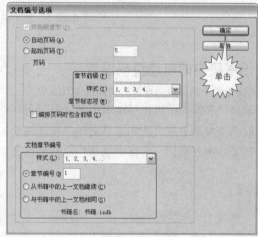

辅助教学

如果指定书籍中某文档的起始页码，而不是选择"自动页码"，则该文档将从指定页面处开始，相应地书籍中的所有后续文档页码会重新编排。

设置按奇数页或是偶数页开始编号

在 InDesign 中可以为书籍中的文档设置按奇数页或是偶数页开始编号，具体操作步骤如下。

1 选择"书籍"面板扩展菜单中的"书籍页码选项"选项。

2 弹出"书籍页码选项"对话框，选择"在下一奇数页继续"或"在下一偶数页继续"选项。

3 勾选"插入空白页面"复选框，以便将空白页面添加到任一文档的结尾处，而后续文档必须在此处从奇数或偶数编号的页面开始，然后单击"确定"按钮。

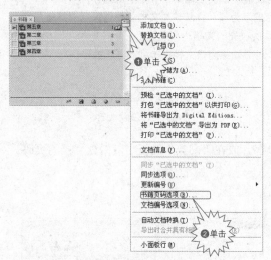

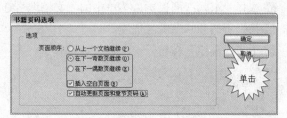

关闭书籍中的自动页码设置

要关闭书籍中自动页码设置的具体操作方法如下。

1 选择"书籍"面板扩展菜单中的"书籍页码选项"选项。

2 取消"自动更新页面和章节页码"复选框的勾选，然后单击"确定"按钮。

3 要手动更新页码，选择"书籍"面板扩展菜单中的"更新编号 > 更新所有编号"命令。

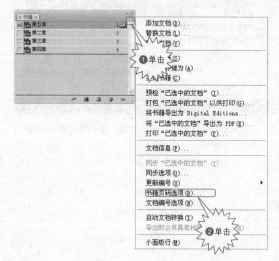

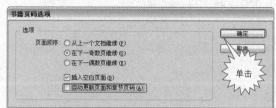

在书籍中使用顺序段落编号

要对插图列表、表或其他项目使用顺序段落编号，首先应定义一个在段落样式中使用的编号列表，定义的编号列表确定了在书籍中段落编号是否使用跨文档的顺序编号。在书籍中使用顺序段落编号的具体方法如下。

1️⃣ 打开书籍中用作样式源的文档。

2️⃣ 执行"文字 > 项目符号列表和编号列表 > 定义列表"命令。

3️⃣ 在"定义列表"对话框中单击"新建"按钮定义一个列表，或选择一个现有列表，然后选择"编辑"。

4️⃣ 勾选"跨文章继续编号"和"从书籍中的上一文档继续编号"。

5️⃣ 单击"确定"按钮。

6️⃣ 定义一个使用编号列表的段落样式，并将其应用于包含该列表的各文档中的文本。

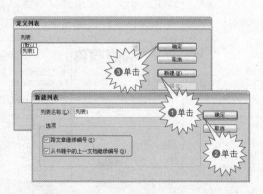

辅助教学

要确保书籍中的所有文档均使用相同的编号列表设置，要选择"同步选项"对话框中的"段落样式"和"编号列表"选项，然后对书籍进行同步。

02 创建目录

目录（TOC）中可以列出书籍、杂志或其他出版物的内容，可以显示插图列表、广告商或摄影人员名单，也可以包含有助于读者在文档或书籍文件中查找信息的其他信息。一个文档可以包含多个目录——例如章节列表和插图列表。

在这一小节我们将对创建目录的相关知识的操作方法进行介绍。

创建目录的过程需要 3 个主要步骤。

1 创建并应用要用作目录基础的段落样式。

2 指定要在目录中使用哪些样式以及如何设置目录的格式。

3 将目录排入文档中。

目录条目会自动添加到"书签"面板中，以便在导出为 Adobe PDF 的文档中使用。

目录设计提示

设计目录时需要考虑以下事项。

1 某些目录是根据实际出版文档中并不出现的内容（如杂志中的广告客户名单）创建的。要在 InDesign 中完成此操作，需要先在隐藏图层上输入内容，然后在生成目录时将该内容包含在其中。

2 可以从其他文档或书籍中载入目录样式，以构建具有相同设置和格式的新目录。（如果文档中的段落样式名称与源文档中的段落样式名称不匹配，则可能需要编辑导入的目录样式。）

3 如果需要，可以为目录的标题和条目创建段落样式，包括制表位和前导符。之后就可以在生成目录时应用这些段落样式。

4 可以通过创建适当的字符样式，控制页码及将页码和条目区分开来的字符的格式。例如，如果要以粗体显示页码，则应创建包含粗体属性的字符样式，然后在创建目录时选择该字符样式。

目录

视频路径

Video\Chapter 10\ 创建
书籍目录 .exe

辅助教学

创建目录前，先要验证书
籍列表是否完整、所有
文档是否按正确顺序排
列、所有标题是否以正
确的段落样式统一了格
式。另外还要确保在书
籍中使用一致的段落样
式。避免使用名称相同但
定义不同的样式创建文
档。如果有多个名称相同
但样式定义不同的样式，
InDesign 会使用当前文
档中的样式定义（如果存
在的话），或是书籍中的
第一个样式实例。

生成目录前，先确定应包含的段落（如章、节标题），然后为每个段落定义段落样式。
确保将这些样式应用于单篇文档或编入书籍的多篇文档中的所有相应段落，生成
目录时，还可以使用段落样式和字符样式设置目录的格式。

下面我们就对创建书籍目录的具体操作步骤进行介绍。

1. 打开文件并绘制目录页面

1 按下快捷键 Ctrl+O，打开本书配套光盘中的 chapter10\Complete\ 创建目录 .indd
文件。

2 按下快捷键 F12，打开"页面"面板，单击"页面"面板右上角的扩展按钮，
打开扩展菜单，选择"插入页面"选项，弹出"插入页面"对话框，设置"页数"
为 1，"插入"为"文档开始"，完成设置后单击"确定"按钮，插入页面。

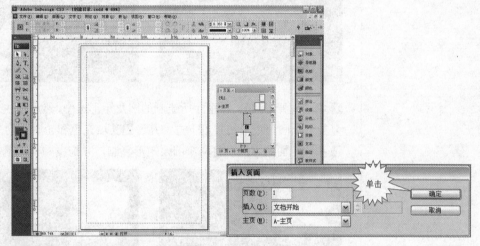

3 单击矩形工具，在页面上绘制一个同出血线同长宽的矩形，并设置填充色为
从深红到鲜红的渐变，设置轮廓色为无。

4 单击钢笔工具，在页面左上角绘制一个心形，并设置其填充色和轮廓色均为
纸色。

⑤ 单击选择工具 ▶，将刚才所绘制的心形选中，然后按住 Alt 键不放拖曳鼠标，复制 8 个心形，并将其调整好大小、位置。

⑥ 单击矩形工具 ▣，在页面上绘制一个矩形，并执行"对象 > 角效果"命令，制作成圆角矩形，最后设置其填充色和轮廓色均为深红色，单击选择工具，将圆角矩形拖曳到页面右上角。

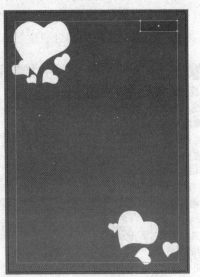

⑦ 单击选择工具 ▶，将刚才所绘制的圆角矩形选中，然后按住 Alt 键不放拖曳鼠标，复制一个圆角矩形在其正下方，并设置其填充色和轮廓色均为红色。

⑧ 按照上面的方法，将两个圆角矩形复制，并拖曳到其正下方。

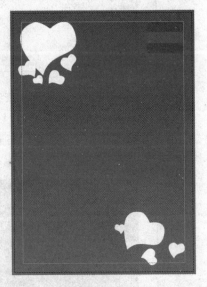

⑨ 单击选择工具 ▶，将刚才所绘制的 4 个圆角矩形选中，按下快捷键 Ctrl+G，将其群组。然后按住 Alt 键不放，并拖曳鼠标复制群组对象，将其拖曳到页面左下角位置。

辅助教学

应避免将目录框架串接到文档中的其他文本框架。如果替换现有目录，则整篇文章都将被更新后的目录替换。

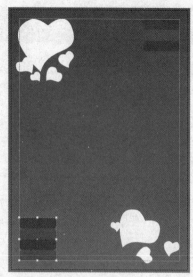

2. 创建目录

执行"版面 > 目录"命令，弹出"目录"对话框，设置"标题"为"目录"，"样式"为"目录文字"，并将"标题 1"和"标题 2"依次添加到"包含段落样式"框中，完成设置后单击"确定"按钮，光标将变成▤状态，单击页面，目录创建完成。

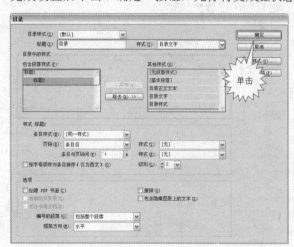

要在文档或书籍中创建不同的目录，或者要在另一个文档中使用相同的目录格式，则可为每种类型的目录创建一种目录样式。例如，可以将一个目录样式用于内容列表，将另一个目录样式用于广告商、插图或摄影人员列表。

下面我们就来介绍创建或导入目录样式的知识。

创建目录样式

创建目录样式的具体操作方法如下。

▌1 执行"版面 > 目录样式"命令。

▌2 弹出"目录样式"对话框，单击"新建"按钮。

▌3 为要创建的目录样式键入一个名称。

▌4 在"标题"框中，键入目录标题，此标题将显示在目录顶部，要指定标题样式，从"样式"菜单中选择一个样式。

▌5 从"其他样式"列表中选择与目录中所含内容相符的段落样式，然后单击"添加"按钮，将其添加到"包括段落样式"列表中。

▌6 指定选项，以确定如何设置各个段落样式的格式。

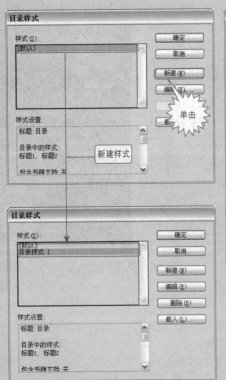

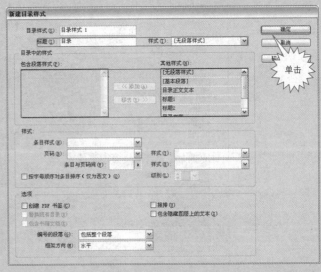

从其他文档导入目录样式

从其他文档导入目录样式的具体操作步骤如下。

1️⃣ 执行"版面 > 目录样式"命令。

2️⃣ 弹出"目录样式"对话框，单击"载入"按钮，选择包含要复制的目录样式的 InDesign 文件，然后单击"打开"按钮。

3️⃣ 完成设置后单击"确定"按钮。

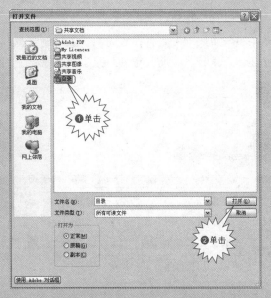

辅助教学

如果文档中的段落样式与导入的目录样式中的段落样式不匹配，则需要在生成目录之前先编辑该目录样式。

更进一步 ■■■□ 创建具有制表符前导的目录条目

目录条目通常采用这样的格式：用点或制表符前导符分隔条目与其关联页码。创建有制表符前导的目录条目，使目录中的项目同页码相对应，方便查找。下面我们就对创建具有制表符前导的目录条目的具体方法进行介绍。

创建具有制表符前导的目录条目的具体方法如下。

1 创建具有制表符前导符的段落样式。

2 要更新目录设置，执行下列操作之一。

执行"版面 > 目录样式"命令，选择一个目录样式，然后单击"编辑"按钮。

执行"版面 > 目录"命令（如果未使用目录样式）。

3 在"包含段落样式"下，选择希望在目录显示中带制表符前导符的项目。

4 对于"条目样式"，选择包含制表符前导符的段落样式。

5 单击"更多选项"按钮。

6 验证"条目与页码间"是否设置为 ^t（表示制表符）。单击"确定"或"存储"按钮退出。

7 如有必要，可选择"版面 > 更新目录"命令来更新目录。否则，可置入新的目录文章。

Chapter 11

打印输出

01 陷印

陷印也叫补漏白，又称为扩缩，主要是为了弥补因印刷套印不准而造成两个相邻的不同颜色之间的漏白。下面我们就来介绍陷印的相关知识和运用。

当面对印刷品时，人们总是感觉深色离人眼睛近，浅色离人眼睛远，因此，在对原稿进行陷印处理时，总是设法不让深色下的浅色露出来，而上面的深色保持不变，以保证不影响视觉效果。

陷印处理的原则

实施陷印处理也要遵循一定的原则，一般情况下是扩下色不扩上色，扩浅色不扩深色，还有扩平网而不扩实底。有时还可进行互扩，特殊情况下则要进行反向陷印，甚至还要在两个邻色之间添加空隙来弥补套印误差，以使印刷品美观。

陷印量的大小要根据承印材料的特性及印刷系统的套印精度而定。一般胶印的陷印量小一些，凹印和柔印的陷印量要大一些，一般在 0.2~0.3mm，可根据客户印刷精度或要求而定。

常见的陷印处理方法

常见的陷印处理方法主要有以下 4 种。

❶ **单色线叠印法**：在色块边上加浅色线条，并将线条属性设置为叠印。

❷ **合成线法**：在色块边上添加合成线，线条属性不设置为叠印。

❸ **分层法**：在不同的层上通过对元素内缩或外扩来实现陷印。

❹ **移位法**：通过移动色块中拐点的位置来实现内缩或外扩，一般用于与渐变有关的陷印中。

无陷印未套准情况

有陷印未套准情况

视频路径

Video\Chapter 11\ 创建
并修改陷印预设 .exe

由于套印不准确会导致色块间出现微小间隙，上层印刷的黑墨并不能掩盖下层的油墨，在相邻颜色的边缘处，出现明显的色偏。需要创建陷印预设对出版物进行调整。下面我们就对创建并修改陷印预设的详细操作方法进行介绍。

1. 打开文件

执行"文件 > 打开"命令，或者按下快捷键 Ctrl+O，打开本书配套光盘中的 chapter11\Complete\ 创建目录 .indd 文件。

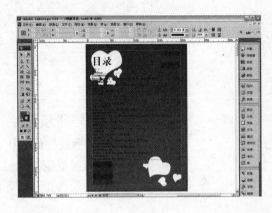

辅助教学

创建陷印预设还可以单击"陷印预设"面板中的扩展按钮，打开扩展菜单，选择"新建预设"选项。另外还可以通过拖曳已经创建好的预设到"创建新陷印预设"按钮上创建新预设。

2. 创建陷印预设

▌1 执行"窗口 > 输出 > 陷印预设"命令，打开"陷印预设"面板。

▌2 单击"陷印预设"面板右下角的"创建新陷印预设"按钮，新建一个预设。

 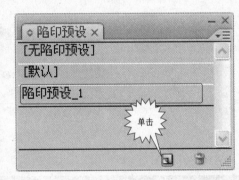

3. 编辑陷印预设

▌1 双击新建的预设，弹出"修改陷印预设选项"对话框。

▌2 设置名称为"目录"，"陷印宽度"为 0.176，"陷印外观"均为"斜接"，"陷印位置"为"居中"，完成设置后单击"确定"按钮，"陷印预设"面板中出现新建的预设。

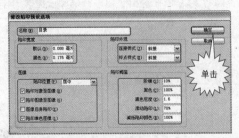 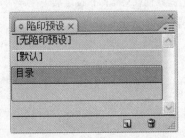

如果选择"范围"选项，需要键入一个或多个按升序排列的范围，对每个范围使用一个连字符，页面与范围间用逗号或逗号加空格隔开。

4. 设置陷印页面范围

在"陷印预设"面板中，单击扩展按钮，打开扩展菜单，选择"指定陷印预设"选项。弹出"指定陷印预设"对话框，设置"陷印预设"为"目录"，选择"全部"单选按钮，然后单击"指定"按钮，完成设置后单击"完成"按钮。

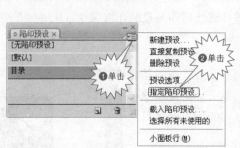

5. 复制陷印预设

在"陷印预设"面板中，选择一个预设并选择面板菜单中的"直接复制预设"选项，弹出"直接复制陷印预设"对话框，单击"确定"按钮，在"陷印预设"面板中将以"目录 复制 1"命名复制一个"目录"陷印预设。

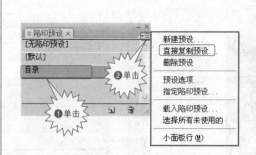
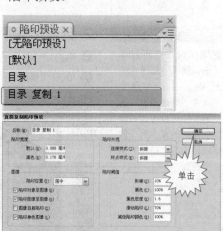

相 | 关 | 知 | 识 ——陷印预设选项

无论在创建或编辑陷印预设时，都可以改变陷印预设选项。在 InDesign 中，执行"窗口 > 输出 > 陷印预设"命令可以打开"陷印预设"面板。通过双击"陷印预设"面板中的预设，会弹出"修改陷印预设选项"对话框，在此对话框中可以对参数的陷印宽度、样式等进行精确设置。

下面我们就对陷印预设选项进行详细介绍，了解它们在对出版物进行陷印设置时的作用。

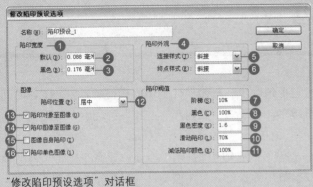

"修改陷印预设选项"对话框

❶ **陷印宽度**：指陷印间的重叠程度。不同的纸张特性、网线数和印刷条件要求不同的陷印宽度。

❷ **默认**：以点为单位指定与单色黑有关的颜色以外的颜色的陷印宽度。默认值为0.25点。

❸ **黑色**：指定油墨扩展到单色黑的距离，或者叫"阻碍量"，即陷印多色黑时黑色边缘与下层油墨之间的距离。默认值为0.5点。该值通常设置为默认陷印宽度的1.5~2倍。

❹ **陷印外观**："节点"是两个陷印边缘重合相连的端点。可以控制两个陷印段和3个陷印交叉点的节点外形。

❺ **连接样式**：控制两个陷印段的节点形状，从"斜角"、"圆角"和"斜面"中选择。默认设置为"斜角"，它与早期的陷印结果相匹配，以保持与以前版本的Adobe陷印引擎的兼容。

❻ **终点样式**：控制三向陷印的交叉点位置。"斜角"（默认）会改变陷印端点的形状，使其不与交叉对象重合。"重叠"会影响由最浅的中性色密度对象与两个或两个以上深色对象交叉生成的陷印外形。最浅颜色陷印的端点会与3个对象的交叉点重叠。

❼ **阶梯**：指定陷印引擎创建陷印的颜色变化阈值。

❽ **黑色**：指定应用"黑色"陷印宽度设置所需达到的最少黑色油墨量。默认值为100%。

❾ **黑色密度**：指定中性色密度值，当油墨达到或超过该值时，InDesign会将该油墨视为黑色。

❿ **滑动陷印**：确定何时启动陷印引擎以横跨颜色边界的中心线。该值是指较浅颜色的中性密度值与相邻的较深颜色的中性密度值的比例。

⓫ **减低陷印颜色**：指定使用相邻颜色中的成分来减低陷印颜色深度的程度。

⓬ **陷印位置**：提供决定将矢量对象（包括InDesign中绘制的对象）与位图图像陷印时陷印放置位置的选项。除"中性色密度"外的所有选项均会创建视觉上一致的边缘。"居中"会创建以对象与图像相接的边缘为中心的陷印。"内缩"会使对象叠压相邻图像。"中性色密度"应用与文档中其他位置相同的陷印规则。使用"中性色密度"设置将对象陷印到照片会导致不平滑的边缘，因为陷印位置不断来回移动。"外延"会使位图图像叠压相邻对象。

⓭ **陷印对象至图像**：确保矢量对象（例如用作边框的线条）使用"陷印放置方式"设置陷印到图像。如果陷印页面范围内没有矢量对象与图像重叠，应考虑关闭本选项以加快该页面范围陷印的速度。

⓮ **陷印图像至图像**：开启沿着重叠或相邻位图图像边界的陷印。本功能默认打开。

⓯ **图像自身陷印**：开启每个位图图像中颜色之间的陷印（不仅仅是它们与矢量图片和文本相邻的地方）。本选项仅适用于包含简单、高对比度图像（例如屏幕抓图或漫画）的页面。对于连续色调图像和其他复杂图像，不要选择本选项，因为它可能创建效果不好的陷印。取消选择本选项可加快陷印速度。

⓰ **陷印单色图像**：确保单色图像陷印到相邻对象。本选项不使用"图像陷印放置方式"设置，因为单色图像只使用一种颜色。在某些情况下，例如，单色图像像素比较分散时，选择本选项会加深图像并减慢陷印速度。

辅助教学

在InDesign中设置陷印时，设置的"黑色"值决定单色黑的值或多色黑、为增加透明和多色颜色和彩色油墨混合的印刷黑色油墨。

如果选择"应用程序内建"陷印，并且指定大于4点的"默认"陷印宽度或"黑色"陷印宽度，则生成的陷印宽度会限制为4点，不过，指定的值仍将继续显示，因为如果切换为"Adobe In_RIP陷印"，超过4点的陷印会按指定的方式进行应用。

预检和打包

在印版制作过程中，不可避免地会出一些错误，工作安排得越紧张，工作时间越有限，一些小毛病出现得越多，鉴于这个原因和一些相关的因素，输出前预检便显得很重要了。

为了更便于输出，InDesign 提供了强大的"打包"命令。该命令能将当前文件中用到的所有字体文件（双字节字体除外）与图像文件拷贝到指定的文件夹中，同时将打印信息保存为一个文本文件。

在这一小节，我们将对预检和打包的相关知识和应用方法进行详细介绍。

执行"文件 > 打包"命令打包的具体操作步骤如下。

1 执行"文件 > 打包"命令。

2 如果显示对话框警告，执行下列操作之一。

单击"查看信息"以打开"预检"对话框，可在该对话框中更正问题或获取更多信息。如果对文档满意，再次开始打包过程。

单击"继续"按钮以开始打包。

3 填写打印说明。键入的文件名是附带所有其他打包文件的报告的名称。

4 单击"继续"按钮，然后指定存储所有打包文件的位置。

5 要指定如何处理连字，执行下列操作之一。

要防止文档使用外部用户词典排字，并防止文档的连字例外项列表与外部用户词典合并，选择"仅使用文档连字例外项"。如果打包后将由工作组外部的人员打印的文档，可能要选择此选项。

要允许外部用户词典（位于打开文件的计算机上）与文档的连字例外项列表合并，并允许文档使用同时存储在外部用户词典和当前文档中的例外项列表进行排字，取消选择"仅使用文档连字例外项"。

6 单击"打包"按钮以继续打包。

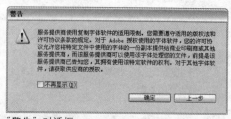

"警告"对话框

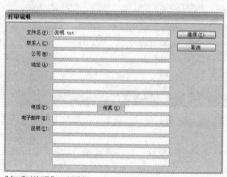

"打印说明"对话框　　　　"打包文档"对话框

视频路径

Video\Chapter 11\ 预 检
并打包文件 .exe

为了保证出版物文件的正确性和完整性，出版前的预检和打包工作是很重要的，下面我们就来介绍出版物的预检和打包的详细操作步骤。

1. 预检

① 在打开要预检的文件后，执行"文件 > 预检"命令，在弹出"预检"对话框的左侧列表中单击"小结"项目。在"小结"项目对话框中可以了解需要打印的文件的字体、颜色、打印设置、图像链接等各个方面的信息。

② 在"小结"项目对话框正常的情况下单击对话框左侧列表中的"字体"项目，切换到"字体"项目对话框中，中部的列表框中有当前文件所应用的名称、类型、状态。当选择某种字体时，该字体的文件名、字体全名、首次使用的页面等字体信息将显示在"当前字体"区域中。

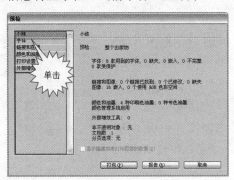 

③ 单击"字体"项目对话框中的"查找字体"按钮，弹出"查找字体"对话框，在对话框上面的列表中选择缺失字体，在下面的"替换为"区域中指定替换的字体，完成后单击"完成"按钮，返回"字体"对话框。

辅助教学

"查找字体"按钮与执行
"文字 > 查找字体"命令
的作用相同。

④ 在"字体"对话框正常的情况下单击对话框左边的"链接和图像"项目，切换到"链接和图像"项目对话框中，在"链接和图像"项目对话框中显示当前文件中所有导入的图片、文本以及其他链接文件。在对话框中部列有导入文件的名称、文字、页面、状态、ICC 配置文件等 5 项信息。

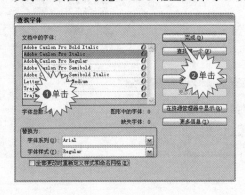 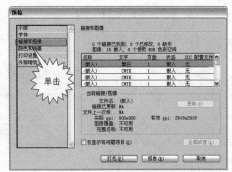

[5] 在"链接和图像"项目对话框正常的情况下单击对话框左侧的"颜色和油墨"项目,切换到"颜色和油墨"项目对话框中,在中部列表中显示了所用到的颜色的名字和类型、网角、网线数等信息。

[6] 在"颜色和油墨"项目对话框正常的情况下单击对话框左侧的"打印设置"项目,切换到"打印设置"项目对话框中,在"打印设置"项目对话框中列出了当前文件所有有关打印的信息。

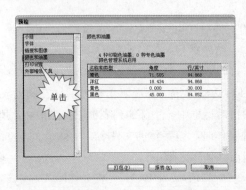 

[7] 在"打印设置"项目对话框正常的情况下单击对话框左侧的"外部增效工具"项目,切换到"外部增效工具"项目对话框中,在"外部增效工具"项目对话框中列出了当前文件使用了的外部增效工具的全部信息,预检完成。

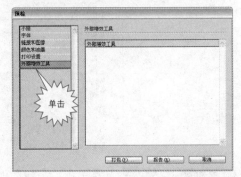

2. 打包

[1] 预检完成后单击"打包"按钮,如果对文档进行了修改,将会弹出提示框,询问是否限制存储,单击"存储"按钮,并将文档存储。

[2] 弹出"打印说明"对话框,在"打印说明"对话框中输入文件的信息,单击"继续"按钮。

③ 弹出"打包出版物"对话框,选择要将文件打包保存的位置,完成设置后单击"打包"按钮。

④ 弹出"警告"对话框,单击"确定"按钮。

⑤ 弹出"打包文档"对话框,显示打包进度,"打包文档"对话框关闭后打包完成。

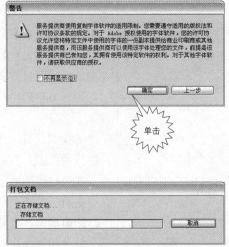

相│关│知│识 ——预检过程中修复链接和图像

"预检"对话框的"链接和图像"区域列出了文档中使用的所有链接、嵌入图像和置入的 InDesign 文件,包括来自链接的 EPS 图形的 DCS 和 OPI 链接。嵌入到 EPS 图形中的图像和置入的 InDesign 文件不作为链接包括在预检报告中。预检程序将显示缺失或已过时的链接和任何 RGB 图(这些图像可能不会正确地分色,除非启用颜色管理并正确设置)。

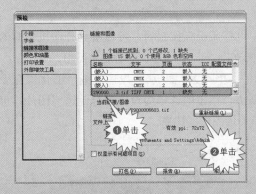

要修复链接,执行下列操作之一即可。

① 选择有问题的图像,并单击"更新"或"重新链接"按钮。

② 单击"全部修复"按钮。

③ 找到正确的图像文件,并单击"打开"按钮。

03 打印

辅助教学

如果将不同的陷印样式应用于跨页中的页面，InDesign 会分别处理。

不管是向外部服务提供商提供彩色的文档，还是仅将文档的快速草图发送到喷墨打印机或激光打印机，了解一些基本的打印知识将使打印作业更顺利地进行，并有助于确保最终文档的效果与预期的效果一致。

在这一节我们将对打印的相关知识进行介绍。

下面我们介绍一些打印的相关术语及知识。

❶ **打印类型**：打印文件时，Adobe InDesign CS3 将文件发送到打印设备。文件被直接打印在纸张上或发送到数字印刷机，或者转换为胶片上的正片或负片图像。在后一种情况中，可使用胶片生成印版，以便通过商业印刷机印刷。

❷ **图像类型**：最简单的图像类型（例如文本）在一级灰阶中仅使用一种颜色。较复杂的图像在图像内具有变化的色调。这种类型的图像称为连续色调图像。照片是连续色调图像的一个例子。

❸ **半调**：为了产生连续色调的错觉，将会把图像分成一系列网点。这个过程称为半调。改变半调网屏网点的大小和密度可以在打印的图像上产生灰度变化或连续颜色的视觉错觉。

❹ **分色**：要将包含多种颜色的图片进行商业复制，必须将多种颜色打印在单独的印版上，每个印版包含一种颜色。这个过程称为分色。

❺ **获取细节**：打印图像中的细节取决于分辨率和网频的组合。输出设备的分辨率越高，可使用的网频越精细（越高）。

❻ **双面打印**：单击"打印"对话框中"打印机"按钮时，可以看到打印机特有的功能（例如双面打印）。只有打印机支持双面打印时，该功能才可用。

❼ **透明对象**：如果图片包含具有使用"透明度"面板、"投影"或"羽化"命令添加的透明特性的对象，则将根据拼合预设中选择的设置拼合此透明图片。可以调整打印图片中的栅格化图像和矢量图像的比率。

打印成品

视频路径

Video\Chapter 11\ 打印
文档 .exe

辅助教学

在准备要对文档进行打
印设置时，必须确保已经
为打印机安装了正确的
驱动程序和 PPD。

完成了出版物的设计和制作以后，可以通过在 InDesign 中设置打印参数等，最大
程度使制作出的文档和打印出的出版物误差减小。下面我们就来介绍打印文档的
详细操作方法。

1. 打开文档

执行"文件 > 打开"命令，
或者按下快捷键 Ctrl+O，
打开本书配套光盘中的
chapter11\Complete\ 创建
目录 .indd 文件。

2. 指定要打印的页面

1 执行"文件 > 打印"命令，或者按下快捷键 Ctrl+P，弹出"打印"对话框，设置"打
印范围"为"全部页面"，其他选项保留默认设置，完成设置后单击"存储"按钮。

2 弹出"存储 PostScript（R）文件"对话框，设置要保存文件的位置，完成设置
后单击"保存"按钮，将直接将文件打印出来。

辅助教学

在指定要打印的页码时，
为页面或页面范围指定
的编号与页面在文档中
的绝对位置相对应。例
如，要打印文档中的第 3
页，在"打印"对话框的
"范围"中输入 3。

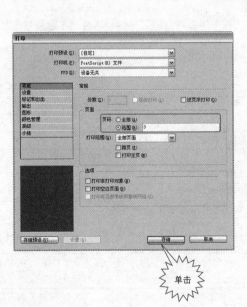

相│关│知│识 ——页面打印选项

在"打印"对话框的页面打印选项中可以设置打印所有页面、仅打印偶数或奇数页面、或一系列单独的页面或连续的范围。下面我们就对页面打印选项中参数的知识和作用进行介绍。

"打印"对话框中的页面打印选项

❶页码：指定当前文档中要打印的页面范围。使用连字符表示连续的页码，使用逗号或空格表示多个页码或范围。

❷打印范围：选择"全部页面"可打印文档的所有页面。选择"仅偶数页"或"仅奇数页"，仅打印指定范围中的那些页面。使用"跨页"或"打印主页"选项时，这些选项不可用。

❸跨页：将页面打印在一起，如同将这些页面装订在一起或打印在同一张纸上。可在每张纸上只打印一个跨页。如果新的页面大于当前选择的纸张大小，InDesign 将打印尽可能多的内容，但不会自动缩放此页面以适合可成像区域,除非在"打印"对话框的"设置"区域中选择"缩放以适合"。

❹打印主页：打印所有主页，而不是打印文档页面,选择此选项会导致"范围"选项不可用。

❺打印非打印对象：打印所有对象，而不考虑选择性防止打印单个对象的设置。

❻打印空白页面：打印指定页面范围中的所有页面，包括没有出现文本或对象的页面。打印分色时，此选项不可用。如果使用打印小册子进行复合打印，须使用"打印空白打印机跨页"选项打印添加的空白跨页以填写复合签名。

❼打印可见参考线和基线网格：按照文档中的颜色打印可见的参考线和基线网格，可以使用"视图"菜单控制哪些辅助线和网格可见，打印分色时，该选项不可用。

页面范围示例

页面范围	打印的页面
11-	文档的第11页至最后一页
-11	第11页前的所有页面，包括第11页
+11	仅第11页
-+11	第11页前的所有页面，包括第11页
+11-	从第11页到文档末尾的所有页面
1，3-8	第1页，以及第3页至第8页
+1，+3-+8	第1页，以及第3页至第8页
Sec1	标记为"Sec1"的节中的所有页面
Sec2:7	标记为"Sec2:"的节中编号为7（不一定为此节的第7页）的页面
PartB:7-	标记为"PartB"的节中编号为7的页面至本节的最后一页
Chap2:7-Chap3	标记为"Chap2"的节的第7页至标记为"Chap3"的节的末尾
Sec4:3-Sec4:6，Sec3:7	"Sec4"中的第3页至第6页和"Sec3"中的第7页

Chapter 12

制作大型出版物

01　制作 POP 海报

02　杂志排版

03　书籍排版

01 制作 POP 海报

POP 广告的具体含义就是在购买时和购买时和购买地点出现的广告。具体讲，POP 广告是在有利和有效的空间位置上，为宣传商品，吸引顾客、引导顾客了解商品内容或商业性事件，从而诱导顾客产生参与动机及购买欲望的商业广告。因此在设计上需要颜色鲜艳，文字醒目，使人过目难忘。

在本范例中我们主要使用钢笔类工具和形状工具绘制海报图案，再使用渐变、渐变羽化工具等绘制各种小元素最终制作成 POP 海报。

sample\chapter12\Complete\制作POP海报.indd

1. 新建文档

1 执行"文件 > 新建 > 文档"命令，或者按下快捷键 Ctrl+N，弹出"新建文档"对话框，设置"页数"为 1，"页面大小"为 A4，"页面方向"为"纵向"，"出血"均为 3mm，完成设置后单击"边距和分栏"按钮。

2 弹出"新建边距和分栏"对话框，设置"边距"均为 10mm，"分栏"为 1，完成设置后单击"确定"按钮，新建一个文档。

设置渐变时，要设置 3 种
或 3 种以上的颜色渐变。
可在渐变曲线处单击，将
新建色块，双击色块，就
可以对色块进行调整了。

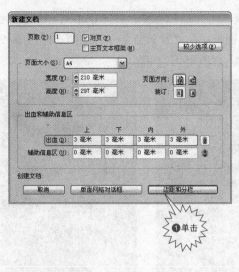

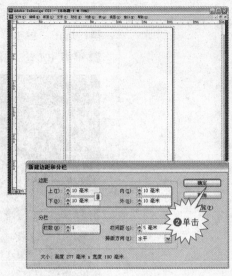

2. 绘制背景

❶ 单击快捷键 F5，打开"色板"面板，单击扩展按钮，打开扩展菜单，选择"新
建渐变色板"选项。

❷ 弹出"新建渐变色板"对话框，设置"色板名称"为"背景渐变"，"类型"为
"线形"，然后单击渐变曲线的第一个色块，并设置"停止点颜色"为 RGB，
RGB 值为 R48、G61、B114，完成设置后单击渐变曲线的第二个色块。设置第二
个色块的"停止点颜色"为 RGB，RGB 值为 R114、G138、B212，完成最终设置
后单击"确定"按钮，在"色板"面板将出现名称"背景渐变"的渐变色。

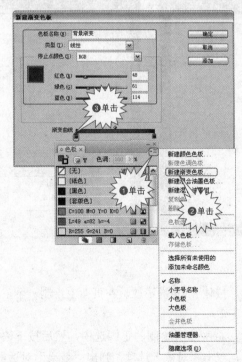

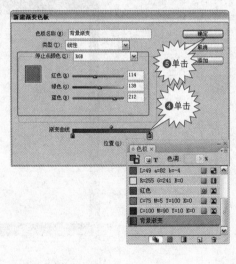

3 单击矩形工具📄，在页面上绘制一个与出血线同长宽的矩形，并单击渐变工具
📄，选中"色板"面板中的"背景渐变"，将矩形填充为渐变。

4 单击矩形工具📄，在页面正中下部绘制一个矩形。

5 将矩形的填充色和轮廓色均设置为纸色。

6 执行"对象 > 角选项"命令，弹出"角选项"对话框，设置"效果"为"圆角"，
"大小"为 6 毫米，完成设置后单击"确定"按钮，将矩形设置为圆角矩形。

辅助教学

要使页面和圆角矩形居中对齐，可以将两对象同时选中后按下快捷键 Shift+F7，然后在弹出的"对齐"面板中单击水平居中对齐按钮📄即可。

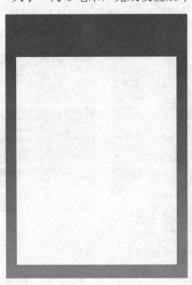 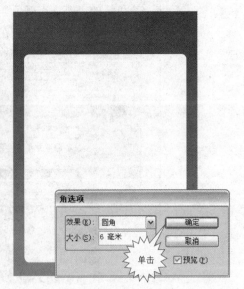

3. 绘制小元素

1 单击椭圆工具📄，按住 Shift 键不放，在页面上绘制一个正圆，并设置其填充色为纸色，轮廓色为无。

2 单击选择工具📄，将刚才所绘制的正圆选中，然后按下快捷键 Shift+Ctrl+F10，打开"效果"面板，双击"对象"选项，弹出"效果"对话框，勾选"渐变羽化"选项，设置"类型"为"径向"，完成设置后单击"确定"按钮，将正圆设置为径向羽化渐变。

设置羽化渐变可以为对象或文本添加光晕化的边缘，在对话框中可以设置向内羽化的距离以及边角的处理，但是羽化对剪切路径不起作用。

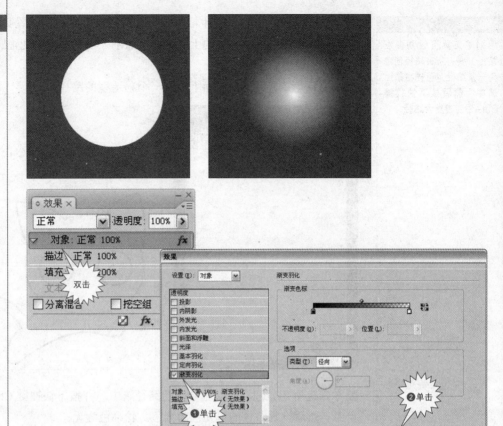

③ 执行"文件 > 打开"命令，或者按下快捷键 Ctrl+O，打开本书配套光盘中的 chapter12\Media\ 房子 .indd 文件，将文件中的所有房子造型的路径选中，并按下快捷键 Ctrl+C，然后切换到 POP 海报页面中，按下快捷键 Ctrl+V，将房子路径粘贴到页面中。

4 单击选择工具，将刚才粘贴的所有路径选中，然后设置其填充色和轮廓色均
为纸色，将其拖曳到页面的上部，并按照刚才复制羽化渐变正圆的方法复制房屋，
不规则地排成一行。

5 单击钢笔工具，在页面上绘制一个猫造型的路径。

6 单击选择工具，将刚才绘制的路径选中，并按下快捷键 Ctrl+G，将所有路径
群组。然后设置路径的填充色为黑色，轮廓色为无。

7 单击椭圆工具，按住 Alt 键不放，拖曳鼠标在页面上绘制一个正圆，并设置
其填充色为无，轮廓色为黑色。单击选择工具，将圆圈选中，将猫的路径框住。

8 单击选择工具，将圆圈选中，然后
单击剪刀工具，在圆圈路径的左下部
路径单击，然后在右下部水平位置单击，
单击选择工具，选中下部分路径，并按
下 Delete 键，删除路径即可。

为了营造一种梦幻的
字体效果，使用字体
Boingo 突出活泼梦幻的
感觉，在文字的选择上要
尽量与内容相搭配。

⑨ 最后单击文字工具 T，在页面上输入文字 Gold coin，然后将文字全部选中，并按下快捷键 Ctrl+T，打开"字符"面板，设置字体为 Boingo，字号为 32，完成后单击 Enter 键确定。

⑩ 单击选择工具 ，选中刚才所输入的文字，并将其拖曳到圆圈减去路径的空白处，猫形的标志绘制完成。

⑪ 单击选择工具 ，将标志的所有部件全部选中，按下快捷键 Ctrl+G，将其群组，然后将其拖曳到页面左上角位置。

4. 置入图片

① 单击矩形工具 ，并按住 Shift 键不放，拖曳鼠标在页面上绘制一个 29.5mm×29.5mm 的正方形。

② 执行"对象 > 角选项"命令，弹出"角选项"对话框，设置"效果"为"圆角"，"大小"为 4.233 毫米，完成设置后单击"确定"按钮，正方形将应用角效果。

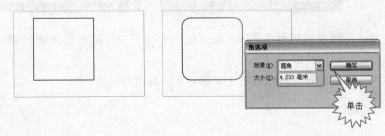

3 单击选择工具，将绘制的圆角矩形选中，然后按下快捷键 Ctrl+C，复制圆角矩形，并执行"编辑 > 多重复制"命令，弹出"多重复制"对话框，设置"重复次数"为 3，"水平位移"为 32 毫米，"垂直位移"为 0，完成设置后单击"确定"按钮。

4 单击选择工具，将 4 个圆角矩形选中，并将其拖曳到页面的右下角位置。

5 单击选择工具，将 4 个矩形选中，并按下快捷键 Ctrl+G，群组矩形，然后再按下快捷键 Ctrl+C，复制群组对象，并执行"编辑 > 多重粘贴"命令，弹出"多重粘贴"对话框，设置"重复次数"为 2，"水平位移"为 0，"垂直位移"为 32毫米，完成后单击"确定"按钮。

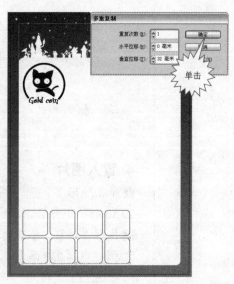

6 单击选择工具，将两组矩形选中，并按下快捷键 Shift+Ctrl+G，将所有矩形取消群组。

7 将第 2 行中的第 1 和第 4 个圆角矩形删除。

辅助教学

在绘制圆角矩形的时候，为了体现一种错落有致的感觉，将最后一列的两个圆角正方形绘制成一个圆角长方形，表现出了海报整体内容的丰富感。

⑧ 单击选择工具 ，将第 1 行的最后一个矩形选中，并在属性栏中设置矩形高度（H）为 61.5mm。

⑨ 将页面左上角的猫形标志选中，然后按住 Alt 键不放，拖曳鼠标，复制一个猫形标志，将其拖曳到页面的左下角矩形空白处，并调整好猫形标志的大小和位置，使标志和矩形排列整齐。

⑩ 执行"文件 > 置入"命令，或者按下快捷键 Ctrl+D，置入本书配套光盘中的 chapter12\Media\ 素材 1.tif 文件。

⑪ 单击选择工具 ，将置入的图片选中，并按住 Shift 键不放拖曳鼠标，将素材 1 等比例缩小到与第一个圆角正方形大小差不多的大小。

将图片填充到矩形框内后，要改变图片的位置，可用按下快捷键Shift+A，切换到位置工具 来调整。

12 单击选择工具 ，将矩形和置入的图片选中，并执行"对象 > 路径查找器 > 交叉"命令，图像将填充到圆角矩形框中。

13 按照上面的方法，分别将"素材2"、"素材3"、"素材4"、"素材5"置入到页面中，并依照从上到下，从左到右的顺序填充到矩形框中。

5. 添加文字

1 单击选择工具 ，将猫形标志中的文字 Gold coin 选中，并按住 Alt 键不放拖曳鼠标，复制文字，然后设置其填充色为"背景渐变"，并将其拖曳到猫形标志的右边。

2 单击文字工具 ，在页面上输入文字"小屋"，然后将文字选中，按下快捷键 Ctrl+T，打开"字符"面板，设置其字体为"文鼎 CS 大黑"，字号为 50，完成后单击 Enter 键，然后单击选择工具，将文字选中，并将其拖曳到标志文字的下方。

辅助教学

使用颜色的中文名来命名颜色，可以在繁多的颜色中轻松找到所需的颜色，减少查找颜色的时间，所以建议在设置颜色后尽量使用中文名对颜色进行命名。

③ 按下快捷键 F5，打开"色板"面板，单击"色板"面板中的下拉按钮，打开下拉菜单，选择"新建颜色色板"选项，弹出"新建颜色色板"对话框，设置色板名称为"粉红"，颜色类型为"专色"，颜色模式为 CMYK，其中 CMYK 值为 C0、M80、Y20、K0，完成设置后单击"确定"按钮，在"色板"面板中将出现"粉红"色板。

④ 单击文字工具T，将文字"小屋"选中，然后单击"色板"面板中的"粉红"色板，文字将填充为粉红。

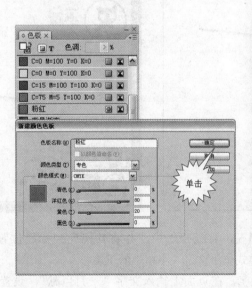

⑤ 单击选择工具，将文字选中，并按住 Alt 键不放，然后拖曳鼠标复制文字。

⑥ 设置原文字的填充色为黑色，并设置其色调为 60%，将黑色文字调整到粉红文字的右下侧。

由于 Adobe InDesign 和 Adobe Illustartor 的文件类型可以互相转换，因此可以将在 Adobe Illustartor 中进行编辑的对象拖曳到 Adobe InDesign，大大丰富了海报的内容。

7 执行"文件 > 打开"命令，或者按下快捷键 Ctrl+O，打开本书配套光盘中的 chapter12\Media\ 人物和背景 .indd 文件。

8 单击选择工具，将其中纸张样式的对象选中，按下快捷键 Ctrl+C，复制对象，然后切换到 POP 海报页面，再按下快捷键 Ctrl+V，粘贴页面。

9 单击选择工具，将纸张选中，并将其拖曳到标题位置，然后按下快捷键 Ctrl+[，使纸张样式位于文字"小屋"的下层。

10 单击文字工具，在页面上输入文字"一月巨献"，设置其字体为"文鼎 CS 中黑"，字号为 60 号，并设置其填充色为"背景渐变"。

11 按下快捷键 Ctrl+C 复制文字，然后执行"编辑 > 多重复制"命令，弹出"多重复制"对话框，设置"重复次数"为8，"水平位移"为 1mm，"垂直位移"为 -1mm，完成设置后单击"确定"按钮。

12 单击文字工具，将右上角的第一组文字选中，设置其文字颜色为默认的黄色，然后单击选择工具，将所有文字选中，按下快捷键 Ctrl+G 群组所选对象，并将其拖曳到页面右上角位置。

辅助教学

使用多重复制制作出的投影效果实际上是由若干个复制对象重叠而成的，所以如果觉得投影过长，可用选中多余部分并删除。

13 单击选择工具，将刚才制作的标题文字选中，然后在控制面板的旋转角度栏中输入 6°，完成后按 Enter 键确定。

14 单击文字工具，在页面猫形标志的下方输入文字"最流行的饰品 最齐全的种类 数百种小物优价销售 上千件礼物回馈顾客 部分商品 8 折"，并将其排成 5 行。

15 单击文字工具 T，将第 1 行和第 2 行文字选中，按下快捷键 Ctrl+T，打开"字符"面板，设置字体为"方正综艺简体"，字号为 26，完成设置后单击 Enter 键确定，然后将文字颜色设置为无，文字轮廓色设置为黑色。

16 按照上面的方法，设置其余文字字体为"华康海报体 W12(P)"，字号为 32，行距为 48。

17 单击文字工具 T，将第 3 行和第 4 行的前 3 个字分别选中，并设置文字填充色为"黄色"，轮廓色为"黑色"。

18 将最后一行文字中的 8 选中，设置其字体为"方正卡通简体"，字号为 150，最后设置其文字填充色为"粉红"。

6. 添加元素

1 执行"文件 > 打开"命令，或者按下快捷键 Ctrl+O，打开本书配套光盘中的 chapter12\Media\人物和背景 .indd 文件。

2 单击选择工具，将人物对象选中，按下快捷键 Ctrl+C 复制对象，然后切换到 POP 海报文件中，按下快捷键 Ctrl+V 粘贴对象，并将其拖曳到页面右下角位置。

3 单击文字工具，在页面右下角位置输入文字"活动日期：9 月 10 日～ 9 月 30 日 活动范围：店内所有商品"，将其分为两段，然后将其选中，设置字体为"方正仿宋简体"，字号为 11，按下快捷键 Ctrl+M，打开"段落"面板，单击"段落"面板中的"右对齐"按钮，使其右对齐。

4 单击钢笔工具，在页面上绘制一个心形形状，并设置其填充色和轮廓色均为"粉红"，然后单击选择工具，将心形选中，并将其拖曳到页面左上角猫形标志下方的文字左边。

在按住 Alt 键复制对象时，
要使对象复制到垂直或
水平位置，可在按住 Alt
键的同时按住 Shift 键不
放，然后向要复制的方向
拖动对象，对象将只复制
到水平或垂直方向。

5 单击选择工具，将心形选中，然后
按住 Alt 键不放拖曳鼠标，复制一个心
形，并将其拖曳到第 2 段文字的左边，
至此 POP 海报绘制完成。

杂志排版

在使用 InDesign 排版的出版物中，杂志占了很大一部分，由于杂志有持续性强的特点，而且又被大家所熟悉，所以下面就对杂志排版的详细操作步骤进行介绍。在本小节中，主要会对杂志封面、内页的排版过程进行介绍，通过对排版过程的熟悉，能够让大家对杂志排版功能有更加深入的了解。

sample\chapter12\Complete\ 杂志封面 .indd

sample\chapter12\Complete\ 杂志内页 .indd

对于任何一本出版物来说，封面制作都占着相当大的比重，因为在我们选择一本出版物时，第一眼看见的就是出版物的封面，一个能吸引人的封面，能够提高出版物的销售成绩，并且读者更容易对其产生收藏的兴趣。

下面，我们将介绍杂志排版的第一步——制作封面，具体操作步骤如下。

1. 新建文件并置入背景

1️⃣ 执行"文件 > 新建 > 文档"命令，或者按下快捷键 Ctrl+N，在弹出的"新建文档"对话框中设置"页数"为 1，"页面大小"为 A4，"出血"均为 3mm，完成设置后单击"边距和分栏"按钮。

2️⃣ 弹出"新建边距和分栏"对话框，设置"边距"均为 10mm，完成后单击"确定"按钮，新建一个文档。

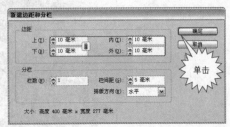

3️⃣ 执行"文件 > 置入"命令，或者按下快捷键 Ctrl+D，置入本书配套光盘中的 chapter12\Media\杂志封面背景.tif 文件。

4️⃣ 单击矩形工具 ▭，在页面上绘制一个同出血线同长宽的矩形。

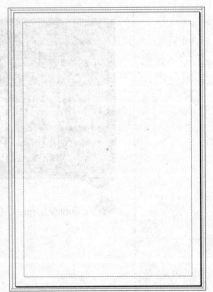

辅助教学

在实际操作中，通常不用先绘制和出血线同长宽的矩形，然后再将背景置入。因为出血线以外的部分在印刷过程中是不会被印刷出来的。在这里先绘制矩形是为了让读者掌握置入图片的操作方法。

⑤ 单击选择工具，选中置入的图片，并将其等比例放大到比页面稍大，然后拖曳到页面上。

⑥ 将置入图片和刚才绘制的矩形同时选中，执行"对象 > 路径查找器 > 交叉"命令，将图片剪切成同页面大小相同。

辅助教学

没有为文字创建轮廓的时候，使用选择工具将文字选中，设置其填充色时，设置的是文本框的颜色，因此要改变文字颜色，只有使用文字工具将文字选中后才能改变。

2. 制作标志文字

① 单击文字工具，在页面上输入文字"时尚"，然后选中文字，按下快捷键 Ctrl+T，打开"字符"面板，设置字体为"方正细圆繁体"，字号为 120，完成后按 Enter 键确定。

② 按下快捷键 F5，打开"色板"面板，单击"色板"面板右下角的"新建色板"按钮，弹出"色板选项"对话框，设置颜色模式为"印刷色"，CMYK 值为 C61、M100、Y16、K0，完成设置后单击"确定"按钮。

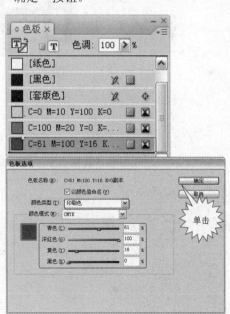

③ 单击文字工具▣，将文字"时尚"选中，然后单击"色板"面板中新创建的颜色，对文字应用此颜色。

④ 按下快捷键F10，打开"描边"面板，设置文字的描边为1毫米，完成设置后按 Enter 键，使文字加粗。

⑤ 单击选择工具▣，将文字选中，然后按下快捷键 Ctrl+Shift+O，为文字创建轮廓，然后单击直接选择工具▣，将文字"时"中的一点选中，然后按下 Delete 键删除，按照同样的方法，将"尚"的左上角的一点也删除。

⑥ 单击钢笔工具▣，绘制一条花纹。

⑦ 单击选择工具▣，将花纹选中，并将其拖曳到文字"时"所缺少的一点处。

8 按照上面的方法再绘制一个花纹，然后将花纹拖曳到文字"尚"的左上角所缺少的一点的位置。

9 单击选择工具 ↖，将标题文字全部选中，然后按下快捷键 Ctrl+G，群组对象，并将其拖曳到页面左上角位置。

3. 添加文字

1 单击文字工具 T，在页面输入文字"服饰美容"，设置字体为"方正大黑简体"，字号为 48，并设置其文字颜色同标题文字一样，然后单击选择工具，将文字选中，并将其拖曳到标题文字的下方。

2 单击矩形工具▣，在页面绘制一个矩形，并设置其填充色和轮廓色均为"黑色"，然后单击文字工具Ⓣ，在页面输入文字"美丽头发装点春季形象"，设置字体为"黑体"，字号为 20，并设置其文字填充色为"纸色"，最后单击选择工具▶将文字选中，并将其拖曳到刚才所绘制的黑色矩形中。

3 将文字和矩形同时选中，按下快捷键 Ctrl+G，将两个对象群组，然后在控制面板中设置群组对象的旋转角度为 8°，并将其拖曳到页面左边标题下方。

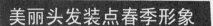

4 按照上面同样的方法，在刚才输入的文字下方输入文字"造型、饰品、商品 DIY 冬季发型进行时"并将其排成两行，设置其字体为"方正粗圆简体"，字号为 36，设置文字的填充色为"红色"。

5 在刚才输入的文字下方输入文字"长款 T 恤 14 个创意新搭配 时尚衣柜憧憬的 10 款春装 57 款防护宝贝为美丽全面设防 化解危机，24 小时防身对策"，将文字排成 4 行，设置其字体为"黑体"，字号为 22，行距为 32，设置文字的填充色为"纸色"。

为了突出重点，将数字文字的字号增大，并改变其颜色。

6 单击文字工具⊤，将第1行的数字文字选中，然后设置其字体为"华文行楷"，字号为48，文字填充色与标题文字相同。

7 按照同样的方法，将其他数字文字选中，参数设置与第1行的数字文字相同。

8 按照上面同样的方法，在刚才输入的文字下方输入文字"第5届'世界模特大赛——最具女性魅力搜索'开始报名啦！"，分别选中"第5届"和"开始报名啦！"，设置其字体为"方正综艺简体"，字号为30，填充色为"纸色"，最后将数字5单独选中，设置其字体为"文鼎中特广告体"，字号为60。

9 设置其余文字字体为"黑体"，字号为18，填充色为"红色"。

🔟 在"色板"面板中新建一个印刷色，并设置其 CMYK 值为 C0、M10、Y100、K0，然后单击文字工具⊤，在刚才输入的文字下方输入文字"制造冷感美人"，设置其字体为"方正综艺简体"，字号为 72，设置文字的填充色为刚才新建的"黄色"。

⓫ 单击文字工具⊤，将刚才输入的文字选中，然后在"色板"面板中设置文字的色调为 60%。

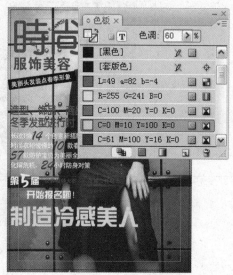

⓬ 按照上面同样的方法，在刚才输入的文字下方输入文字"▲连衣裙、迷你装，让他不由自主说爱你 ▲晒前、晒后呵护，跻身美白一族"，并将其排成 2 行，设置其字体为"黑体"，字号为 15，设置文字的填充色为"纸色"，"▲"的填充色为"红色"。

⓭ 在页面右上角输入文字"2008 年 4 月号 总第 108 期"，并将其排成两行，设置其字体为"黑体"，字号为 14，设置文字的填充色与标题颜色相同，最后设置其排列方式为右对齐。

14 双击多边形工具◎，弹出"多边形设置"对话框，设置"边数"为5，"星形内陷"为50%，完成后单击"确定"按钮，并在页面右边绘制一个星形，然后在控制面板中设置星形的旋转角度为10°。

15 单击选择工具▶，将星形选中，设置星形填充色的 CMYK 值为 C63、M16、Y14、K0，轮廓色为无。

16 单击文字工具T，在星形的上层输入文字"Book in Book 跨界生活新知味 跨界先锋掀起全球风潮 MIX&MATCH 多重搭配 多用功效跨界美容圈 大智慧造就跨界作品名品，跨界理念的精华"，将其文字排列成 7 行。

17 将第 1 行选中，设置字体为"方正小标宋简体"，字号为 24，文字填充颜色为"黄色"。

18 单击文字工具Ｔ，将第 2 行文字选中，设置字体为"方正综艺简体"，字号为 24，文字填充颜色为标题颜色。

19 最后将剩下文字选中，设置字体为"黑体"，字号为 12，文字填充颜色为"纸色"。

20 执行"文件 > 置入"命令，或者按下快捷键 Ctrl+D，置入本书配套光盘中的 chapter12\Media\条形码 .tif 文件，单击选择工具，将置入的条形码选中，并将其等比例缩小，拖曳到页面左下角位置。

21 单击文字工具Ｔ，在页面右下角输入文字"国际标准刊号 ISSN1009-6788 定价：20.00 元"，并设置字体为"宋体"，字号为 12，文字填充颜色为"纸色"。

22 单击文字工具 T，将数字 "20.00" 选中，设置字体为 "宋体"，字号为 36，文字填充颜色同星形的颜色相同，至此，杂志封面制作完成。

每本杂志都有其特有的栏目，在对不同栏目进行不同排版时，需要搭配不同的色彩来突出栏目的不同，以及与所要排版内容的协调。

下面我们就来介绍制作杂志内页的具体操作步骤。

1. 新建文件

现在我们就来制作内页部分的内容。

1 执行 "文件 > 新建 > 文档" 命令，或者按下快捷键 Ctrl+N，弹出 "新建文档" 对话框，设置 "页数" 为 2，并取消对页的勾选，"页面大小" 为 A3，"出血" 均为 3mm，完成设置后单击 "边距和分栏" 按钮。

2 弹出 "新建边距和分栏" 对话框，设置 "边距" 均为 10mm，完成后单击 "确定" 按钮，新建一个文档。

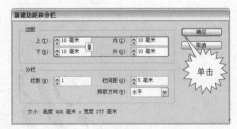

辅助教学

在单击旋转工具后，将旋转中心点改变可以改变其旋转的幅度和角度。

2. 创建参考线并绘制背景

下面我们先对第一部分的杂志内页进行制作，具体方法如下。

1 按下快捷键 Ctrl+R，显示标尺，然后在垂直标尺处拖曳出一条参考线，并将其拖曳到 210mm 处。

2 单击矩形工具▦，在页面上绘制一个同出血线同长宽的矩形，并设置其填充色和轮廓色均为黑色。

辅助教学

如果知道一个对象的确切值，可以在控制面板中改变其长宽，要等比例缩放，须按下控制面板中的"约束比例"按钮◉，将对象等比例缩放。

3. 制作栏目标志

1 下面我们先对栏目标志的制作方法进行介绍，单击矩形工具▦，在页面上绘制一个 107.119mm×57mm 的矩形，并设置其填充色和轮廓色均为默认的"红色"。

2 单击矩形工具▦，在页面上绘制一个矩形，设置其轮廓色为"纸色"，轮廓色为无，并将其拖曳到前一个矩形的上面。

3 单击文字工具▦，在页面上输入文字 BEAUTY，设置文字填充色为"纸色"，然后选中第一个文字，并按下快捷键 Ctrl+T，打开"字符"面板，设置文字字体为 CommScriptTT，字号为 72，完成设置后按 Enter 键确定。

4 按照上面的方法，将其余文字选中，然后在"字符"面板中设置字体为 Chaparral Pro，字号为 30，完成设置后按 Enter 键确定。

5 单击选择工具 ▮ 将文字选中，并按下快捷键 Ctrl+Shift+O 为文字创建轮廓，调整好文字的大小，然后将其拖曳到上面所绘制的矩形中，设置其文字填充色为"纸色"。

6 单击文字工具 ▮，在刚才文字的下方输入文字 BOOM，并设置其字体为 Arial Black，同上面一样，也为其创建轮廓并调整好文字大小。

辅助教学

为了使心形在绘制时能够左右相同，通常需要拖曳出参考线辅助绘制。

7 同上面的方法一样，输入文字"编辑推荐"，并设置其字体为"方正综艺简体"，然后将其拖曳到文字 BEATY 的上方，设置其文字填充色为"纸色"。

8 单击钢笔工具 ▮，在页面上绘制一个心形，并设置填充色为"红色"，轮廓色为无。

9 单击选择工具 ▮，将心形选中，然后按下快捷键 F10，打开"描边"面板，设置其轮廓粗细为 1mm，并设置其轮廓色为"纸色"。

10 单击钢笔工具 ▮，在页面绘制心形的高光部分，设置其描边粗细为 1mm，线条颜色为"纸色"，并单击选择工具 ▮，将心形对象全部选中，拖曳到栏目标志的右面。栏目标志绘制完成。

11 单击选择工具，将栏目标志全部选中，然后按下快捷键 Ctrl+G，将栏目标志的全部对象群组，并将其拖曳到页面的左上角位置。

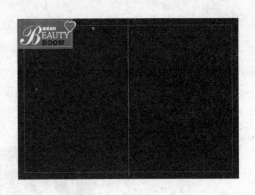

4. 置入图片

1 单击矩形工具，在页面左上角位置绘制一个 91.147mm×88.481mm 的矩形，然后执行"对象 > 角选项"命令，弹出"角选项"对话框，设置"效果"为"圆角"，"大小"为 6 毫米，完成后单击"确定"按钮，并设置其填充色和轮廓色的 CMYK 值均为 C0、M0、Y0、K30。

2 按照上面的方法，在刚才绘制的圆角矩形上方再绘制一个 80.167mm×15.147mm 的矩形，并将其设置为大小为 5 毫米的圆角矩形，设置其填充色和轮廓色的 CMYK 值均为 C70、M0、Y20、K0。

3 执行"文件 > 置入"命令，或者按下快捷键 Ctrl+D，置入本书配套光盘中的 chapter12\Media\4.tif 文件，然后单击选择工具，将其拖曳到刚才绘制的蓝色圆角矩形上。

4 按照上面同样的方法，分别置入本书配套光盘中的 chapter12\Media\5 ～ 7.tif 文件，单击选择工具，将其分别拖曳到刚才置入的图片下方，调整好位置。

5 执行“文件 > 置入”命令，或者按下快捷键 Ctrl+D，置入本书配套光盘中的 chapter12\Media\1.tif 文件，然后单击选择工具，将其拖曳到页面的偏左下方位置。

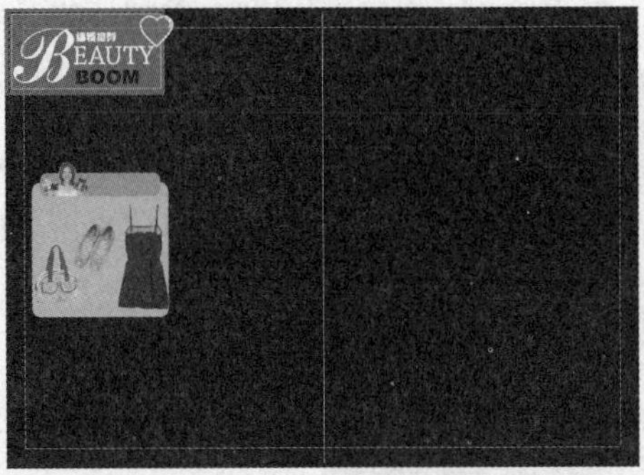

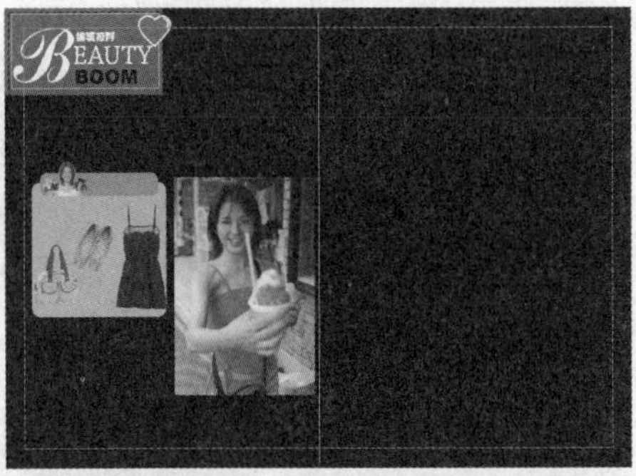

6 按照上面同样的方法，分别置入本书配套光盘中的 chapter12\Media\2 ～ 3 .tif 文件，单击选择工具，将其分别拖曳到页面右边和页面偏右下方位置。

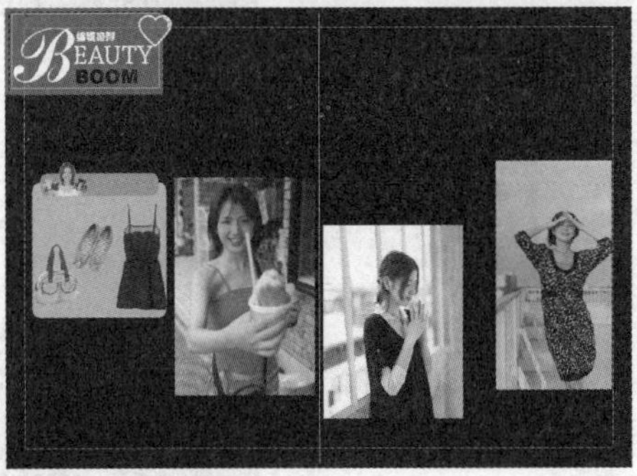

辅助教学

在 InDesign 中，可以先设置文字参数，然后输入文字，文字会按照设置好的参数显示，也可以先输入文字再设置其参数。

5. 添加文字

1 单击文字工具，在页面左上角输入文字“好感夜游元素 讨论大公开！”并将其排列成两行，设置第 1 行文字的字体为“方正大黑简体”，字号为 36，第 2 行文字的字体为“黑体”，字号为 24，并设置其文字颜色为“纸色”。

2 单击文字工具，分别选中第 1 行中的文字“好”、“夜”、“元”，设置其填充色的 CMYK 值为 C70、M0、Y20、K0，在“色板”面板中设置此颜色为“蓝色”，将第 1 行中其余文字的填充色 CMYK 值设置为 C0、M80、Y20、K0，在“色板”面板中设置此颜色为“粉红”。

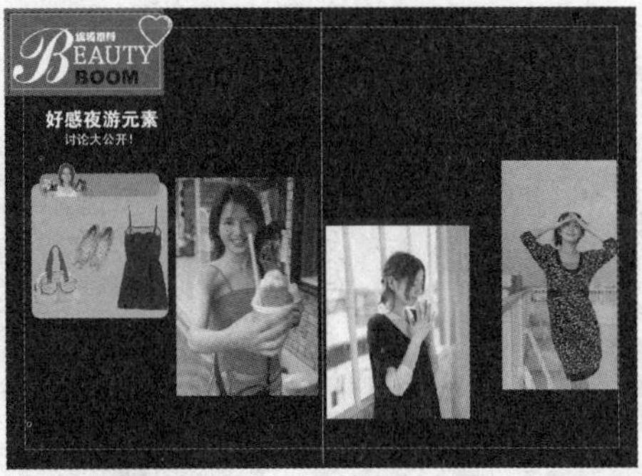

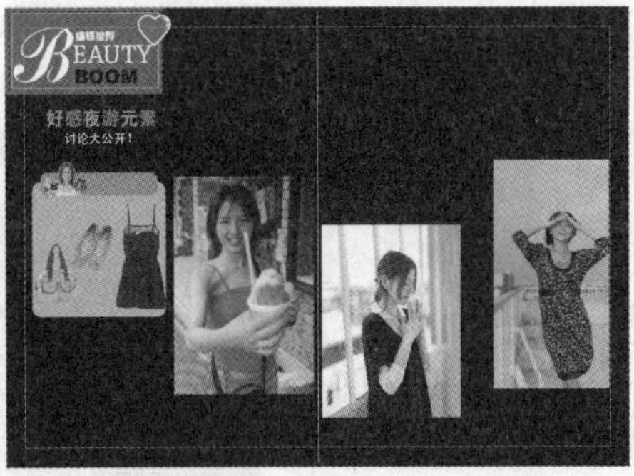

3 单击文字工具 🔳，在页面输入符号"[ ]"，单击选择工具将符号选中，并按下快捷键 **Ctrl+Shift+O** 为符号创建轮廓，然后设置符号的填充色为"纸色"，将符号等比例放大，拖曳到刚才所输入文字的上层，将文字框住。

4 单击文字工具 🔳，在页面左上的圆角矩形内输入文字"夜游装 Q&A"，设置文字的字体为"方正大标宋简体"字号为 24，文字颜色为"纸色"。

5 单击文字工具 🔳，在页面正上方输入文字"三大好感元素夜游装"，设置文字字体为"方正大黑简体"，字号为 88。

6 将文字"三大好感元素"选中，然后设置其文字的填充色为"粉红"，将剩下的文字选中，设置其文字填充色为"纸色"。

7 打开本书配套光盘中的 chapter12\Media\ 杂志内页文字 .txt 文件，将第一部分内页文字中的第 1 段复制并粘贴到页面标题文字的右下角，设置其段落文字的字体为"黑体"字号为 14，并设置其文字填充色为"纸色"。

8 单击矩形工具 🔳，在图片 1 的右上位置绘制一个 66mm×81.5mm 的矩形，并将其设置为大小为 8 毫米的圆角矩形，设置其填充色为无，轮廓色为"粉红"。

⑨ 将"杂志内页文字.txt"文件中搭配分析下的第一部分文字复制、粘贴到页面中，将其中的数字选中，并设置其字体为 BiRDiSH，字号为 36，文字填充色为"粉红"，然后分别选中番号后的一段，设置其字体为"宋体"，字号为 14，文字填充色为"蓝色"，同样将剩下的部分文字选中，设置其字体为"宋体"，字号为 12，文字填充色为"纸色"，最后单击选择工具 将文字选中，并将其拖曳到刚才所绘制的圆角矩形内。

⑩ 将文字和圆角矩形同时选中，按下快捷键 Ctrl+G 将对象群组，然后按住 Alt 键不放，拖动鼠标，将群组对象复制两个，将其分别放置到图片 2 和图片 3 的四周。

⑪ 将"杂志内页文字.txt"文件中的内容依次分别从左到右复制、粘贴到页面，替换复制群组对象中的文字。

⑫ 单击钢笔工具 ，设置填充色为无，轮廓色为"纸色"，在页面上绘制一个框，单击选择工具 选中框，将其拖曳到图片 1 的下方。

⑬ 将"杂志内页文字.txt"文件中"闪亮度"以及接下来一段文字选中，然后复制、粘贴到页面刚才所绘制的框中。

14 单击文字工具■，将第1行选中，设置字体为"宋体"，字号为18，文字填充色为"粉红"，然后将第2行选中，设置字体为"黑体"，字号为14，文字填充色为"纸色"。

15 单击选择工具■，将刚才绘制的框选中，然后按住 Alt 键不放拖动鼠标，将框复制两个，分别将其拖曳到图片2的下方和图片3的上方。

16 单击选择工具■，将图片3上方的框选中，单击控制面板中的垂直翻转按钮■，然后将第一个框中的文字复制并粘贴到另外两个框中，并将杂志内页文字.txt文件中的剩下的"闪亮度……"文字复制并替换已有文字。

6. 添加元素

1 单击椭圆工具■，按住 Shift 键不放，在页面上绘制一个正圆，并设置其填充色和轮廓色均为"粉红"，单击选择工具■，将正圆选中，然后将其拖曳到页面左边的圆角矩形内。

2 单击文字工具■，在页面输入文字"聚焦感闪亮"，设置其字体为"方正大黑简体"，字号为18，文字填充色为"纸色"，然后单击选择工具■将文字选中，并将其拖曳到正圆中。

③ 按照同样的方法再绘制两个正圆，分别输入"可爱时尚"和"适度露肤"，文字参数同上面相同，并将其放置到另外两张图片上层。

④ 单击椭圆工具 ⊙，在页面上绘制一个直径为 87mm 的正圆，并设置其填充色和轮廓色均为"蓝色"，单击选择工具 ▶ 将正圆选中，并将其拖曳到页面左下角。

⑤ 将"杂志内页文字 .txt"文件中的第一部分内页内容的最后一段文字选中，并复制、粘贴到刚才绘制的正圆形上层。

⑥ 单击文字工具 T，将第 1 行文字选中，设置其字体为"华文行楷"，字号为 36，文字颜色为"纸色"，将第 2 行文字选中，设置其字体为"方正大黑简体"，字号为 36，文字颜色为"黑色"，第 3 行文字的字体和字号与第 2 行相同，文字颜色为"纸色"。

⑦ 单击钢笔工具 ◊，绘制一个心形图案，并设置其填充色和轮廓色均为"粉红"。

⑧ 单击文字工具 T，在心形图案的上层输入文字"搭配分析"，设置其字体为"方正大黑简体"，字号为 18，填充色为"纸色"。

⑨ 单击选择工具⬚，将文字和心形图案同时选中，并按下快捷键 Ctrl+G 群组对象，然后将其拖曳到页面中粉红圆角矩形的边缘部。

⑩ 单击选择工具⬚，将群组对象选中，按住 Alt 键不放并拖曳鼠标，复制两个群组对象，并将其拖曳到另外两个粉红圆角矩形框的边缘。至此，第一部分内页分制作完成。

7. 创建参考线并制作左边背景

下面我们对第二部分的杂志内页进行制作，具体方法如下。

① 在垂直标尺处拖曳出一条垂直参考线，并将其拖曳到 210mm 处。

② 单击矩形工具⬚，在左边页面绘制一个同出血线同长宽的矩形。

③ 执行"文件 > 置入"命令，或者按下快捷键 Ctrl+D，置入本书配套光盘中的 chapter12\Media\8.tif 文件，将图片置入到矩形中。

8. 添加文字

1 单击文字工具 T，在左边页面的右上角输入文字 Select 4，设置其字体为
English，字号为 72，填充色为"纸色"。

2 单击矩形工具 □，在刚才输入文字的下方绘制一个矩形，设置其填充色和轮廓
色均为"黑色"。

3 单击文字工具 T，在黑色矩形中单击，输入文字"清凉感出众，魅力无法抗拒！"，
设置其字体为"黑体"，字号为 20，填充色为"纸色"，并设置其排列方式为"居
中对齐"。

4 单击文字工具 T，在刚才输入的文字下方输入文字"简约风格丝绸质地上衣"
设置其字体为"方正大黑简体"，字号为 65，填充色为"粉红"，并设置其排列方
式为"右对齐"。

5 单击矩形工具 □，在刚才的文字下方绘制一个矩形，并设置其填充色和轮廓色
均为"纸色"，然后设置其透明度为 77%。

6 打开本书配套光盘中的 chapter12\Media\ 杂志内页文字 .txt 文件，将第二部分
内页文字中的第 1 段文字复制、粘贴到刚才所绘制的白色矩形中。

7 单击文字工具 **T**，在页面右下角输入
文字"丝绸吊带＋帅气牛仔裤 简约款
式也能让人过目不忘"，并将其排列成
两行，设置其字体为"方正大黑简体"，
字号为 24，文字填充色为"粉红"，并
设置其对齐方式为"左对齐"。

9. 绘制右边背景和元素

1 单击矩形工具 **◻**，在右边页面绘制一个矩形，长宽与出血线长宽相同，设置其
填充色和轮廓色的 CMYK 值均为 C15、M80、Y10、K0，并将此颜色创建到"色
板"面板中，设置名称为"紫色"。

2 单击矩形工具 **◻**，在右边页面绘制一个矩形，并设置其填充色为无，轮廓色为"纸
色"，然后按下快捷键 F10，打开"描边"面板，设置粗细为 1 毫米。

3 单击选择工具 **▶**，选中矩形，执行"对象 > 角效果"命令，弹出"角效果"对话框，
设置"效果"为"反向圆角"，"大小"为 6，完成设置后单击"确定"按钮。

4 单击选择工具，将矩形选中，复制、粘贴 4 个矩形，并调整好矩形的长宽，将
其分别拖曳到右边页面排列成左边 3 个、右边 2 个的布局。

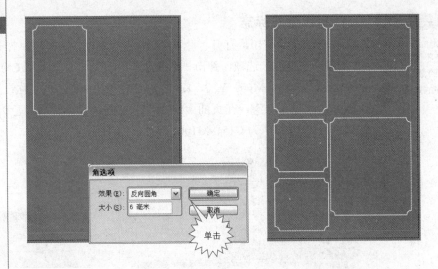

10. 置入图片

1 单击选择工具，将右边页面左上角的矩形选中，然后执行"文件 > 置入"命令，或者按下快捷键 Ctrl+D，置入本书配套光盘中的 chapter12\Media\9.tif 文件。

2 单击位置工具，将图片等比例缩小调整到与矩形框相适应。

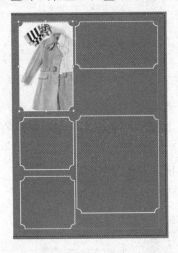
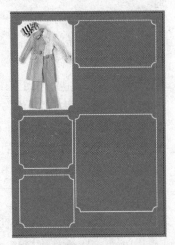

3 按照上面的方法，依次从左到右、从上到下置入本书配套光盘中的 chapter12\Media\10 ~ 13.tif 文件，并将其调整到与矩形框相适应的大小。

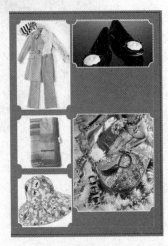

11. 制作番号标志

1 按下快捷键 F10，打开"色板"面板，单击扩展按钮，打开扩展菜单，选择
"新建渐变色板"选项，弹出"渐变选项"对话框，设置从 CMYK 值为 C0、M0、
Y0、K0 到 C0、M60、Y10、K0 的径向渐变，并将色板名称设置为"番号渐变"。

2 单击椭圆工具，在页面上绘制一个正圆，设置其填充色为"番号渐变"，轮
廓色为 CMYK 值为 C15、M100、Y15、K0。

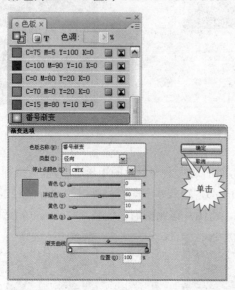
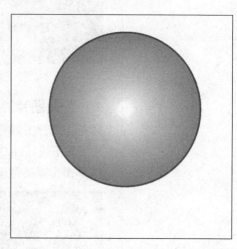

3 单击文字工具，在正圆中输入文字 1，并设置其字体为 Arial Black，字号为
100，文字填充色为"黑色"。

4 单击矩形工具，在页面上绘制一个矩形，其高与正圆的直径相等，然后设置
填充色为"纸色"，轮廓色的 CMYK 值为 C15、M100、Y15、K0，然后单击选择
工具，将矩形选中，并将其拖曳到正圆形下层。

5 单击文字工具 T，在矩形框中输入文字 LADYS' WEAR，并设置其字体为 GungsuhChe，字号为 36。

6 单击文字工具 T，将第 1 个字母选中，设置其第 1 个字母填充色的 RGB 值为 R206、G116、B146，将此颜色添加到"色板"面板中，并设置其色板名称为"淡紫色"。

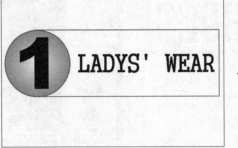
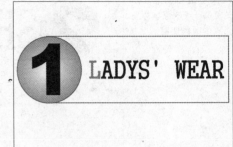

7 单击文字工具 T，分别将字母 D、S'、E、R 选中，并设置其填充色为"淡紫色"。

8 与上面的方法相同，创建新颜色的 RGB 值为 R144、G24、B100，并设置其色板名称为"深紫色"。单击文字工具 T，将其余字母分别选中，并将文字填充色设置为"深紫色"。

9 单击选择工具 ▶，将番号标志选中，将其复制、粘贴一次。

10 将复制的番号标志全部选中，并按下快捷键 Ctrl+Shift+O，为番号标志中的文字创建轮廓，再按下快捷键 Ctrl+G 群组对象，调整番号标志的大小，并将其拖曳到右边页面中第 1 张图片的中部。

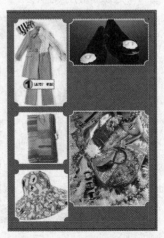

创建了轮廓的文字将不能对其颜色和字号等属性更改设置，但是可以通过拖曳节点随意调整文字的长宽等，因此建议在要对文字进行创建轮廓时先复制一个文字，以备要修改的时候使用。

Ⅱ 单击文字工具 T，将原番号标志中的文字更改为 SHOES，并按照上面的方法穿插设置文字颜色，然后将前面番号更改为 2。

⑫ 按照上面的方法创建文字轮廓，并将其拖曳到右边页面的右上角的图片上。

⑬ 按照上面相同的方法，将其他 3 个图片中的番号标志按从左到右，从上到下的顺序，番号更改为 3、4、5，文字更改为 SCARF、HAT、HANDBAG。

12. 添加文字内容

① 单击矩形工具 ，在第 1 张图片的右下角绘制一个矩形，设置其填充色为"纸色"，不透明度为 49%。

② 单击选择工具 ，按住 Alt 键不放并拖曳鼠标复制两个矩形，并将其拖曳到右边页面的左边其余两个矩形框中。

③ 单击矩形工具 █，在右边页面的右边两张图片下方分别绘制两个矩形，并设置其填充色和轮廓色均为"黑色"。

④ 打开本书配套光盘中的 chapter12\Media\ 杂志内页文字 .txt，并将其第二部分内页文字的第 2～6 段分别依照番号顺序复制、粘贴到页面图片刚才所绘制的矩形中。将 2、4 号的文字填充色设置为"纸色"，其余设置为"黑色"，字体均为"黑体"，字号为 12。

⑤ 单击矩形工具 █，在右边页面的右边第 1 张图片下方绘制 1 个矩形，并设置其填充色和轮廓色均为"黑色"。

⑥ 单击文字工具 █，在刚才所绘制的黑色矩形中输入文字"PART 1 秋冬女孩的魔法箱"，设置文字 PART 1 的字体为 Arial Black，字号为 29，剩余字体的字体为"方正黑体简体"，字号为 24，并设置其文字填充色为"紫色"。

⑦ 单击文字工具 █，将本书配套光盘中的 chapter12\Media\ 杂志内页文字 .txt 中最后一段文字复制、粘贴到页面刚才输入的标题文字下方，并设置字体为默认的宋体，字号为 12，填充色为"纸色"。至此，杂志内页制作完成。

⊙3 书籍排版

在使用 InDesign 排版的出版物中，杂志占了很大一部分，由于杂志有持续性强的特点，而且又被大家所熟悉，所以下面就对杂志排版的详细操作步骤进行介绍。在本小节中，主要对杂志封面、内页的排版过程进行介绍，通过对排版过程的熟悉，能够让大家对杂志排版功能有更加深入的了解。

sample\chapter12\Complete\ 书籍封面 .indd sample\chapter12\Complete\ 书籍内页 .indd

一本书的封面是决定读者对其第一感觉的关键，一个好的书籍封面能够吸引人们的兴趣，并且去阅读它，所以对书籍来说，封面也是相当重要的。

在制作书籍的时候，通常需要使封面的标题醒目，同时书籍中的必需元素也是必不可少的。下面我们就来介绍制作书籍封面的具体操作步骤。

1. 新建文件并创建参考线

1 执行"文件 > 新建 > 文档"命令，或者按下快捷键 Ctrl+N，弹出"新建文档"对话框，设置页数为 1，"页面大小"为 440mm×297mm，"页面方向"为"横向"，"出血"均为 3mm，完成设置后单击"边距和分栏"按钮。

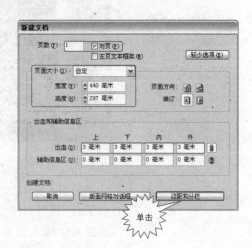

在书籍封面的制作中，书脊上的书名、出版社名称和出版社标志是必不可少的，因为在书籍上架后，读者通常通过书脊上的信息查找书籍。

2 弹出"新建边距和分栏"对话框，设置"边距"均为 20mm，完成后单击"确定"按钮，新建一个文档。

3 按下快捷键 Ctrl+R 显示标尺，并在垂直标尺处拖曳出两条参考线，分别拖曳到 210mm 和 230mm 处。

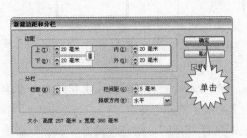

2. 绘制书脊和书脊上的元素

1 单击矩形工具 ，按照刚才所创建的参考线的位置拖曳出一个矩形，并设置其填充色的 CMYK 值为 C54、M100、Y100、K44，在"色板"面板中设置此颜色的名称为"咖啡色"，轮廓色为无。

在书脊上的必需元素有出版社标志、书名、书籍名称等，我们先绘制出版社标志。

2 单击椭圆工具，按住 Shift 键在页面绘制一个正圆，并设置其填充色和轮廓色的 CMYK 值均为 C0、M80、Y20、K0，在"色板"面板中设置此颜色的名称为"粉红"。

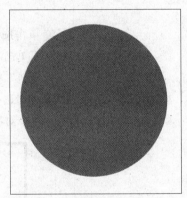

3 单击椭圆工具，按住 Shift 键在页面绘制一个正圆，然后单击矩形工具，绘制一个同正圆的直径同宽的矩形，单击选择工具，使矩形的宽同正圆的直径重合。

4 单击选择工具，将正圆和矩形同时选中，然后执行"对象 > 路径查找器 > 添加"命令，正圆和矩形将成为一个路径。

使用路径查找功能，可以
将两个对象路径进行相
加、减去、交叉等操作。
使用创建轮廓命令可以
将多个路径创建为一条
路径，但是之前相重叠的
路径将被减去。

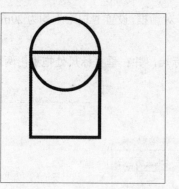 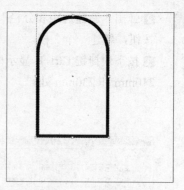

⑤ 单击矩形工具▣，在刚才绘制的图形的左上角绘制一个正方形，并使正方形的
右下角端点与途中上部的正圆圆心重合。

⑥ 按照上面的方法，执行"对象 > 路径查找器 > 添加"命令，使两个对象成为一
个路径。

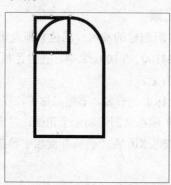 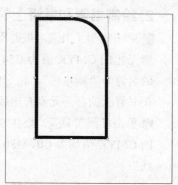

⑦ 单击选择工具▣，将刚才所绘制的图形选中，并按下快捷键 Ctrl+C 复制对象，
然后单击右键，打开快捷菜单，选择"原位粘贴"选项，在控制面板中单击"垂
直翻转"按钮和"水平翻转"按钮。

⑧ 单击选择工具▣，将两个对象选中，并执行"对象 > 路径查找器 > 交叉"命令，
将两个对象除重叠的部分删除。

 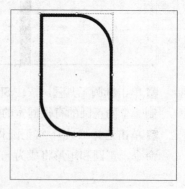

⑨ 单击选择工具▣，将刚才绘制的对象拖曳到粉红色正圆中，将其拖曳长，并设
置对象的填充色和轮廓色均为"纸色"。

⑩ 将对象选中，然后按住 Alt 键拖曳鼠标，将复制一个对象到此对象的右下角，
并将其的高度缩短，宽度不变。

11 按照前面的方法再复制一个对象，然后单击控制面板上的"水平翻转"按钮，将对象水平翻转，将其拖曳到第一次复制的对象上方，并将其的高度缩短，宽度不变。

12 单击选择工具，将 3 个对象同时选中，按下快捷键 Ctrl+G 群组对象，然后再按下快捷键 Ctrl+C 复制对象，单击右键打开快捷菜单，选择"原位粘贴"命令，在控制面板中单击"水平翻转"按钮，并将其拖曳到正圆的左边部分。

13 单击选择工具，将标志全部选中，按下快捷键 Ctrl+G 群组对象，并将其拖曳到书脊的上方。

14 单击直排文字工具，在书脊上拖曳出一个文本框，并输入文字"世界最新公寓室内设计"，设置字体为"汉真广标"，字号为 30，文字填充色为"纸色"。

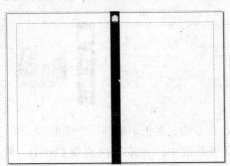
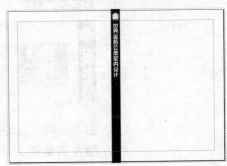

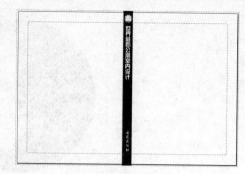

15 单击直排文字工具，在书脊下方输入文字"建筑出版社"，设置字体为"长城行楷体"，字号为 24，文字填充色为"纸色"。

3. 绘制封面

1 单击文字工具，在右边页面拖曳出一个矩形，并执行"表 > 插入表"命令，或者按下快捷键 Shift+Alt+Ctrl+T，弹出"插入表"对话框，设置"正文行"为 2，"列"为 1，完成设置后单击"确定"按钮。

2 按下快捷键 Ctrl+D，置入本书配套光盘中的 chapter12\Media\ 封面素材 1.tif 文件，单击选择工具，将其拖曳到到右边页面的的左上角，并将其等比例缩小。

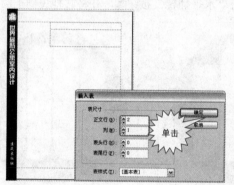

3 单击文字工具，在表格的第 1 行输入文字"The interior design cluster book 室内设计丛书"，将英文选中，设置其字体为 Arial，字号为 12，并设置文字填充色为"黑色"。

4 将剩下的文字选中，并设置其字体为"方正细黑一简体"，字号为 14，文字填充色为"粉红"。

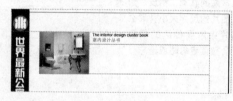

5 单击矩形工具，在右边页面正中绘制一个矩形。

6 单击选择工具将矩形选中，并按下快捷键 Ctrl+D，置入本书配套光盘中的 chapter12\Media\ 封面素材 2.tif 文件，单击选择工具，将其拖曳到右边页面的正中，并将其等比例放大。

7 单击矩形工具 ，在置入的图片上方绘制一个矩形，并设置其填充色和轮廓色均为"纸色"。

8 按快捷键 Shift+Ctrl+F10，打开"效果"面板，设置不透明度为 70%，完成设置后单击 Enter 键。

 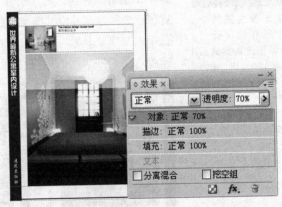

9 单击文字工具 ，在刚才绘制的白色区域输入文字"世"，设置其字体为"方正美黑简体"，字号为 150，文字填充色为"黑色"，然后单击选择工具 ，将文字选中，并将其拖曳到刚才所绘制的矩形的左边。

10 单击文字工具 ，在刚才的"世"字右边输入文字"界最新公寓"，设置其字体为"方正美黑简体"，字号为 70，文字填充色为"黑色"。

11 单击文字工具 T，在刚才输入的文字上方输入文字"室内设计"，设置其字体为"长城行楷体"，字号为 40，文字填充色为"粉红"。

12 单击文字工具 T，在封面图片的右下角输入文字"The latest apartment interior design in world"，设置其字体为 Arial Black，字号为 24，文字填充色为"纸色"。

13 单击选择工具，将书脊上的出版设标志选中，按住 Alt 键不放并拖曳鼠标，复制一个标志，并将其拖曳到封面的正下方。

14 单击文字工具 T，在标志的右边输入文字"建筑出版社"，设置其字体为"长城行楷体"，字号为 24，并设置文字填充色为"黑色"。

4. 绘制封底

1 按下快捷键 Ctrl+O，打开本书配套光盘中的 chapter12\Media\ 封面花纹 .indd 文件。

2 单击选择工具，将页面左下角的花纹选中，然后按下快捷键 Ctrl+C，将页面切换到杂志封面杂志中，并将其拖曳到封底的左下角。

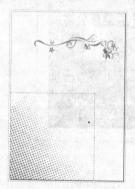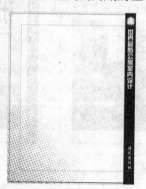

辅助教学

置入文件中的条形码和 ISBM 码，可以在 CoreDRAW 中生成得到。

3 按下快捷键 Ctrl+D，置入本书配套光盘中的 chapter12\Media\条形码 .tif 文件，然后单击选择工具 ，将置入的条形码拖曳到封底的左下角。

4 单击文字工具 ，在条形码上输入文字 ISBN 7-5006-5627-10，设置字体为"宋体"，字号为 10，文字填充色为"黑色"。

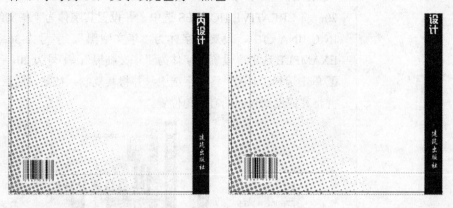

5 单击文字工具 ，在条形码的右边输入文字 ISBN 7-5006-5627-10，设置字体为"宋体"，字号为 18，文字填充色为"黑色"。

6 按照上面的方法，在刚才输入的文字右边输入文字"定价：RMB 78.00 元"，字体为"方正准圆简体"，字号为 16，文字填充色为"黑色"。

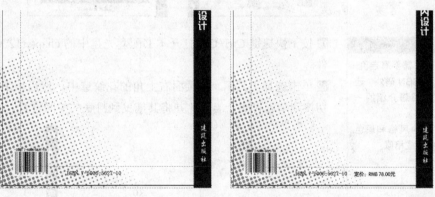

7 单击文字工具 ，在条形码的右边输入文字 ISBN 7-5006-5627-10，设置字体为"宋体"，字号为 18，文字填充色为"黑色"。

8 按照上面的方法，在刚才输入的文字右边输入文字"定价：RMB 78.00 元"，字体为"方正准圆简体"，字号为 16，文字填充色为"黑色"。

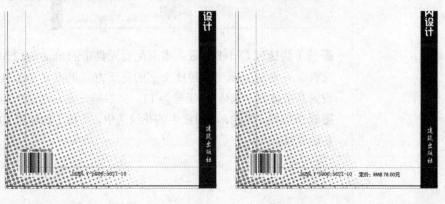

9 单击文字工具 T，在封底正中输入文字 "500 KINDS OF THE MOST CREATIVE HOUSES IN CHINA REPAIR A SOLID EXAMPLE"，将文字排成 4 行，选中文字 500，设置其字体为 "宋体"，字号为 50；将文字 KINDS OF 选中，设置其字体为 "华文细黑"，字号为 36；将 the most 选中，设置其字体为 "华文细黑"，字号为 20；将 CREATIVE HOUSES 选中，并设置其字体为 "华文细黑"，字号为 36；将 IN CHINA 选中，设置其字体为 "华文细黑"，字号为 36；将 REPAIR A SOLID EXAMPLE 选中，设置其字体为 "华文细黑"，字号为 20。

10 单击选择工具 ，将文字选中，并将其复制、粘贴，然后将文字调整为右对齐，并将其拖曳到封面的右上角位置。

辅助教学

封底中除了需要有定价、条形码和 ISBN 码外，还需要有对书籍介绍的一些文字。
封面前后的风格和颜色应尽量统一或相似。

11 按下快捷键 Ctrl+O，打开本书配套光盘中的 chapter12\Media\封面花纹 .indd 文件。

12 单击选择工具 ，将页面右上角的花纹选中，然后按下快捷键 Ctrl+C，将页面切换到杂志封面杂志中，并将其拖曳到封底的中间位置。

13 按下快捷键 Ctrl+D，置入本书配套光盘中的 chapter12\Media\书籍封底文字 .tif 文件，并将文字拖曳到封底文字的正下方，单击文字工具 T，将置入文字选中，设置其字体为 "宋体"，字号为 13，文字填充色为 "黑色"。

14 单击选择工具 ，将封底中的花纹选中，并按下快捷键 Ctrl+C 和 Ctrl+V，复制、粘贴花纹。

15 单击选择工具 ，将复制的花纹选中，在控制面板中单击"水平翻转"按钮 ，并将其拖曳到页面封底中的中间文字的左下方。至此，杂志封面制作完成。

为了使书籍的封面与正文内容风格统一，并且更能吸引读者去阅读它，在设计制作书籍正文部分的时候，要注意让封面和正文风格统一，但是不能使用过多的颜色，因为书籍的文字性内容较多，如果颜色过多则会引起视觉疲劳，下面我们就对制作书籍正文部分的内容进行详细介绍。

1. 新建文件并创建参考线

1 执行"文件 > 新建 > 文档"命令，或者按下快捷键 Ctrl+N，弹出"新建文档"对话框，设置"页数"为 1，"页面大小"为 A3，"页面方向"为"横向"，"出血"均为 3mm，完成设置后单击"边距和分栏"按钮。

2 弹出"新建边距和分栏"对话框，设置边距均为 20mm，完成后单击"确定"按钮，新建一个文档。

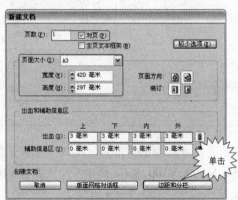

3 按下快捷键 Ctrl+R，显示标尺，并在垂直标尺处拖曳出垂直参考线，拖曳到 210mm 处。

2. 绘制内页中的元素

1 单击矩形工具 ，在页面的左上角位置绘制一个矩形，并设置其填充色和轮廓色的 CMYK 值为 C0、M0、Y0、K30。

2 单击选择工具 ，将刚才所绘制的矩形选中，然后按住快捷键 Alt+Shift，并向水平位置拖曳鼠标到右上角位置，将水平复制一个矩形。

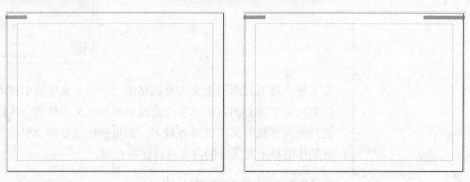

3 单击矩形工具 ，在页面的左上版心位置绘制一个矩形，并设置其填充色和轮廓色的 CMYK 值为 C54、M100、Y100、K45。

4 按照上面的方法，在页面右边绘制一个矩形，并填充和上面相同的颜色。

5 单击直线工具 ，在刚才绘制的矩形旁边绘制一条水平直线，并设置其轮廓色的 CMYK 值为 C54、M100、Y100、K45，然后按下快捷键 F10，打开"描边"面板，设置粗细为 3mm，完成设置后按下 Enter 键确定。

6 单击选择工具 ，将刚才绘制的直线选中，然后按下快捷键 Ctrl+C 复制直线，单击右键，打开快捷菜单，选择"原位粘贴"命令，并在控制面板中输入旋转角度为 90°。

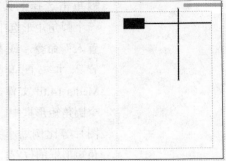

7 单击选择工具 ▶，将复制的垂直直线选中，并将其拖曳到水平直线的右端点处。

8 单击选择工具 ▶，将右边页面版心中的对象全部选中，并按下快捷键 Ctrl+G，将对象群组，然后按住快捷键 Shift+Alt 不放，垂直拖曳鼠标，将垂直复制对象到群组对象下方。

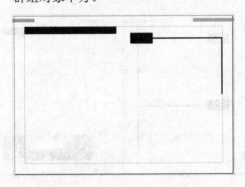
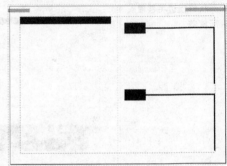

3. 置入图片

1 单击矩形工具 ▣，在页面左下角绘制一个 43.43mm×50mm 的矩形，然后执行"对象 > 角选项"命令，打开"角选项"对话框，设置效果为"圆角"，大小为 5 毫米，完成设置后单击"确定"按钮。

2 单击选择工具 ▶，将圆角矩形选中，然后按下快捷键 Ctrl+C 复制矩形，并执行"编辑 > 多重复制"命令，或者按下快捷键 Alt+Ctrl+U，弹出"多重复制"对话框，设置"重复次数"为 3，"水平位移"为 44 毫米，"垂直位移"为 0 毫米，完成设置后单击"确定"按钮。

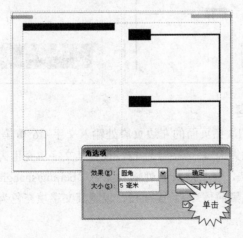
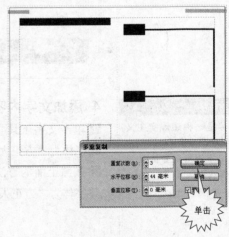

3 单击选择工具，将从左到右的第
一个圆角矩形选中，然后执行"文件 >
置入"命令，或者按下快捷键 Ctrl+D，
置入本书配套光盘中的 chapter12\
Media\14.tif 文件，将图片置入到第 1
个圆角矩形框中。单击位置工具，将
图片等比例缩小并调整图片到适合圆
角矩形框的位置。

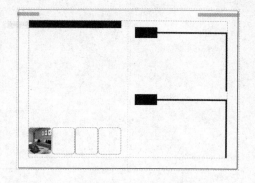

4 按照上面的方法，分别置入 15.tif～ 17.tif 文件到左边页面的下方，第 2~4 个
圆角矩形中，并调整好位置大小。

5 在垂直标尺处拖曳出两条参考线，一条在右边页面的矩形左边，一条在右边页
面的水平直线处。

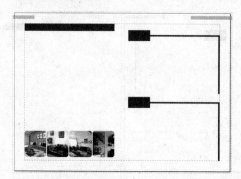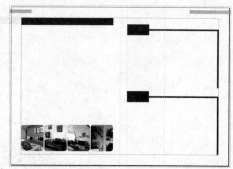

6 按下快捷键 Ctrl+D，置入本书配套光盘中的 chapter12\Media\18.tif 文件到页面
中，并将其按照刚才拖曳的参考线排列在右边页面的第一个矩形下方。

7 按照上面的方法，置入本书配套光盘中的 chapter12\Media\19.tif 文件到页面中，
并将其按照刚才拖曳的参考线排列在右边页面的第 2 个矩形下方。

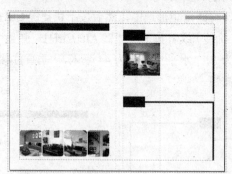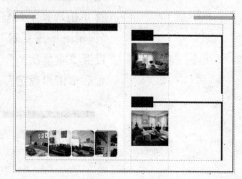

4. 添加文字内容

1 单击文字工具，在页面的左边页眉处输入文字"6 ●第 1 章 客厅"，并设置
其字体为"方正大黑简体"，字号为 12，设置其文字填充色为"黑色"。

2 按照上面的方法，在右边页眉处输入文字"beijing/shanghai 篇 ● 7"，并设置
其字体为"方正大黑简体"，字号为 12，设置其文字填充色为"黑色"。

3 单击文字工具 T，在页面左边的矩形中输入文字"beijing/shanghai 篇"将拼音选中，设置其字体为 Arial Black，字号为 18，文字填充色为"纸色"，将最后一个中文字选中，设置其字体为"宋体"，字号为 24，文字填充色为"纸色"。

4 将本书配套光盘中的 chapter12\Media\ 书籍内页文字 .txt 打开，然后选中第 1 段，复制、粘贴到页面刚才的一段文字下方，设置其字体为"方正魏碑简体"，字号为 26，文字填充色的 CMYK 值为 C47、M77、Y77、K11。

5 单击直线工具 ，在刚才的一段文字后按住 Shift 键绘制一个水平直线，并按下快捷键 F10，打开"描边"面板，设置粗细为 0.353 毫米，完成设置后按 Enter 键确定，并设置其轮廓色为"黑色"。

6 将书籍内页文字中的第 2 段文字选中，然后复制、粘贴到页面刚才的一段文字下方，设置其字体为"宋体"，字号为 12，文字填充色的 CMYK 值为 C54、M100、Y100、K45。

7 单击文字工具 T，将"书籍内页文字"中讲述几个不同类型的家具内容文字选中，将其复制、粘贴到左边页面中，并将其文字排成两栏。

8 单击选择工具 ，分别将其小标题选中，并设置其字体为"方正黑体简体"，字号为 14，然后设置所有的内容文字的填充色均为"黑色"。

⑨ 单击矩形工具▣，按住 Shift 键不放，在页面上绘制正方形并输入数字。

⑩ 单击文字工具▣，在页面右边的矩形中分别输入 Style 1 和 Style 2，并设置其字体为 Arial Black，字号为 24，文字填充色为"纸色"。

⑪ 同上面的方法一样，在页面中输入标题及文字，并进行相应设置。至此，书籍内页制作完成。